各美其美，美人之美，美美与共，天下大同。

——费孝通

海外留学看土木

胡昌斌 谷音 主编

GLIMPSES OF
CIVIL ENGINEERING EDUCATION
IN THE WORLD

人民交通出版社股份有限公司
China Communications Press Co.,Ltd.

内 容 提 要

本书是针对土木工程一流学科和国际化建设工作，由福州大学土木工程学院有海外留学经历的五十多位老师撰写的，有关海外留学经历、大学土木工程学科的组织和建设模式、土木工程专业教育和科学研究情况的文集。全书涉及欧洲、美洲、大洋洲、东亚和我国港澳台地区等十多个国家和地区的四十多所海内外知名大学。

本书可供土木工程相关专业的师生、高等教育的研究者和相关的兴趣爱好者等阅读参考。

图书在版编目(CIP)数据

海外留学看土木 / 胡昌斌，谷音主编. — 北京：人民交通出版社股份有限公司，2018.8

ISBN 978-7-114-14938-2

Ⅰ. ①海… Ⅱ. ①胡… ②谷… Ⅲ. ①土木工程—高等教育—世界—文集 Ⅳ. ①TU-4

中国版本图书馆 CIP 数据核字(2018)第 179506 号

书　　名：海外留学看土木
著 作 者：胡昌斌　谷　音
责任编辑：刘永超　石　遥
责任校对：刘　芹
责任印制：张　凯
出版发行：人民交通出版社股份有限公司
地　　址：(100011)北京市朝阳区安定门外外馆斜街 3 号
网　　址：http://www.ccpress.com.cn
销售电话：(010)59757973
总 经 销：人民交通出版社股份有限公司发行部
经　　销：各地新华书店
印　　刷：北京印匠彩色印刷有限公司
开　　本：787×1092　1/16
印　　张：20.25
字　　数：406 千
版　　次：2018 年 8 月　第 1 版
印　　次：2018 年 8 月　第 1 次印刷
书　　号：ISBN 978-7-114-14938-2
定　　价：120.00 元

编者前言

从中外比较看土木工程高等教育

/胡昌斌

胡昌斌,1974 年出生,教授,博士生导师。2003 年浙江大学博士毕业,2006 年东南大学博士后出站,2009 年、2014 年、2015 年分别在同济大学、美国密歇根韦恩州立大学(Wayne State University)、意大利摩德纳·雷焦·艾米利亚大学(Modena and Reggio Emilia University)进行高级学者访问交流。主要研究方向为道路与机场工程、土木工程材料、工程振动与冲击。

近 20 年来我国高校的高等教育和学科建设发展迅速,特别是 1995 年实施“211 工程”建设以来,高校的压力和变化一直在加速,与国际教育的模式也在不断接轨,新兴事物层出不穷。针对大学出现了各类排名,从最初的武书连排名,再到各类国际排名、学科排名、一直到最近的 ESI 贡献和高引论文排名等,还有针对高校开展的本科评估、专业评估、审核性评估等各类评估,以及硕士点、博士点申报与建设,各类省部国家平台的申报与建设等。

在这期间,感受最深的莫过于所有的高校老师,各种要求不断提高,发表论文从一开始的核心期刊,到一类期刊,再到 EI、SCI 和高引论文;科研从普通的项目到国家基金等国家级项目,每过一段时间都会出现新的台阶,都要为每一次新的变革而努力。近十年来,出国留学也逐渐成为了高校教师的学历经历和晋升的标配,国家和地方对此都给予了极大的支持,很多大学教师也都有幸完成儿时梦寐以求的、或长或短的留学经历,从海外获得了难得的学习经验,从而给我国的高等教育发展注入了新的活力。

2017 年国家又提出了新的双一流建设高校和学科名单,面对新的建设要求,如何在紧跟国家形势变化的同时又能延续自身传统,彰显自身的个性和内动力,如何能够在这个过程中在济济的同类单位中继续保持发展和进步？除了继续努力外，在高等教育和学科发展方面及时进行理论和发展主旨上的思考、凝练和升华，无疑也十分必要。

福州大学土木工程学科创建于 1959 年，近年来在国家"211 工程"重点学科建设项目和省级重点学科建设的带动下，在人才培养与师资队伍建设、学科平台与社会服务以及国际交流合作等方面有了较大发展。土木工程学科现拥有一支近 140 名专任教师组成的师资队伍。学院有土木工程防震减灾信息化国家地方联合工程研究中心和桥梁技术创新与风险防治国际联合研究中心两个国家级研究中心。土木工程为福建省特色重点学科，拥有工程结构福建省高校重点实验室、土木工程多灾害防治福建省重点实验室、土木工程国家级实验教学示范中心、建筑与土木专业学位研究生国家级联合培养示范基地。

2010 年在院长陈宝春教授的倡导和带领下，福州大学土木工程学院更进一步开始了学科的国际化发展建设。2012 年 Bruno 教授入选国家第七批"千人计划"（首批外国专家"千人计划"）成为全职教授后，我院直接以 Bruno 教授为主任，成立了"可持续与创新桥梁福建省高校工程研究中心"（SIBERC 中心）这一科研平台，展开了"点—面—体"的创新引智模式实践。2015 年获批国家级桥梁技术创新与风险防治国际联合研究中心。2015 年 7 月 Bruno 教授成为我院院长。2016 年福州大学土木工程学院成功入选国家外国专家局和教育部共同实施的首批"高校（地方）国际化示范学院推进计划"项目。

学科拟以系统引智的方式，结合我院实际，采用边试点、边总结方式，逐步引入国际通行的高等教育运行模式，最终实现学院管理国际化、教育国际化和科研国际化目标。学院以培养与国际接轨的高端土木工程领域人才为目标，参考海外高校人才培养模式，进一步完善本学院从本科到硕、博士研究生联合培养的国际化教育体系，包括与加拿大曼尼托巴大学的本科合作办学项目、与德国凯泽斯劳腾大学的本科生"5 + 5"项目、美国韦恩州立大学本科生"3 + 2"项目。经过近年来的人才引进，以及学院青年教师的出国做访问学者交流，福州大学土木工程学院目前已有了 110 余位博士教师，其中有近 60 位教师有半年以上的海外留学经历。

在这样的一个大背景下，编者 2015 年 6 月在学院的支持下，提出组织和邀请福州大学土木学院有留学经历的教师以及相关的海内外专家，以“海外留学看土木”为研讨主题，从欧洲、美洲、澳洲、东亚和港澳台地区高校比较角度，开展关于现代土木工程学科建设、一流土木工程学科研究和教育建设的研讨和比较研究。

经过两年多的规划和组织，本书收集了留学于欧洲、美洲、澳洲、东亚和港澳台地区高校的教师们的文章59篇，涉及45所海内外知名高校。文章作者们从自身经历出发重点介绍了有关的海外留学经历、国外大学土木工程学科的组织和建设模式与历史、土木工程专业教育和科学研究的情况，并辅以个人介绍、相关国外留学高校的介绍，海外高校采风的图片等，其中有很多极具见地的认识思考和有价值的信息，其丰富性和多维性也极大弥补了单个人视野限制的不足。结合教师们的文章，全书进行了编排组织，共分为六篇，第一篇为土木工程学科介绍与QS排名前200名的世界高校土木工程排名，第二、三、四、五篇分别为欧洲、北美、澳洲、东亚留学看土木，第六篇为与国内外4所高校的土木工程学科建设对标分析，同时编者配发了前言和后记两篇文章。

本书在编纂过程中得到了福州大学社科处，福州大学土木工程学院前任书记张和秋、院长陈宝春和现任书记黄培明、院长Bruno，福州大学外事处前任处长韦建刚研究员的大力关心和支持。本书在编纂过程中也得到了人民交通出版社股份有限公司的大力支持，研究生方月、林秀琴协助整理了相关稿件，在此向他们辛勤的工作再次表示最衷心的感谢。

本书是基于国际化形势和视野下开展的一个高校教学研究的比较尝试，同时也是诸多教师留学美好记忆的记载。每位教师关于土木工程教育和研究的见解，关于留学生活中点滴感受，实际上都具有历史和时代“素材”记录的意义，我们在不同的时间段和未来通过这些“素材”结合自主的观察，仍然可以不断品味和得到富有教益的认识和收获。在此再次向各位作者、各位支持本书的领导、同仁，包括读者表示衷心的感谢，也衷心期望本书能够成为大家友谊的纽带，期望本书能为土木工程学科的教育和建设发展奉献微薄之力。

胡昌斌

于旗山校区

2017.10

目　　录

第四篇/大洋洲留学看土木

第五篇/东亚留学看土木

THE FIRST PAPER 第一篇

土木工程学科介绍与世界排名

一、土木工程学科介绍

百度百科：土木工程是建造各类工程设施的科学技术的统称。既指所应用的材料、设备和所进行的勘测、设计、施工、保养维修等技术活动；又指工程建设的对象，即建造在地上或地下、陆上或水中，直接或间接为人类生活、生产、军事、科研服务的各种工程设施，例如房屋、道路、铁路、运输管道、隧道、桥梁、运河、堤坝、港口、电站、飞机场、海洋平台、给水和排水以及防护工程等。

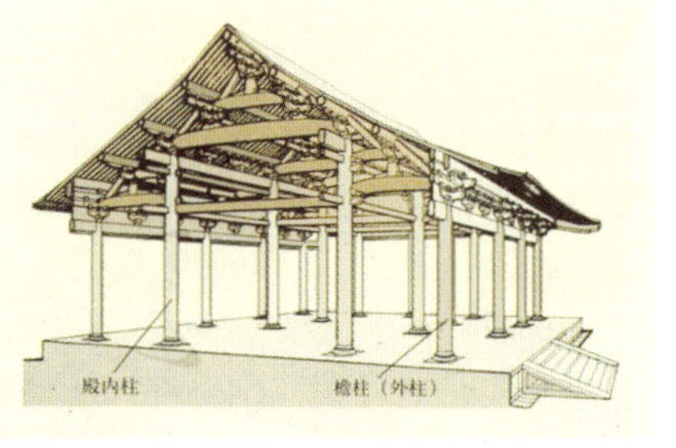

中国古代厅堂式建筑结构

建造工程设施的物质基础是土地、建筑材料、建筑设备和施工机具。借助于这些物质条件，经济而便捷地建成既能满足人们使用要求和审美要求，又能安全承受各种荷载的工程设施，是土木工程学科的出发点和归宿。

维基百科：土木工程是指一切和土、水、文化有关的基础建设的计划、建造和维修。现时一般的土木工作项目包括：交通、道路、桥梁及水利工程等。过去曾经将一切非军事用途的民用工程项目，归入本类，但随着工程科学日益广阔，不少原来属于土木工程范围的内容都已经独立成科。土木工程乃以提高国民之生活品质，促进国民之公共福祉为目的，进而改造国土，整治环境及防治灾害发生的一种公共工程。又因衣、食、住、行乃国民生活之四大需要，并与国民之福祉息息相关，故土木工程亦为直接或间接地解决民生四大问题之基本建设工程。

赵州桥

二、土木工程的学科分支

以下为维基百科列出的土木工程学科分支。

1. 材料科学与工程

土木工程的建造过程必须使用各种金属材料或非金属材料，因而与材料科学与材料工程密切相关。材料科学本身就是一个跨领域学科，涉及物质的性质及其在各个科学和工程领域的应用。它是研究材料的制备或加工工艺、材料的微观结构与材料宏观性能三者之间的相互关系的科学。涉及的理论包括应用物理学、固体物理学及化学等；而在与土木工程的结合上则衍生出土木材料、结构材料、建筑材料、机械材料、耐火材料等不同应用。

随着近年来媒体将注意力大量集中在纳米科学和纳米技

术上，材料科学在许多大学被推到了最前沿。它也是工程鉴定和破坏分析中的一个重要组成部分。

2. 大地工程

大地工程又名土力工程、岩土工程、地工技术，主要研究泥土构成物质的工程特性。大地工程师会研究从工地采集的泥土样本和岩石样本中的数据，然后计算工地上的建筑所需的格构。地基、地桩、护土墙、水坝、隧道等都是需要大地工程师为工程提供土力意见的建设项目。大地工程可以细分为土壤力学、基础工程、工程地质、岩石力学等学科。

万里长城

3. 结构工程

结构工程是分析和设计荷载作用下的建筑结构的工程学科。结构工程通常被归类为土木工程的分支，但也可以作为一门独立学科来研究。结构工程师通常参与房屋建筑和其他大型结构的设计，但也能参与到诸如机械、医疗设备、车辆等结构可靠性会影响使用和安全的领域。结构工程师必须按照国家或行业规范来设计，确保安全性（如：结构不能在毫无征兆的情况下破坏）、可维护性以及可用性（如：房屋不能有太大的变形，避免使用者不适）。设计出来的建筑必须能承受巨大的荷载，以及气候变化和自然灾害。

布达拉宫

结构工程理论是建立于在不同场地和材料下，结构所表现出来的物理规律和工程经验之上。结构设计一般用少数几种简单的结构构件来组成复杂的结构体系。

高速铁路

4. 地震工程

地震工程又名防震工程，是当建筑物受到地震影响时对其结构行为的研究，用以减少地震发生时对于建筑物的损害，属于结构设计和土木工程的一环。振动控制技术和基础隔离是地震工程里最强而有力和最经济的工具。

5. 交通工程

交通工程是土木工程学中的一个分支，包括公路交通、铁路交通、航空交通、水运交通、管道交通五项内容。道路交通工程学仅研究道路上的交通，具体地说，就是把人、车、路、环境四者统一在一个交通系统中，探索各自和相互间的内在规律性及其最佳配合，以达到道路交通顺畅、通行能力大、交通事故少、运输效率高、公害程度低、节省燃料和运输费用及环境协调、舒适的目的。

6. 工程测量学

工程测量学为一种应用测量学原理，应用在各种工程上，例如道路、隧道、桥梁及房屋建筑等，主要是将原本在工程图上的设计图放样到现场，以利工程人员依照所放样的位置制作出。

工程图纸上设计图中的构造物，其放样的结果的正确性极为重要，若错误可能导致工程重大损失，工程测量所需成本对工程成本而言不大，但重要性重大。

高速公路

7. 环境工程

环境工程为应用科学与工程之方法来改善环境（包括空气、水、土地资源），进而为人类之居住以及其他生物体提供对健康有益的水、空气以及土壤，也包括污染场址之复育。我们可经由教育大众、保护环境、订立规定以及应用良好工程实作来减轻与控制对环境的负面影响。

胡佛水坝

8. 水利工程

水利工程是为了控制、利用和保护地表及地下的水资源与环境而修建的各项工程的总称，是土木工程中着重于水流体的自然运动与人工输送及利用的一门分支科学。该工程领域与桥梁、水坝、河道、运河以及防洪堤等关于水流、江川及海洋堤道工程的设计与施工有着密切的关联，亦涉及公共卫生与环境工程等这些和水相关的环境生态及用水范畴。

水利工程主要的工作为各种水工结构物，包括水坝与河海堤防、给水管网与集水管网、生态永续、洪水管理、沉积物运移以及其他的与水土保持工程和大地工程有关的事务。

香港中银大厦

其他

9. 海洋工程

10. 营建工程

11. 地政及都市计划

12. 水土保持工程

13. 营建管理

三、土木工程的属性

土木工程建造一项工程设施一般需要经过勘察、设计和施工3个阶段，需要运用地质勘查、测量、土力学、力学、工程设计、建筑材料、工程机械、建筑经济等多个学科的知识和技术,具有综合性。

同时土木工程是伴随着人类社会的发展而发展起来的。其所建造的工程设施反映出各个历史时期社会经济、文化、科学、技术发展的面貌,因而土木工程也就成为社会历史发展的见证之一,具有社会性。

土木工程也具有很强的实践性,这主要由土木工程的复杂性和综合性决定的,同时新的工程实践和新的技术挑战也决定了土木工程的实践性。

土木工程设施作为一种空间形式,其总体布局、本身的体形、各部分的尺寸比例、线条、色彩、明暗阴影与周围环境的关系,也具有其美学表现力和艺术性。

四、2017 年 QS 世界大学排名:土木工程专业

QS 世界大学排名、《世界大学学术排名》(ARWU)、《us-news 世界大学排名》(US News)和《泰晤士高等教育世界大学排名》被视为目前世界最具影响力的四大排名。QS 世界大学排名,是由教育组织 Quacquarelli Symonds 所发表的年度世界大学排名。QS 世界大学排名是历史第二悠久的全球大学排名,第一次发布于 2004 年,仅次于 2003 年首次发布的《世界大学学术排名》,涵盖世界综合排名、学科分类排名。下面是出国留学网整理的 2017QS 世界大学土木工程专业排名,供读者参考。

卢浮宫

第 1 位　麻省理工学院　美国
第 2 位　加州大学伯克利分校　美国
第 2 位　剑桥大学　英国
第 4 位　伦敦帝国理工学院　英国
第 5 位　新加坡国立大学　新加坡
第 5 位　清华大学　中国
第 7 位　代尔夫特理工大学　荷兰
第 7 位　斯坦福大学　美国
第 9 位　香港大学　中国香港
第 10 位　苏黎世联邦理工学院　瑞士
第 10 位　香港理工大学　中国香港
第 12 位　东京大学　日本
第 13 位　牛津大学　英国
第 14 位　米兰理工大学　意大利
第 15 位　韩国科学技术院　韩国
第 16 位　新南威尔士大学　澳大利亚

续上表

第17位	佐治亚理工学院	美国
第18位	京都大学	日本
第19位	伊利诺伊大学香槟分校	美国
第20位	德克萨斯大学奥斯丁分校	美国
第21位	悉尼大学	澳大利亚
第22位	南洋理工大学	新加坡
第23位	洛桑联邦理工学院	瑞士
第24位	首尔国立大学	韩国
第25位	墨尔本大学	澳大利亚
第26位	香港科技大学	中国香港
第27位	密歇根大学	美国
第28位	普渡大学	美国
第29位	莫纳什大学	澳大利亚
第30位	英属哥伦比亚大学	加拿大
第31位	多伦多大学	加拿大
第32位	上海交通大学	中国
第33位	台湾大学	中国台湾
第34位	加泰罗尼亚理工大学	西班牙
第35位	都灵理工大学	意大利
第36位	曼彻斯特大学	英国
第37位	同济大学	中国
第38位	德克萨斯A&M大学	美国
第38位	奥克兰大学	新西兰
第40位	加州大学洛杉矶分校	美国
第41位	瑞典皇家理工学院	瑞典
第42位	雅典国立技术大学	希腊
第43位	汉阳大学	韩国
第43位	东京工业大学	日本
第45位	延世大学	韩国
第46位	香港城市大学	中国香港
第47位	丹麦科技大学	丹麦
第48位	慕尼黑工业大学	丹麦
第48位	西澳大学	澳大利亚
第50位	谢菲尔德大学	英国
第51-100位	奥尔堡大学	丹麦
第51-100位	加州理工学院	美国
第51-100位	卡内基梅隆大学	美国
第51-100位	查尔姆斯理工大学	瑞典

加利福尼亚大学伯克利分校(University of California-Berkeley,简称UC Berkeley、Berkeley或Cal加州大学伯克利分校,伯克利加州大学)是美国顶尖公立研究型大学,也是世界上最富盛名且最顶尖的公立大学。加州大学伯克利分校是加利福尼亚大学中最老的一所,也是美国大学协会(Association of American Universities)创始会员之一,其吉祥物蜕变自加州州旗,故其学生亦自称"小金熊"。加州大学伯克利分校与斯坦福大学、麻省理工学院一同被誉为美国工程科技界的学术领袖,常年位居上海交通大学世界大学学术排名(ARWU)前四名,泰晤士报高等教育期刊(Times Higher Education, THE)全球大学排行前十名,美国新闻和世界报导(US News)首次发布的世界大学排名中位列全球第三名(2015年)。(来源于网络)

续上表

第51-100位	哥伦比亚大学	美国
第51-100位	康奈尔大学	美国
第51-100位	布拉格捷克理工大学	捷克
第51-100位	印度理工学院孟买分校	印度
第51-100位	印度理工学院德里分校	印度
第51-100位	天主教鲁汶大学	比利时
第51-100位	卡尔斯鲁厄理工学院	德国
第51-100位	高丽大学	韩国
第51-100位	隆德大学	瑞典
第51-100位	麦吉尔大学	加拿大
第51-100位	密歇根州立大学	美国
第51-100位	国立成功大学	中国台湾
第51-100位	西北大学	美国
第51-100位	挪威科技和自然大学	挪威
第51-100位	北京大学	中国
第51-100位	宾夕法尼亚州立大学	美国
第51-100位	马德里理工大学	西班牙
第51-100位	智利天主教大学	智利
第51-100位	普林斯顿大学	美国
第51-100位	昆士兰科技大学	澳大利亚
第51-100位	亚琛工业大学	德国
第51-100位	皇家墨尔本理工大学	澳大利亚
第51-100位	成均馆大学	韩国
第51-100位	德累斯顿工业大学	德国
第51-100位	阿德莱德大学	澳大利亚
第51-100位	昆士兰大学	澳大利亚
第51-100位	东北大学	日本
第51-100位	伦敦大学学院	英国
第51-100位	圣保罗大学	巴西
第51-100位	那不勒斯费德里克二世大学	意大利
第51-100位	斯图加特大学	德国
第51-100位	马来亚大学	马来西亚
第51-100位	马来西亚理科大学	马来西亚
第51-100位	马来西亚工艺大学	马来西亚
第51-100位	加州大学戴维斯分校	美国
第51-100位	加州大学圣地亚哥分校	美国
第51-100位	坎特伯雷大学	新西兰
第51-100位	爱丁堡大学	英国

伊利诺伊大学厄巴纳-香槟分校(University of Illinois at Urbana-Champaign,缩写为UIUC),建立于1867年,位于伊利诺伊州幽静的双子城:厄巴纳—香槟市,是一所享有世界声望的一流研究型大学。该校是美国"十大联盟(Big Ten)"创始成员,美国大学协会(AAU)成员,被誉为"公立常春藤",与加州大学伯克利分校及密歇根大学并称"美国公立大学三巨头"。该校还是最多元化、国际化的大学之一,其国际学生人数在全美大学排名第三,位列美国公立大学榜首。该校一直致力于卓越的研究、教学和公众参与,很多学科素负盛名,其工程学院在全美乃至世界堪称至尊级的地位,始终位于美国大学工程学院排名前五,几乎所有工程专业均在全美排名前十,电气、计算机、土木、材料、农业、环境、机械等专业排名全美前五。(来源于网络)

续上表

第 51-100 位	利兹大学	英国
第 51-100 位	里斯本大学	葡萄牙
第 51-100 位	澳大利亚纽卡斯尔大学	澳大利亚
第 51-100 位	波尔图大学	葡萄牙
第 51-100 位	华盛顿大学	美国
第 51-100 位	滑铁卢大学	加拿大
第 51-100 位	弗吉尼亚理工学院暨州立大学	美国
第 51-100 位	浙江大学	中国
第 101-150 位	阿尔托大学	芬兰
第 101-150 位	塞萨洛尼基亚里士多德大学	希腊
第 101-150 位	卡迪夫大学	英国
第 101-150 位	科廷大学	澳大利亚
第 101-150 位	哈尔滨工业大学	中国
第 101-150 位	赫瑞瓦特大学	英国
第 101-150 位	北海道大学	日本
第 101-150 位	印度理工学院坎普尔分校	印度
第 101-150 位	印度理工学院卡拉格普尔分校	印度
第 101-150 位	印度理工学院马德拉斯分校	印度
第 101-150 位	印度理工学院鲁尔基分校	印度
第 101-150 位	伊斯坦布尔技术大学	土耳其
第 101-150 位	九州大学	日本
第 101-150 位	拉夫堡大学	英国
第 101-150 位	中东技术大学	土耳其
第 101-150 位	名古屋大学	日本
第 101-150 位	台湾交通大学	中国台湾
第 101-150 位	台湾科技大学	中国台湾
第 101-150 位	北卡罗来纳州立大学	美国
第 101-150 位	罗马第一大学	意大利
第 101-150 位	柏林工业大学	德国
第 101-150 位	维也纳技术大学	奥地利
第 101-150 位	诺丁汉大学	英国
第 101-150 位	智利大学	智利
第 101-150 位	墨西哥国立自治大学	墨西哥
第 101-150 位	瓦伦西亚理工大学	西班牙
第 101-150 位	帕多瓦大学	意大利
第 101-150 位	博洛尼亚大学	意大利
第 101-150 位	蒙特利尔大学	加拿大
第 101-150 位	马来西亚国民大学	马来西亚

普林斯顿大学

普林斯顿大学爱因斯坦的故居

麻省理工学院

哈佛大学商学院

华盛顿教会大学(胡昌斌老师提供)

续上表

第 101-150 位	马来西亚博特拉大学	马来西亚
第 101-150 位	阿尔伯塔大学	加拿大
第 101-150 位	伯明翰大学	英国
第 101-150 位	布里斯托大学	英国
第 101-150 位	卡尔加里大学	加拿大
第 101-150 位	科英布拉大学	葡萄牙
第 101-150 位	科罗拉多大学波尔得分校	美国
第 101-150 位	佛罗里大学	美国
第 101-150 位	根特大学	比利时
第 101-150 位	利物浦大学	英国
第 101-150 位	马里兰大学帕克分校	美国
第 101-150 位	米尼奥大学	葡萄牙
第 101-150 位	明尼苏达大学	美国
第 101-150 位	派图拉斯大学	希腊
第 101-150 位	南安普顿大学	英国
第 101-150 位	南加州大学	美国
第 101-150 位	悉尼科技大学	澳大利亚
第 101-150 位	威斯康辛大学麦迪逊分校	美国
第 101-150 位	伍伦贡大学	澳大利亚
第 101-150 位	维尔纽斯科技大学	立陶宛
第 101-150 位	武汉大学	中国
第 151-200 位	亚利桑那州立大学	美国
第 151-200 位	泰国亚洲理工学院	泰国
第 151-200 位	北京工业大学	中国
第 151-200 位	巴黎中央理工-高等电力学院	法国
第 151-200 位	朱拉隆功大学	泰国
第 151-200 位	康考迪亚大学	加拿大
第 151-200 位	大连理工大学	中国
第 151-200 位	华中科技大学	中国
第 151-200 位	印度班加罗尔科学院	印度
第 151-200 位	国立里昂应用科学院学院	法国
第 151-200 位	约翰斯霍普金斯大学	美国
第 151-200 位	法赫德国王石油矿产大学	沙特阿拉伯
第 151-200 位	沙特国王大学	沙特阿拉伯
第 151-200 位	庆熙大学	韩国
第 151-200 位	理海大学	美国
第 151-200 位	麦克马斯特大学	加拿大
第 151-200 位	纽卡斯尔大学	英国

续上表

第 151-200 位	俄亥俄州立大学	美国
第 151-200 位	大阪大学	日本
第 151-200 位	釜山大学	韩国
第 151-200 位	金士顿女王大学	加拿大
第 151-200 位	莱斯大学	美国
第 151-200 位	世宗大学	韩国
第 151-200 位	华南理工大学	中国
第 151-200 位	东南大学	中国
第 151-200 位	斯旺西大学	英国
第 151-200 位	斯威本科技大学	澳大利亚
第 151-200 位	以色列理工学院	以色列
第 151-200 位	达姆施塔特工业大学	德国
第 151-200 位	华威大学	英国
第 151-200 位	天津大学	中国
第 151-200 位	金边大学	巴西
第 151-200 位	里约热内卢联邦大学	巴西
第 151-200 位	帕维亚大学	意大利
第 151-200 位	特伦托大学	意大利
第 151-200 位	纽约州立大学水牛城分校	美国
第 151-200 位	阿伯丁大学	英国
第 151-200 位	巴斯大学	英国
第 151-200 位	加州大学欧文分校	美国
第 151-200 位	开普敦大学	南非
第 151-200 位	埃克塞特大学	英国
第 151-200 位	伊利诺伊大学芝加哥分校	美国
第 151-200 位	烈日大学	比利时
第 151-200 位	索尔福德大学	英国
第 151-200 位	德黑兰大学	伊朗
第 151-200 位	华沙工业大学	波兰
第 151-200 位	早稻田大学	日本
第 151-200 位	西安大略大学	加拿大
第 151-200 位	西安交通大学	中国

THE SECOND PAPER 第二篇

欧洲留学看土木

德国柏林工大留学进修简忆

/房贞政

房贞政，教授、博士生导师、国务院政府特殊津贴专家。1981 年福州大学结构工程专业硕士研究生毕业。1986 年赴德国西柏林工大留学进修，回国后一直从事教学与科研工作，1996 年—2010 年任福州大学副校长，现任土木工程防震减灾信息化国家地方联合工程研究中心主任，结构工程国家重点学科（培育）负责人。1997 年至今历任福建省土木建筑学会副理事长，中国土木学会理事、国际桥梁与结构工程协会会员，1997 年至 2010 年任全国高等学校土木工程专业教学指导委员会委员。1985 年与 1995 年两次获福建省优秀教师称号，2010 年获福建省第二届杰出科技人才和省五一劳动奖章。作为项目负责人曾获福建省科学技术奖一等奖 1 项，二等奖 3 项，三等奖 1 项。

1981 年底我在福州大学土建系结构工程专业首批硕士研究生毕业后，自己觉得所掌握的知识还不够，同时也感到我国各个领域与国际的前沿技术差距都比较大，因此，就决心要出国留学，继续深造。1984 年我考取了国家公派留学生，并指定赴西德。1985 年 9 月至 1986 年 6 月在广州外国语学院进行出国前德语培训一学年。在培训期间就开始选择留学进修的研究方向和导师的联系。我在研究生期间主要研究箱形梁的受力特性，在选择出国深造的方向时，考虑到我国预应力混凝土正是大力应用和发展的时期，需要解决的工程问题也比较多，因此，我选择了预应力技术作为出国进修深造的主要方向。在确定了研究方向后就联系联邦德国有关预应力混凝土研究比较好的大学，最终选择了德国柏林工业大学（Technische Universitaet Berlin）以下简称柏林工大的 Manfred Specht 教授，M. Specht 教授是柏林工大的资深教授。

1986 年 10 月我来到了德国的柏林工大，到达柏林后，即安顿住宿。第二天就到柏林工大校部报到，然后直接到钢筋混凝土教研室拜见 Manfred Specht 教授。由于在国内时已多次联系，因此，很快就进入 Manfred Specht 教授的研究课题组。柏林工大的土木工程专业历史悠久，德国著名的教授、工程师 Franc Dischinger 曾执教在该校。Manfred Specht 教授当时的主要研究方向是无黏结与部分预应力混凝土。部分预应力混凝土是预应力混凝土概念的突破，它解决了预应力混凝土在正常使用阶段构件的预压受拉边缘不应出现拉应力的限制，拓宽了预应力混凝土的应用领域；无黏结预应力则是预应力技术的突破，方便了施工，使预应力技术得到更广泛的应用。

柏林工业大学

可以说无黏结与部分预应力混凝土是混凝土结构发展的“否定的否定”，它使混凝土结构的应用和发展取得了一次飞跃。在 Manfred Specht 教授指导下，我积极参加课题组的课题研究、模型试验与工地实习，以及其他有关的活动。在 Manfred Specht 教授指导下学习科研，他非常严谨，典型的“德国人”，要求工作精益求精，没有半点的含糊。由于我在硕士期间研究的课题是箱形梁的受力分析，有限元的基础与计算机编程能力已经比较好，进入混凝土结构课题的研究比较快，Manfred Specht 教授对我这个他第一个中国学生还是比较满意的。由于我自己对预应力课题的兴趣，再加上勤奋用功，很快就系统地掌握了无黏结与部分预应力混凝土的理论与技术，以及试验方法等。这一研究方向也成为我回国后始终长期开展的主要研究方向。回国后即在本科生和研究生开设“无黏结与部分预应力混凝土”选修课，并逐步完善，现在我所编著的《预应力结构理论》已确定为全国土木工程研究生系列教材。同时还在我省积极推广无黏结与部分预应力混凝土的应用，承担了诸多这方面的研究课题，解决了一些工程难题。

在柏林工大留学进修期间，我花较多的时间在实验室，与博士研究生一起参加了多次预应力混凝土构件的试验。德国的博士研究生课题的试验工作完全由博士生独立完成。柏林工大土木试验馆的专职实验员极少，因此，实验室的实验工作从构件预制、应变片布置安装、加载实验、成果整理等博士研究生都要掌握。我参与的预应力混凝土构件试验是在德国 Schenke 公司的伺服加载系统上进行的。当时这是国际上比较先进的试验设备，可以进行结构的拟静力和拟动力试验，试验的数据量测与分析也都是计算机自动生成。我当时的梦想是我们学校也能拥有这样的试验设备。在我校的土木学科列入学校“211 工程”重点学科建设后，我就极力推荐，集中经费建设伺服加载系统，终于在 1998 年我们学科建成了 MTS 伺服加载系统，这一重要的试验设备为我们的土木工程学科建设作出了重大的贡献。

德国的高等教育体制与我国有较大的差别。德国的高等教育主要分为一般本科和高等职业教育,两者并重,在社会上的认可度和待遇差别也不是太大,都一样受到尊重。大学的专业基本上按大专业设置,土木工程专业下面也不再细分。当时大学的学位只设 Diplom(相当于我国的硕士)和 Doktor(博士)两级,Doktor 是培养研究人才,Diplom 学位相当于我国的硕士学位,取得 Diplom 学位后经考核就可取得 Diplom-ingenieur(德国特许工程师)。在德国大学要获 Diplom 学位也不是很容易的,土木工程专业一般要 13 个学期左右,即要 6 年多才能完成学业。德国的大学都实行学分制,学生的学籍全部由学校的教务部门管理,课程主要分为校管公共课和基础课,教研室则主要是专业课和实践环节,因此,学生专业课的教学质量就取决于教研室。Technische Universitaet Berlin 始建于 1770 年,是一所古老的著名大学。大学基本上是教授治校,专业课教学也没有统一的教材,完全由教授制定。学校的体制,院系建制不明显,以大学科群组建学院,直至今天柏林工大也仅设置 7 个学院,学生约 28000 人,其中外国留学生约 6000 人。土木工程、建筑、规划、环境等综合为一个学院,是学校的七个学院之一。因为实行学分制,因此,学生也没有班级建制。德国大学的教学严谨,管理严格,学风良好,尤其考试极其严格,基本没有作弊现象。我每次看到张贴的课程成绩公布,及格以上人数大都只有一半左右。德国的中等教育很好,一般外语与计算机课程在中学毕业时基本过关,因此,大学基本没有外语、政治、体育等课程,这样德国学生在大学期间所要修的课程与内容比我国的大学要广,也深。德国的工科教育很重视实践环节与能力的培养,专业的课程设计、实践环节都以小组的形式,在博士研究生的组织下进行,这样学生的团结协作精神和能力的培养都比较强。德国大学学籍管理在 20 世纪 80 年代就实行计算机管理,学校的计算中心和计算机管理中心都非常强大,我们凭学生使用卡在计算中心可以免费使用计算机和通用软件。

柏林工业大学

校园风光

TU 大厦

在柏林工大我听了 2 门专业课,感到教授每次授课的内容多,讲授精炼,因此,学生课前如果没有预习,课上想完全理解是很困难的。德国大学的专业课一般由教授讲授,博士研究生当助教。教授讲课的课内学时不多,但课后相应的课时与课内的比例基本上 1∶1,由博士研究生负责,即 Tutor。由于没有班级的概念，因此，上课全靠学生自觉。学生在学期间，尤其在周末和假期都会去打工，赚取一些生活费，一般大学都设有专门为学生提供临时工作岗位的机构(TUSMA)。当时德国(西德)教育是免费的，不用负担学费。德国大学的专业教研室(同时也是研究所)教师人数不多，一般都只有2~3名教授，和几位教辅人员，及博士研究生。德国的教师实行坐班制，每天都得到办公室上班，各人享受不同的休假期，应当说假期仅是对理论课而言，即在假期不安排理论课，专业实习都安排在假期，课程考试也安排在假期，考试时间可以由学生自己选择。假期除上课外，其他活动照常，当然教师的休假、外出旅游也只能安排在假期。

在德国期间我还参加了几次工地实践，我发现德国的建筑工地与我国大不一样。德国的建筑工程由建筑公司中标承建后，工程的主体一般分为基础部分、模板工程、钢筋加工，以及混凝土浇捣，装修等部分。基础公司进场完成基础施工后，模板公司进场安装模板，然后钢筋加工公司将预制好的钢筋进场安装，再由混凝土公司进场浇捣混凝土，每一环节衔接的非常好，工地井然有序。工程的每一部分分包给各专业公司，各专业公司专业技术高，质量也就更有保证。当时我觉得这种专门化的作业模式很先进，应该是建筑业的发展趋势，我回国后也向省建设厅汇报过，希望推进建筑公司的企业改革。

以上是我近30年前在德国柏林工大留学进修，在专业方面的简要回忆。随着时代的变迁，德国的高等教育也发生了变革，但德国人的严谨认真，精益求精的学习与工作的态度永远没有改变，这是永远值得我们学习的。

柏林工业大学简介

柏林工业大学(Technische Universität Berlin，缩写TUB，或翻译成柏林理工大学或柏林科技大学)是世界著名理工院校，德国九所卓越理工大学联盟TU9成员之一，是柏林地区唯一一所理工科大学，建校100余年以来，为德国乃至世界培养了一大批人才。主楼建于1884年，坐落于柏林夏洛特堡区，面向六月十七大街。该校约有26 800多名学生(2007年夏季学期)，是德国规模最大的工业大学(Technische Universität，或翻译成理工大学、科技大学)之一，很多专业排在德国前十位。柏林工业大学大约30%的学生来自于国外，使该校相比德国其他高校更具国际化色彩。校友和教授中有10位是诺贝尔奖获得者，1位普利兹克奖获得者(建筑学界最高奖)。

英国高等教育之管见

/陈燊

陈燊，原福州大学土木学院教师，福州大学一级关键岗位教授，博士生导师，教学名师。2013 年 6 月退休。1990 年 10 月作为访问学者在英国伦敦帝国理工学院土木系(主校区)学习、工作，参与结构动力分析研究。

帝国理工学院(Imperial College of Science, Technology and Medicine 简称“ICSTM”或者“IC”)是英国颇具实力和活力的知名高等学府。作者 1990 年有幸在那里学习、工作，对当时的英国高等教育感受颇深。本文从英国伦敦帝国理工学院(以下简称“帝国理工”)的生源、师资、教材、机构及科研等方面透视英国高等教育，提出几个值得借鉴和思索的问题。管中窥豹，略见一斑。在此列举一二，旨在为两种不同教育制度之间，以及先后造访该校的教师之间拓展一个比较和思索空间。

学生层次与教学活动

在帝国理工，研究生与本科生的招收是齐头并进的。本科生学制三年(也有四年制的，包含了硕士生学习)，上大学前已进预科学习一年，微积分等基础课程已在预科阶段完成，入学时并未经过太严格的考试，而注重预科学习的成绩和推荐信。本科生主要从事专业学习，除了学理论课程外，还要到欧洲野外实习(费用自理，学习优秀者由系代付)。由于昂贵的学费(每年 7200 英镑左右)和自尊心使然，只有补考的学生，但几乎没有留级生，也没听说“勒令退学”。学生一旦发现自己不是这块“料子”，便另寻出路了。举例来说，1990 年土木系招收 83 个本科生，第二年减为 78 人，第三年毕业时仅剩 68 人，淘汰率为 18%。

硕士生学制一年，主要学习高等课程，也有两周到欧洲的参观实习，通过考试，获得学位，不及格者毕业离校，第二年再回来补考，共有两次补考机会，三年内通过考试仍可获得学位。学业优秀者，导师则鼓励写小论文，崭露头角者，导师除深入指导外，还资助生活费，延长数月，完成论文，然后联名发表，各得其所。若本人愿意，导师还可推荐其继续撰写博士论文。虽然在校本科生是硕士生的3倍，但每年招生数，两者却都大抵持平。

IC学校象征

博士生每年招收约是硕士生的三分之一，学制三年。因此，博士生与硕士生在校总人数不相上下。博士生通过论文答辩取得学位。博士生学习是紧张的，通常每周举行Seminar，专人报告其研究进展情况，相互促进。

少数几个系（如人文系），研究生远少于本科生，但有些系则不同，如土木系，1991至1992学年在系本科生230人，扩招的硕士生140人，各式的博士生80人。

本科生主要为英国人，还有的来自欧盟、英联邦及香港等地。硕士生则内外掺半。博士生中，本国人仅占很小比例。这不能不说是一种潜在的危机，虽然英国提供就业机会，可留住高级人才。

教职员一专多能

该校教职员的工作效率，令人折服。以我所在的教研室为例，一名老教授，一名高级讲师，一名新提升的年轻副教授（Reader），外加一名女秘书，共4人。他们不仅要上本科生、硕士生的课，还要指导14个硕士生、12个博士生，各自还承担科研任务。女秘书则打印上课讲义，收发通知、信件，做统计报表，搞教学杂务，忙个不停。

在教员的资历中，往往有一项他们引以为豪的“工程师”称号。原来，许多人在获得博士学位后，先到公司企业工作2~4年，取得经验和工程师称号后再回校工作。不言而喻，这些人讲课有的放矢，生动活跃，与企业的联系也非同一般。他们动手能力很强，长时间蹲在实验室或跑现场获取第一手资料，连老教授也不例外，真有一种可贵的敬业精神。

但另有一种现象却令人诧异（我们私下里谑称为“人才外流”）。拿土木系来说，除系主任、若干教授和主要管理人员是英国人外，许多教职员都是“老外”，或者说是有居留权的第二、三世界人员。上述教研室的4人就分属希腊、塞浦路斯、埃及、爱尔兰，居然没有一个英国人。对于出牛顿、法拉第的国度，这究竟是人才“短缺”，还是“外流”？

注重教材的实用性

英国大学的教材大多不采用举国一致、数年不变的统编教材,这在研究生教材中更为突出。教师每次课前都得编写讲义,随讲随发,课程结束后,讲义就装订成册,而正式出版物仅作为参考书使用。这样在教学中能最快地反映新理论、新技术、新成果。从我接触到的两种讲义来看,有些理论显然超出现有的教科书,一些例题和习题则很实际,似乎就是教员本身经历过的具体工程问题。在学制较短的情况下,他们特别强调实用,跟上时代,毕业后能很快进入"角色"。不过,这样有利也有弊,基础理论学习难免缺乏系统性,而且,教师编写工作量大,要讲一门课确实不容易。正因为如此,同在欧洲的德、法等国反其道而行之,强调系统学习。两种做法,是非优劣,尚无定论。

多中心并非无中心

帝国理工除了设有近20个新、老、门类齐全的系以外,随着新兴学科或交叉学科的出现,老系又旁生出不少研究中心,或者系与系联手成立研究中心,以适应科学发展。这些中心可归纳为4类:一类是准系中心,有:生物医疗系统中心、环境技术中心,这些中心已颇具规模。第二类是协作研究中心,有:生物工程中心、认识系统中心、复合材料中心、核聚变研究中心、全球环境中心、高温超导中心、材料与建筑环境中心、寄生传染病研究中心、光分子科学中心、遥感中心、机器人和自动系统中心、工艺陶瓷中心、振动工程中心、日欧工业研究中心、理工医历史伦敦研究中心和海洋技术伦敦研究中心。第三类是交叉学科研究中心,如:人口生物学中心、系统工程处理中心、半导体材料生长特性鉴定中心等。还有一类是学术服务中心,有:计算服务中心、继续教育中心、反应堆中心。诸多中心,令人目不暇接,它们都在为学校能"在前沿学科中占有一席之地"的中心任务服务。中心初设时,人手并不多,资料、设备都不全,但有了立足点和发展方向后,加强了对外联系和交流,收集资料,添置设备,培训人才,很快就孕育成熟而发展壮大起来。多中心在有条不紊地工作,并非无中心。

科研是高校的命根子

古老的帝国理工成为朝气蓬勃的"后起之秀",除了学校底子厚,学风正外,科研活动给老校注入了活力。

当今英国教育界已普遍认识到高校不仅是书斋,而且是科研基地。1991年10月《泰晤士报》发表一篇题为“为了经费,大学面对质量检验”的社论,提到新的“高等教育法规”把英国45所大学分为3个档次,科研好的前12名可获得更多经费,从而吸引更好的学生,而后12名将失去政府拨款的三分之一(该部分指定用于科研)。帝国理工位居第一档,与剑桥、牛津齐名,说明它已具备很强的科研实力。在为政府各部、工业部门提供高水平技术咨询服务中,仅自1989年7月至1990年3月,在不满一年时间里,经费赞助费收入就已超过3140万英镑(当时1英镑相当于14元),因而在1990年4月获女王颁发的“输出成就奖”。

在该校,教师若无力从事科研,不仅会失去晋升机会,还会危及地位。他们都有一本Publications账,存在软盘上,随时接受检查或备索,其中罗列已发表的论文、专著目录,合写的论文还须注明本人在Ideas/Strategy或Execution中所占的百分比。这些博士出身的教师,又来自实践,了解企业急需解决的科研课题,容易得到企业赞助。完成的项目多,国家拨给的科研基金也增多,于是形成良性循环。

在英国,经常根据科研成果达到国际先进水平或国内先进水平的多少,排定名牌学校的座次,而“名牌”一旦打响,不仅大量科研项目找上门来,国内外优秀生源也会不顾收费之高而接踵而至。在英国,高校招生的竞争力维系着学校的兴衰。

伦敦帝国理工学院简介

伦敦帝国理工学院建立于1907年,曾是联邦大学伦敦大学的一个加盟学院。在2007年伦敦帝国理工学院庆祝了该校100周年,并且凭借着学术上卓著的成就从伦敦大学中分立出来。伦敦帝国理工学院与牛津大学、剑桥大学、伦敦政治经济学院、伦敦大学学院并成为“G5”精英大学,代表着英国大学的最高学术水平。帝国理工在世界上享有和麻省理工同等的声誉,研究水平被公认为是英国大学的三甲之列。

伦敦帝国理工学院有8个校区分布在伦敦及其周围。主校区位于伦敦的市中心——南肯辛顿,与著名的海德公园、肯辛顿宫(戴安娜王妃生前住处)仅咫尺之遥。周边有很多博物馆体现了它浓厚的文化氛围。中央图书馆也坐落在南肯辛顿校区,有藏书350多万本和期刊1800种,学习座位1000余个,学期间24小时开放。

伦敦帝国理工学院是英国入学标准最高的大学之一，新生入学 A level 平均分29.7。伦敦帝国理工学院下设工程系、医学系、自然科学系和商学院，开设有242门教学课程。截至2010至2011年度，伦敦帝国理工学院全校有13964名全日制学生及1000多名教职员工，学教比12∶1.1。伦敦帝国理工学院的师资力量极其雄厚，有着优秀的教学能力，在科学领域也有很高的成就，尤其是在机械工程、医药研究和医药加工，以及健康护理等方面。

根据2011至2012年度世界大学排名，伦敦帝国理工学院总排名欧洲第3，世界第8；工程和信息科学欧洲第4，世界第10；生命科学欧洲第3，世界第9；物理学科欧洲第4，世界第14。伦敦帝国理工学院在1996年英国高等教育基金委员会研究评估中，数学、电脑科学、化学工程、土木工程、机械工程、矿业工程、生物化学、生物科学、化学、物理、应用数学、统计及运算研究、工程、电机及电子工程、历史等均获得5分（五级制，最高分）。

University System in Europe

/Bruno Briseghella

Bruno Briseghella，1971 年 12 月出生在意大利 Padova，男，博士，教授，国家第七批“千人计划”。研究领域：桥梁及房屋结构设计、钢混凝土组合结构、桥梁与房屋结构整修、整体式桥台桥梁、桥梁的环境振动测试、桥梁与房屋结构监控、结构动力分析、地震工程。

教育经历：

2001—2005 年 IUAV 大学，副教授；2005—2007 年意大利，米兰理工大学，教授；2005—2007 年意大利，Padova 大学，教授；2008—2009 年意大利，Cagliari 大学，访问教授；2008—2010 年意大利，Padova 大学，访问教授；2008 年至今中国，福州大学土木工程学院，教授。

According to the Bologna Process the basic framework adopted is of three cycles of higher education qualifications. The framework of qualifications adopted by the ministers at their meeting in Bergen in 2005 defines the qualifications in terms of learning outcomes. These are statements of what students know and can do on completion of their degrees. In describing the cycles the framework makes use of the European Credit Transfer and Accumulation System (ECTS):

1st cycle: typically 180 ~ 240 ECTS credits, usually awarding a bachelor's degree. The European Higher Education Area did not introduce the Bachelor with Honours programme, which allows graduates with a "BA hons." degree (e. g. in UK, Australia, Canada) which in some jurisdictions (UK, Australia) may enable graduates to undertake doctoral studies without first having to obtain a master's degree.

2nd cycle: typically 90 ~ 120 ECTS credits (a minimum of 60 on 2nd-cycle level). Usually awarding a master's degree.

3rd cycle: doctoral degree. No ECTS range given.

In most cases, these will take 3 ~ 4 years for a bachelor's degree, 1 ~ 2 years for a master's degree, and 3 ~ 4 years for a doctoral degree, respectively to complete. The actual naming of the degrees may vary from country to country.

One academic year corresponds to 60 ECTS-credits that are equivalent to 1500 ~ 1800 hours of study.

History

Centers of higher education have been around for hundreds of years, and even millennia in some cases. But not all withstand the test of time. Over the centuries, many of the world's oldest universities have disbanded, split into autonomous colleges or become modernized beyond all recognition. Most are located in Europe, due to the particularly impressive number of longstanding and still - operating universities in this region, but there's also an African representative to consider.

威尼斯建筑大学课程设计现场

According to QS ranking, it's possible to mention the following ones:

University of Bologna (Italy), Established in: 1088

University of Oxford (UK), Established in: 1096 ~ 1167

University of Salamanca (Spain), Established in: 1134

University of Paris (France), Established in: 1160 ~ 1250

University of Cambridge (UK), Established in: 1209

University of Padua (Italy), Established in: 1222

University of Naples Federico II (Italy), Established in: 1224 (1258)

University of Siena (Italy), Established in: 1240

University of Coimbra (Portugal), Established in: 1240

Al-Azhar University (Egypt), Established in: 970 AD

Costs

Studying in Europe is cheap both for the residents of EU than the non-EU pupils. For example the cost of tuition fee in Germany is around 500 EUR for each semester, in Greece it's nearly 1,000 EUR for a year for non-EU pupils, in Denmark it is 10,000 EUR for a year for non-residents and in Spain the fee starts at nearly 950 EUR for each credit. Thus the fee basically depends from one college/university and country to another.

University Campus

In many European Universities there is no central campus. The university buildings are scattered across the city and sometimes they have a history of hundred years. The city center where an university is seated very often becomes the heart of the university.

The Italian Higher Education System

Pre-University Education

The Pre-University education starts at 6 years and it 13 years (primary school: 5; middle school: 3 years; high-school: 5 years).

University Education

卡利亚里大学课程设计现场

The first cycle (Laurea) has a 3-year duration for a total of 180 ECTS. It leads to a Bachelor of Science equivalent degree (UK);

The second cycle (Laurea Specialistica/Laurea Magistrale) has a 2-year duration for a total of 120 ECTS. It leads to a Master of Science equivalent degree (UK);

The third cycle (Dottorato- Phd) has a 3-year duration for a total of 180 ECTS. It leads to a PhD equivalent;

On top of the first cycle, the Italian system provides a 1-year course (minimum of 60 ECTS) leading to a 1 st level Specializing Master;

On top of the second cycle, the Italian system provides a 1-year course (minimum of 60 ECTS) leading to a 2 nd level Specializing Master.

Italian higher education is structured in a binary system, consisting of two main articulations:

-the university sector

-the non-university sector.

At present, the university sector is made up of more than one hundred university institutions which are classified in:

-67 State universities

-18 non-State universities (legally recognised by the State)

-2 universities for foreigners

-6 higher schools specialised in postgraduate university studies

-11 telematic universities.

Some considerations about the European Higher Education system

It's interesting to cite the study developed by EU ("Higher Education Rankings: Robustness Issues and Critical Assessment" by Michaela Saisana and Beatrice D'Hombres) on the Higher Education System in Europe. According to that study, the average US university is not necessarily superior to the average European university. Moreover, the European universities studied here display more homogeneity than US universities. An analysis of the 27 European universities and 48 USA universities that are ranked Top100 in the SJTU and Top200 in the THES shows that-contrary to current wisdom - the average US university is not necessarily superior to the average European university. The average US university has a better performance than the average European university in the number of articles in Science and Social Citation Index, in the number of highly cited researchers (SJTU indicators) and in the citations per faculty (THES indicator). Yet, the average European university has a better performance than the average American university in the proportion of international staff and the proportion of international students. For the remaining seven indicators analysed (in particular the two indicators related to the number of Alumni or Staff winning Nobel prizes and field medal), the performance of the average European university is comparable to the average US university. Regarding homogeneity issues, the European universities analysed have a more homogenous performance than their American counterparts in the majority of the indicators.

An important point to focus on is that studying in Europe is cheaper than in USA or other countries and it allows everyone to access to the Higher Education and not only the richest or the best students.

Some important teaching characteristic in Europe are: a) Class participation, every student is encouraged to openly discuss the material with classmates and the teacher, as participation is an important element of the education system; b) Relationship between Teacher and Students, in Europe where there is less so-

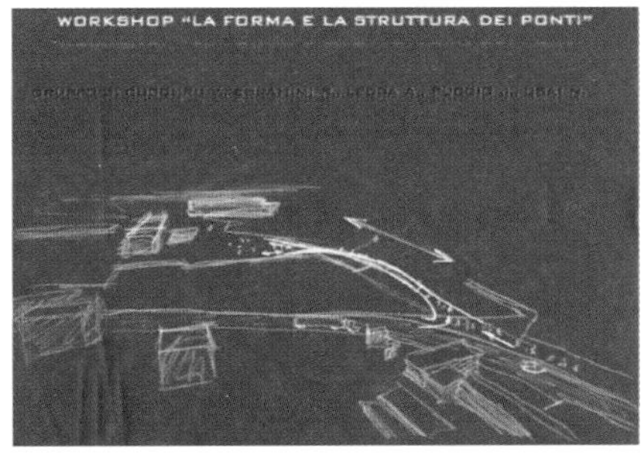

意大利学生桥梁设计方案

cial hierarchy than Asia, the relationship between students and teachers is more casual and friendly; c) Grade system, in Europe, if a student gets a particular score, they receive a grade for that score range. In some other countries a different type of grading system is adopted, called the relative-grading system.

在特伦托大学留学简忆

/何乐洽

何乐洽，2000年与2003年，于上海同济大学建筑工程系分获学士与硕士学位。2003年7月至2004年11月，于上海冶金设计研究院（现宝钢工程技术有限公司）工作，主要从事钢结构设计。2004年12月，赴意大利特伦托大学学习。2008年3月，获得博士学位。2009年10月至2013年6月，在比利时鲁汶大学进行博士后研究工作。主要研究方向为结构与桥梁的动力试验方法、有限元数值时程积分算法、基于动力实测的健康监测与检测。

特伦托大学，机械工程与结构工程在一个系里，全称是Department of Mechanical and Structural Engineering。我入学的时候，工学院的院长是R. Zandonini教授，他后来担任过国际桥梁及结构工程协会的副主席，是组合结构领域国际著名的专家。而机械与结构工程系的前后两任系主任都是机械工程领域的专家。在欧洲的结构工程领域，传统的结构工程研究越来越有与机械工程靠拢的趋势。以我自己的博士课题为例，研究的是基于并行式时程积分的大型结构拟动力试验子结构法。我的副导师Dr. P. Pegon所在JRC的课题组，研制出了一套用于大型结构拟动力试验的设备，并开发了相关的子结构数值积分算法与控制程序。UNITN配合JRC，对这套数值算法进行精确度与稳定性的理论分析。这个课题涉及经典的数值分析理论、机械控制、时程积分与误差分析等，在国内一般很少是结构工程领域研究的问题而偏向于是动力学基础性的研究。无独有偶，我的师兄、师姐，在美国Leigh毕业的陈诚博士、在Buffalo毕业的邵晓芸博士，也都从事相同课题的研究。可见，不论欧美传统的结构工程与机械工程领域之间融合的大趋势是相近的。以我的观察，欧洲的研究机构越来越重视在传统的结构工程课题研究基础上，参与和转到对试验设备的研发与改进上。而这些都离不开多学科的融合。

2008年的夏天，我去Udine的CISM（International Centre for Mechanical Sciences）学习，参加了一个关于结构健康监测

与 O. S. Bursi 教授的合影

欧盟研究中心 JRC 大型结构的拟动力试验现场

的短期课程。在这个课上，我结识了 Guido De Roeck 教授。他是结构健康监测领域的国际著名专家，2014 年在葡萄牙 Porto 举行的欧洲动力学会议（EURODYN）上曾授予他终身成就奖章，肯定他的贡献。De Roeck 教授是从 20 世纪 90 年代的中期就开始进入结构健康监测领域的研究的。他第一篇在该领域有影响力的论文发表于 1999 年，是关于结构随机振动下的模态识别算法，已成为该问题上的经典文献。此后，他在识别算法、结构动力特征、动力试验方法与结构损伤识别等问题上，做出了系统性的贡献，见证了该技术逐步从实验室阶段走向了实用阶段。De Roeck 教授在研究中，非常重视真实桥梁与结构的检测与监测，他几乎所有的算法与文章，都有实测的结果作为验证与支撑。在实践中，他还很重视新技术与设备的应用，始终走在领域研究的前列。

在鲁汶大学，De Roeck 教授领导的课题组包括两个研究方向。除桥梁与结构的健康监测，还有环境振动的识别与模拟。后者，主要是研究土体中振动的传播与对其结构的影响，并涉及到随机振动、土的特性识别及结构与土的相互作用等问题。结合这两个研究方向，课题组参与了大量欧盟与各国政府支持的研究课题，在培养了大批研究生的同时，还开发了相关的应用软件以推动技术的应用。鲁汶大学的特色也离不开前面说的多学科融合。因为，动力识别一般而言也属于机械工程领域控制方向的问题。在结构识别的具体问题上，课题组有时采用的算法还引自于电子工程系的研究成果。这或许与鲁汶大学悠久的历史，深厚的学术积淀是密切相关的。然而给我印象最深的，是课题组在有扎实的理论研究基础上非常重视与工程实践的密切结合。以我做博士后期间参与的项目为例，课题组参与了公路混凝土桥的损伤识别、铁路钢桥的疲劳分析，高铁预应力混凝土箱梁桥的长期监测以及步行桥的人致振动问题等等，并参与到无线传感器的设备研发当中。研究工作始终密切结合当前实际工程中遇到的问题，并在此基础上开发试验技术与采购设备，研发相关的应用软件，在培养研究生的过程中解决具体的项目问题。最后，整理相关的研究报告、发表高水平的论文并出版专著（合著）。所谓，源头活水，正是有了不断的实践，才能在解决问题的过程中不断发现新的问题，使得研究工作能够有的放矢、实事求是。同时，一些杰出的研究人员，如 Dr. E. Reynders 还始终坚持在理论研究领域探索与前行，保证了课题组的先进性与后续发展之力。

陈宝春老师在可持续与创新桥梁工程研究中心 SIBERC 的活动上几次都提到，SIBERC 必须做好自己的“特色菜”。他指的是有课题组特色的研究方向，例如钢管混凝土拱桥、整体式桥梁与高性能混凝土研究。如果今天这个方向热门就研究这个，明天那个热门就研究那个，整天跟在人家后面跑，只会是疲于奔命。研究的课题不在于广，而在有自己的特色，要做出相关领域里别人不可逾越的标志性的成果来。我想，我们的国际化的合作，也要服务于我们有特色的研究方向。此外，国际化在提升我们的研究平台的同时，也应该有助于培养更好、更优秀的学生，包括研究生。2004 年，我的原工作单位宝钢工程技术研究中心的成立时的目标，是定位在要成为德国的克虏伯、韩国的浦项制铁和日本的新日铁那样的研发中心。希望以后主要是靠研发，而不是靠产能来推动企业效益的增长。到今天，合并重组已近 10 年时间过去了，由于国际经济形势和各种复杂原因的影响，当年这一美好的愿景还没有实现。当然，事物总是在曲折中前行的。新近成立的子公司，宝钢建筑系统集成有限公司，就提出了推广新一代装配式钢结构住宅体系的思路，并积极地重归民用建筑领域而摆脱了原来单一化发展的思路。我的理解是，如果以后企业要成为国家科技创新的主体的话，那么我们高校作为输送“炮弹”的单位，要培养真正具有创新能力的人才。这就需要研究生在学习的过程中，要能密切和生产实践相结合，培养独立的发现问题与解决问题的能力；多学科的交融，是培养学生独特视角与创新能力的最好机会。

与 Guido De Roeck 教授(后排左二)和其他合作伙伴在西班牙 Jalon 高铁桥测试后的合影。

Title	Teacher
Non-linear Equations and Numerical Optimization (非线性方程与数值优化)	Prof. E. Bertolazzi @ UNITN
Random Vibration and Dynamic Reliability (随机振动与动力可靠度)	Prof. Z. Zembaty @ Opole University of Technology, Poland.
Finite Element Analysis and Applications (有限元分析与应用)	Prof. G. Novati @ UNITN
Theoretical and Experimental Modal Analysis (动力模态分析:理论与试验)	Prof. D. Bernal @ Northeastern University, Boston, USA & Prof. D. Zonta @ UNITN
Advanced Non-linear Dynamics (高等非线性动力学)	Prof. D. Wagg @ University of Bristol, UK
Control Engineering (控制学)	Prof. D. Stoten @ University of Bristol, UK
Scientific Programming in C++ (C++编程)	Prof. E. Bertolazzi @ UNITN
Fundamentals of Earthquake Engineering (地震工程学导论)	Dr. A. Colombo @ UNITN & JRC
Performance-based Design in Earthquake Engineering (基于性能的结构地震工程设计)	Prof. G. Ayala @ Universidad Nacional Autonoma de Mexico, Mexico & Prof. P. Negro @ JRC
Structural Analysis and Design of Bridges (桥梁结构的设计与分析)	Dr. P. Clement @ ENEA Centro Ricerche Casaccia, Roma, Italy
Smart Structures (智能结构)	Prof. J. P. Lynch @ University of Michigan, USA & Prof. D. Zonta @ UNITN
Sensor Fusion (传感器数据处理)	Prof. Mariolino De Cecco @ UNITN
Experimental and Numerical Methods in Earthquake Engineering (地震工程学中的试验与数值方法)	Prof. O. S. Bursi @ UNITN
Modelling and Control of Dynamical Systems (动力系统的模型与控制)	Prof. O. S. Bursi @ UNITN
Time Integration of the Equations of Motion for Structural Dynamics (结构动力时程数值分析)	Prof. M. Mancuso @ University of Modena, Italy

博士期间我参加过的研究生课程

特伦托大学简介

特伦托大学成立于 1962 年，是意大利最年轻的大学之一。1962 年，特伦托自治省成立社会科学高等研究学院，这成为特伦托大学的前身。1972 年，演变为自由大学。学校近几年发展很快，在世界上有很高的学术声誉。该大学意大利籍注册学生为 15000 人，其中 9249 人来自特兰托自治省，4612 人来自国内其他省份，外国留学生为 144 人，6 个学院共有教师 251 人，研究人员 161 人，技术管理人员 400 多人。

西班牙研究生教育的特色

/方圣恩

方圣恩，1980年出生，工学博士（西班牙马德里理工大学地震工程动力计算专业博士学位，中南大学桥梁与隧道工程专业博士学位），教授。福州大学土木工程防震减灾信息化国家地方联合工程研究中心副主任，防灾减灾硕士学位点负责人。中国振动工程学会模态分析与试验专业委员会理事。比利时鲁汶天主教大学土木工程系访问学者，香港科技大学土木工程系访问学者。主要研究方向：结构健康监测、结构防震减灾、结构检测与加固、结构抗连续性倒塌分析、结构稳定与振动。入选2012年度福建省高校杰出青年科研人才培育计划。博士论文获西班牙马德里理工大学优秀博士论文奖（2012年1月颁发）及欧盟博士学位认证，以及中南大学优秀博士论文奖（2012年）。

2005年1月起联系导师，申请马德里理工大学的博士生资格和西班牙教育部的全额奖学金，通过烦琐的申请环节，终于在2005年10月27日第一次踏上西班牙的土地，开始了4年陌生的异域生活。而后2009年12月17号顺利答辩通过，期间辛苦，只有自知。

我是马德里理工大学建校以来第一个来自中国的全职脱产博士生，所以"名气"较大，学院院长和校方都知道我。当初选择西班牙，也是国内的硕士导师正好认识我后来的西班牙导师，就问我去不去，当时没想太多（单纯），就答应了。来了之后，刚开始有点后悔，因为语言不通是最大障碍，本硕期间学的四六级，日常生活基本用不上，还好2005年暑假去上海学了一个多月西班牙语，吃饭、买东西还是够用的。而且西班牙人的生活习惯和我们很不相同，由于日照充分，白天长，所以西班牙人早上9点前后才开始上班，10点半左右去bar喝咖啡或吃早餐，下午1点左右吃午饭，4点半下午茶，晚上7点左右下班，一般9点前后才开始吃晚饭（搞得我第一个月胃不好）。周末（特别是星期天）除了超市和食品店，一般商店都关门，所以没有逛街购物一说。因为西欧基本都是天主教或基督教国家，周末是家庭团聚时间，尤其周日是罢工、上教堂做礼拜的时间，雷打不动。

西班牙是个移民国家，南美、北非和东欧的合法或非法移民很多。中国移民主要以20世纪80年代初来西班牙打拼的浙江青田人为主,全部外来移民据说有近千万。马德里和巴塞罗那是主要的移民聚集区,所以治安也是西班牙最差的地方,小偷和打劫的很多,特别是针对亚洲游客。中国留学生中有一句半玩笑话,即判断一个学生在马德里是否待过一年的标准就是"是否被打劫过 1 次"。而西班牙其他城市,则像我们想象中的那样,安全和安逸祥和。在马德里和巴塞罗那,只要不是大案,警察也见怪不怪了,因为小偷小摸的也管不过来。这里绝大多数警察职业操守较高,态度良好,一点没有警察的样,战斗力远不及城管,可能也是马德里治安差的原因之一吧(玩笑话)。

马德里道路干净,空气好,水质一流(都是直饮水,而且一部分水来自马德里周边的雪山融水)。去超市或店铺买东西只看价格,不必担心什么假货、山寨货之类,让人非常放心。中国人开的杂货铺(西班牙人叫"百元店"),国内的方便面、老干妈、香菇等食品以及杂七杂八的日用品(大到旗袍、小到耳勺)应有尽有,据说大多来自浙江义乌,品种比国内的杂货店还全,而且价格低廉,西班牙当地人也经常光顾。

一、学院生活

我所在的高等工业工程师技术学院(Escuela Tecnica Superior de Ingenieros Industriales,缩写 ETSII)地处马德里市中心,因此学生要么走读,要么自己租房住,学院不提供宿舍,这点和国内大学很不同。其实即便是位于大学城的校区,由于房间紧张(西班牙学生基本都是一人一间房,共用厨房和卫生间,不像国内几个研究生一间,没有隐私可言),很多学生也要自己租房住。ETSII 渊源始于 1752 年,历史悠久,学院主体建筑和一个自然科学博物馆连成一体。我就读的结构力学系分 3 个 unit,有 2 个配套实验室,我在的 unit 有教授 5 名。

学院作息时间和西班牙一样,只是食堂仅提供午餐,不提供早餐和晚餐,这点对国外学生来说有些不便。晚上回去饥肠辘辘,再累也得自己做饭(外面餐馆改善生活可以,经常吃可吃不起)。学院食堂分学生和教师食堂,教师可以去学生食堂吃饭,反之不行。学生食堂每天的菜和教师食堂基本一样(同一帮厨师做的饭),但学生食堂的菜要早去才比较热,而教师食堂总是热菜,因为主菜都是现做的,特别是牛排。学院食堂午饭和外面餐馆一样,提供头菜、主菜和餐后甜点,当然品

西班牙及马德里

西班牙全称西班牙王国(西班牙语:Reino de España;英语:The Kingdom of Spain),位于欧洲西南部,地处欧洲与非洲的交界,西邻同处于伊比利亚半岛的葡萄牙,北濒比斯开湾,东北部与法国及安道尔接壤,南隔直布罗陀海峡与非洲的摩洛哥相望,是一个多山国家,总面积约 50 万平方公里,海岸线长约 7800 公里。

西班牙是一个古老的君主立宪制国家,同时也是一个高度发达的资本主义国家,人口约 4700 万,属于欧盟和北约成员国,也是欧元区第四大经济体,国内生产总值(GDP)居欧洲国家第 6 名,世界排名第 13。

西班牙全国划分为 17 个自治区、50 个省、8000 多个市镇,首都马德里是欧洲著名的历史名城,市区面积为 607 平方公里,人口 570 多万(马德里大区),是全国的政治、文化、经济和金融中心。市内通信发达、交通便利,13 条地铁线总长 226 公里。市内有众多闻名欧洲的博物馆(包括古代艺术博物馆)、教堂(西班牙 96% 的居民信奉天主教)、雕塑群。同时和巴塞罗那、塞维利亚等地区一样,也是著名的旅游胜地。

马德里大区有 13 所大学,其中 6 所为公立大学,而马德里理工大学是西班牙最早成立的理工科大学。

西班牙皇宫

太阳能电池

航天科技研究

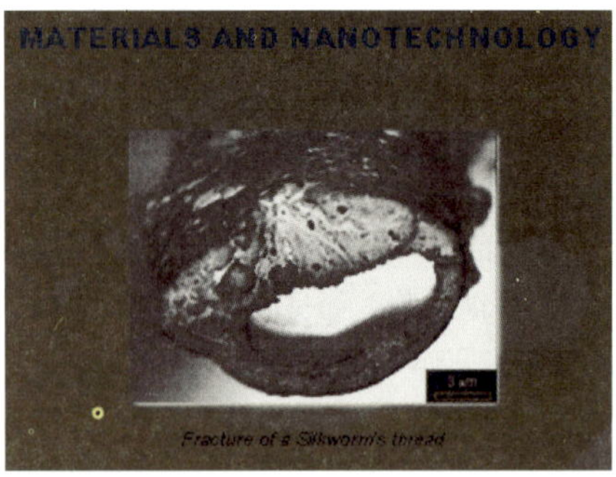

纳米材料科学

质比外面餐馆差多了。2006 年前后学生食堂一份午餐 4.5 欧元，教师食堂 5.5 欧元，还是学校补贴后的价格。外面餐馆要 12 欧元左右，菜品自然好挺多。但困难家庭的学生（没有奖学金的前提下）可以向学校申请午餐补助，拿专门的补助餐票以 1 ~ 2 欧元价格吃午餐。

学院内设有专门的复印店，大厅还有投币复印机。楼梯间有自动咖啡机和直饮水机，前者投币，后者免费。学院每天有专门的人打扫卫生，包括公共场所、教室、办公室和卫生间，非常干净。特别是厕所，干净且没有异味，洗手液和厕纸基本都是完备的，这点和国内的对比，你懂得。

让我意外的是，学院里面还有个专门的超大 unit——教堂！在学院一楼的一角占了近 200 平方米的面积，配有一个年轻神父名叫 Enrique，人很友善，居然也是马德里理工大学毕业的，后面又到神学院学习了几年，升级到神父（我第一次知道时候，心里确实有点吃惊）。周一到周五早上 8:00，学院的教堂都有开弥撒，而且参加的学生和教师不少。教堂的门没有锁，平时谁都可以进去体验那种静穆、安详的气氛，获得心灵的平安。我在读博压力特别大的时候，就经常去坐坐，缓解下心情。

二、学习环境

与西式电影经常看到的“滋润生活”不同，马德里理工大学的学生基本看不到穿奇装异服的，他们绝大多数学习勤奋，除了周末学院是关闭的，进出需要门卫检查证件，其余每天都可以看到各层环廊边上的桌子旁，坐着学生学习。要知道，马德里理工大学本科生的淘汰率是很高的，我所在的学科据说有 25% 拿不到学位证，而像高大上的航空技术等专业，能高达 50% 淘汰率！可以想象，读了 6 年以后，拿不到本科学位证，是什么心情。所以学生的压力也很大，并不是过着进了大学就等着混毕业，每天晚上打游戏看片的那种日子。

大学生一般都会讲英语，来自欧盟其他国家的学生也不少，给我总体的感觉是自律、友善，上课专心，基本没有随意迟到、早退或者玩手机的现象，课间就在教室学习或在走廊和食堂的 bar 聊天。上课严肃但氛围轻松，教授基本一身正装讲课，师生之间互相尊重对方意见。学生对教授都很尊重，对教授的提问都比较积极。西班牙的习惯是对任何人都直呼其名，师生之间也是如此,对此我一直不太习惯。此外,学生社团比较多,包括各种文艺和体育类,不过由于语言问题,我读博期间没有参加过社团。特别值得一提的是,学院的会议大厅时不时就举办各种音乐活动,邀请西班牙的艺术团体来演奏,水平一流,而且关键是:免费入场!

三、关于读博

西班牙的本科生毕业后继续读博的非常少,因为读博对他们找工作或者提高工资待遇起不了太大作用。马德里理工大学毕业的本科生比较抢手,工科学生出去工作,起薪都比较高,工作几年后不比大学教授的工资低多少(甚至高很多),这和西方国家社会均衡发展不无关系。西班牙人力成本高,日薪最高的往往是干体力活的工人,大学教师和医生的薪酬只能算中上水平。而且很多高中生毕业后不读本科,就读 3 年制的技术学院,以便掌握一门专业技术。同时还有一点,即读博不是那么容易毕业的,博士学制是 4 年,可是读 6、7 年都没毕业的,也大有人在。所以读博的学生,主要是个人兴趣,或者想在高校、科研机构(包括大公司的研发机构)发展,否则性价比不高。

学院大门和主楼

学院大厅

博士阶段的学习基本就是导师定个框架或研究方向,然后自己找资料、分析计算、设计试验。和国内不同的是,大多数老外导师不会天天问你进展,而是学生主动每隔一段时间和导师讨论,然后继续研究。特别是脱产拿奖学金的学生,别以为导师不过问你就可以放羊了。导师每年要向教育部或奖学金颁发机构提交一份报告,对学生过去一年的表现进行评价,要是导师写上不合格的话,那么下一年的奖学金就没有了。奖学金是脱产学生租房、吃饭的钱,要是没有了,基本就是宣告博士阶段结束了,因为能自己出生活费的学生,本身就没必要申请奖学金了。何况导师对你印象差的话,是很难扭转的,学生自己也待不下去。

四、实验室和试验

国外的实验室给人的第一印象就是干净整洁、井然有序。没有喧闹,学生都在按部就班地做试验,每个人都认真对待,并爱护试验仪器。比如我用的试验仪器中,有 10 多年前 B&K 公司生产的传感器,至今仍保持良好的品质和精度,可见实验室仪器保存和保养之完善。

试验技能是博士生所必须掌握的。根据自己的研究课题，学生要设计相关的试验。以土木专业的试验为例，最先的是概念设计，并通过笔算或编程初步计算试验结构的静动力响应，看看是否符合设想，再通过有限元建模和分析验证上述计算的结果。然后建造试验模型，包括贴应变片、安装位移计或各种类型的传感器。正式试验前，要进行初步试验，在结构弹性范围内反复验证建造的模型是否符合要求。最后才进行正式试验。这么做是为了保证试验的正确和精度，导师出经费做实验是不容易的，快速完成的试验，其数据一般是不可信的。

汽车工业

试验过程是相对漫长的，数据要仔细记录，并对出现的问题进行分析和解决。最终得到的是厚厚几大本的笔记，包括了初步设计、解析计算、有限元和试验数据记录等，同时也记载了试验过程的艰辛。

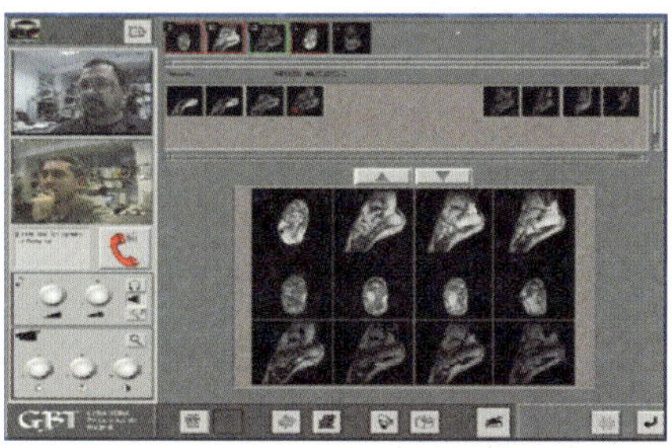

协同虚拟环境中的远程放射学

国外的试验往往不求大，求的是正确和精确。每个试验结构或模型都被反复摸索过，了然于胸，因此得到的试验数据是真实可靠的，才能发表高级别的期刊文章。我在试验室做的一榀框架结构的静动载试验，得到了系里一名教授的悉心指导，这个教授来大学工作前是在航天中心工作过的，做的是火箭结构的测试，经验丰富，在其指导下，虽然试验过程很辛苦，要多次重复验证，要自己调整和修理试验仪器，但做试验的几个月，我获益良多。

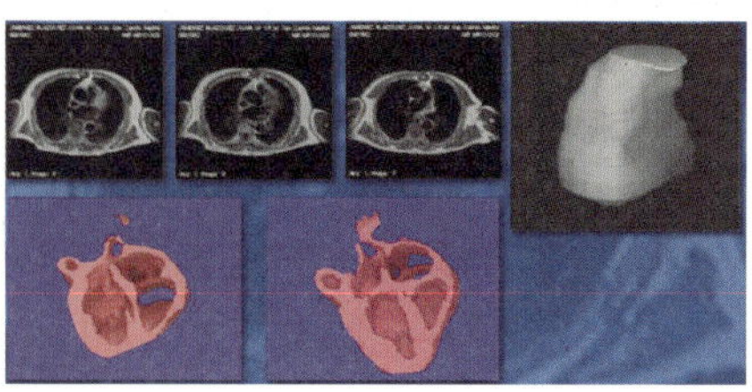

医学成像可视化与重建

结语

最后，用我博士论文致谢的最后一段话，作为结尾"Lastly, I owe my deepest appreciation to my parents and my wife for their unwavering support and perennial encouragement. They shared my successes and sadness at every moment of my life. Their love gave me enough strength to survive the four-year PhD career."

马德里理工大学简介

马德里理工大学成立于1971年，是一所公立大学，有3个校区，主校区位于市区，是西班牙最好的理工科大学。大学由20所学院组成（包括高等建筑技术学院，高等航空技术学院，高等农业技术学院，高等土木工程学院等），其中11所学院属高等工程学院，其他学院属普通工程学院。所有学院包括111个系和9个独立的研究中心。学校拥有3300余名教员、2100多名行政人员和1000多名后勤人员。目前约有37000名本科生、6800名硕士研究生和2500名博士研究生在读。每年有5000名毕业生，其中20%的毕业生参加国际性的项目并在公司里实习，并有200多人获博士学位。

马德里理工大学虽然成立时间不长，但旗下的学院均具有悠久的历史，比如最古老的是建筑学院和工业工程师学院，成立于1752年，海洋建筑工程师学院成立于1772年，矿学工程师学院则成立于1777年，建筑工程师学院成立于1802年，林业工程师学院成立于1848年，以及之后在1855年成立的农业科学学院。这些学院学术氛围浓厚，师资力量强大，每年均吸引大批世界各地的学者和学生来此学术交流或求学。

马德里理工大学校训是Ingeniamos el futuro（我们设计未来），与400多所欧洲及世界其他地区的大学签有学生交流协议，每个学年有近千名学生到国外的大学去学习，同时有千余名外国学生在马德里理工大学学习。学校与国外大学签署了60多个双学位协议，即学生在本科阶段最后的3～4学期到国外大学学习，完成学业后即获双学位证书（马德里理工大学和国外就读的大学）。目前在马德里理工大学和国内多所大学（清华大学、北京理工大学、同济大学等）签有交换生协议，每年有100多名中国学生到马德里理工大学进行为期3～6个月的学习，由马德里理工大学给予奖学金，西班牙SANTANDER银行是这项计划的资助商。

在科研方面，马德里理工大学在欧洲也颇有名气。

马德里理工大学学制：

1. 本科阶段

马德里理工大学类似于国内的清华大学，是一所以理工为主的高等学校，也是西班牙最难录取的理工大学，2005年时高中成绩的平均绩点GPA要7.2分以上（总分10分）才能申请。高等技术学院学制根据不同专业，一般为5～6年，本科毕业生学位等价于国内的硕士学位；技术学院学制为3年，类似于国内的大专学历。近几年西班牙高等教育进行了改革，以便与世界上主流学制一致，即将原本的本科学制分解为本科4年，硕士1～2年。对公立大学来说，国家补贴学费，一般每年学生只要交1000多欧元的学杂费即可,没有其他费用。

2. 硕士阶段

马德里理工大学的硕士阶段学习与中国的不同,主要起专业深造或和博士阶段衔接的作用,一般为1~2年。硕士生主要以课程学习为主,然后撰写相对简单的毕业论文。根据专业不同,一般要求学生修满60~120学分的课程,费用为数千欧元不等(个别专业如国际化工业管理硕士,学费能达到18000欧元),部分专业可以申请奖学金或补助,但很少。

3. 博士阶段

马德里理工大学的博士阶段一般为4年制,在职学习的学生可能需要更长时间。博士阶段头两年需要完成5门博士课程和3个研究项目(project),然后申请博士中期答辩,答辩通过方能进入后两年的论文阶段。作为西班牙顶尖的理工科院校,博士阶段的学习一般是非常辛苦和漫长的,对博士生毕业论文的要求也比较高,所以申请前需要综合考虑。绝大多数希望脱产学习的博士都可以申请奖学金,主要还是从导师的研究项目里面拿出一部分经费(具体要看导师情况),作为博士生的奖学金(生活费)。公立大学的博士生没有学费,一般每年交1000欧元左右的学杂费即可。

博士中期答辩需要3名以上教授参加,导师不在列。博士生主要陈述头两年课程和项目完成情况,以及科研成果情况。然后委员会成员打分,10分为满分,5分算通过。若中期答辩不合格,则要后期重新答辩,合格后方能进入博士论文阶段。

博士论文答辩委员会需要5名以上教授参加,导师不在列(这点和国内不同),根据博士生的陈述(限定50分钟)和科研成果,委员会成员进行打分,一致通过后,方能授予博士学位。科研成果特别优秀且博士论文用英文撰写的博士生,还可以同时申请欧盟博士学位认证(Doctor Europeo),级别上类似于我国的全国优博,但要求博士答辩委员会成员中至少有两名西班牙本国以外的本领域知名教授参加,且均签字认可答辩通过。

葡萄牙、德国研究生教育的特色

/胡卫华

胡卫华，博士，受葡萄牙科学研究基金博士全额奖学金资助，于2011年10月获得葡萄牙波尔图大学土木工程博士学位；受德国Adolf-Martens研究基金资助，于2012年3月进入德国联邦材料研究与检测研究院结构安全部进行为期三年的博士后研究；2015年3月进入德国柏林结构分析与土木监测公司担任技术负责人。致力于结构运营模态分析与连续动态监测，主持德国科研项目一项，参与欧盟科研项目二项和多项葡萄牙基金项目。发表SCI收录论文10篇，国际会议论文21篇。获得第七届智能基础设施健康监测国际会议（ISHMII-7）最佳论文奖，中国国家优秀自费留学生奖学金，中国第六届春晖杯海外留学生创新创业大赛优胜奖。主要研究方向：结构连续动态监测、自动运营模态分析、连续监测海量数据自动处理、结构动态分析、损伤识别、疲劳监测。

一、葡萄牙（2006—2011年）

2005年12月，我告别了父母、亲人、福州大学的老师和同学，开始了欧洲十年的土木游学之旅。十年间，先在葡萄牙波尔图大学（University of Porto）Álvaro Cunha教授课题组获得博士学位，然后在德国联邦材料研究与检测研究所（Federal Institue for Material Research and Testing）Werner Rücker教授课题组继续博士后研究，十年间主要研究方向是土木结构的长期连续监测。

土木结构的长期连续监测这个课题，属于结构动力学范畴，最早起源于航空航天，机械的实验模态识别，20世纪80年代开始引入土木领域，经过这么多年各国学者的努力，已经发展成一门涉及传感器、数据采集与传输、自动信号处理与数据挖掘等多学科交叉的土木研究新方向。其基本构成为：①利用多种传感器设备观测正常运营和环境条件下的结构行为；②根据结构的动态性质评价结构的响应并提取只对损伤敏感的特征值；③统计分析提取的特征值，当结构行为异常时提供预警。欧洲一直是这个领域的研究重镇。

在欧洲，基础设施的大规模建设已经结束，面临的主要问题是如何有效维护管理既有基础设施，如大量工业革命时期建成的钢桥和达到设计寿命的预应力结构。同时，对于一些不断涌现的新型结构，如何利用现代科学方法分析新型结构的行为，如人行桥和海上风机。

我在葡萄牙接触到的第一个项目梁便是利用动载实验评价一个百年钢桥维修加固后刚度变化。导师 Álvaro Cunha 教授告诉我，波尔图(Porto)在历史悠久的欧洲，都算是一座古老的城市，葡萄牙(Portugal)的国名都是源于此。波尔图的老城区和周边的葡萄产区，都被联合国教科文组织认定为世界文化遗产，如何保护管理历史建筑并在此基础上发展新型土木结构，可能是葡萄牙乃至欧洲土木界的一个主要研究课题。

葡萄牙 Álvaro Cunha 教授课题组

这座建于 1906 年的钢桥位于波尔图杜罗河(Douro river)上游葡萄产区，该地区 2001 年被认定为联合国世界文化遗产，这座桥也是属于世界文化遗产的一部分。由于过于老旧，于 2004 年开始进行维修加固。我们组负责在加固前后做两次动态实验，用于从一个方面评价加固效果。在博士研究初期，我根据不同的时域和频域的模态识别方法，如随机子空间和频域分解法等，编制了基于 LabVIEW 的模态识别工具箱，并应用于该桥。

德国 Werner Rücker 教授课题组

世界文化遗产-葡萄牙波尔图杜罗河上游葡萄产区

经过维修加固后的百年钢桥

我参与的第二个项目，则是位于葡萄牙科英布拉(Coimbra)新建 Pedro e Inês 人行桥的长期动态监测。科英布拉是葡萄牙第三大城市，科英布拉大学(University of Coimbra)是世界上最古老的大学之一，2013 年被认定为世界文化遗产。这座桥是蒙德哥河(Mondego River)沿河改造工程的一部分，因此 Pedro e Inês 人行桥在设计时尽量追求桥梁设计上的美学要求，另外，Pedro e Inês 是葡萄牙一对恋人的名字，他们的故事也是葡萄牙广为流传的青年男女爱情传说。为此，桥梁的左右两个拱是在两个平面内，在跨中连接，形成一个 8×8 米的连接平台。新颖和浪漫的桥梁造型，满足了美学要求，但在结构动力分析上，人行的步伐频率很容易和桥梁结构的固有频率重合产生共振，整个桥梁会产生较大的横向振动，进而会导致桥梁在运营阶段产生舒适性和安全性问题。为了解决这个问题，Álvaro Cunha 教授课题组为该桥设计了振动控制系统，并加装了长期动态监测系统保证桥梁的舒适性和安全性的要求。

连续动态监测系统是 24 小时连续工作，采集结构不同位置的振动响应和温度的变化，两年时间内产生了 3 万多组数据。为了能够从振动数据中实时估计结构的动态参数,如频率,阻尼和振型等,我进一步将模态识别工具箱发展成为自动模态参数识别系统,用于实现自动信号处理和大规模数据结果的管理。得到结构的动态参数后,就可以研究他们与环境变量的关系,进而了解结果在实际环境下的真实行为,这是有限元计算和实验室实验做不到的。另外,如果去除了环境对结构动态参数的影响后,得到的冗余信息只对结构的改变敏感,通过统计分析可以探测结构在运营条件下的早期改变进而实现损伤识别。但由于是新桥,关于损伤只能通过数值模拟实现。

科英布拉市内的人行桥

桥梁中部的连接平台

经过这个项目,我们开发了一套相对经济但十分有效的桥梁连续动态监测系统,包括数据采集与传输,自动信号处理与数据解释等。随后我们继续将这套系统用于其他两座不同的人行桥。经过实践,发现这套系统对于了解结构在运营环境下的真实动力行为十分有效,但是否真的可以探测到结构的损伤呢?直到我博士毕业也没能回答这个问题。其实这么多年,无数的学者作了很多的实验,包括数值模拟,实验室实验和实桥破坏实验,就是力图证明这套系统。基于实时数据分析和统计损伤识别理论,可以探测到土木结构的早期损伤。但是这样的实例还是很少,主要原因在于,首先连续动态监测系统,在有限的监测时间内(5 年甚至更长),结构一般还不会产生较为明显的损伤,根据发达国家经验,桥梁建成 20 ~ 30 年才是灾病集中爆发时期;其次,对于海量采集的数据,如果不进行有效的处理和管理,也很难发现结构早期损伤。这个疑惑在我后来到德国作博士后研究的时候才解开。

位于欧洲大陆一隅的葡萄牙,在世界乃至在欧洲都算是个小国,但葡萄牙却拥有几座闻名世界的桥梁。横跨里斯本塔霍河(Tagus Rivier)的四月二十五号大桥,建成于 1966 年,全长 2278 米,主跨 1012.88 米,建成时是欧洲第一长桥,世界第三的悬索桥。1999 年的时候改造成为公铁两用桥。横跨里斯本塔霍河的瓦斯科 · 达 · 伽马大桥,是为了缓解四月二十五号大桥日益增加的交通量,于 1994 年开始建设,1998 年里斯本举办世界博览会的前夕建成,总长 17.2 公里,建成时是欧洲最长的跨海大桥,同时也是世界排名第九的桥梁。1998 年,Álvaro Cunha 教授作了该桥的动载试验,奠定了他在欧洲振动学界的地位。位于波尔图杜罗河的路易斯一世桥,总长

四月二十五号大桥

(The 25 de Abril Bridge)

瓦斯科・达・伽马大桥

(Vasco da Gama Bridge)

路易斯一世桥

(Dom Luis I Bridge)

阿拉比德桥(Arrabida Bridge)

葡萄牙的桥梁

385米,主跨172米,建成于1886年,当时是世界上最大钢拱桥。埃菲尔铁塔的设计者古斯塔夫・埃菲尔曾参与该桥的设计。该桥连接波尔图老城区和新城嘎亚(Gaia),也是波尔图老城区世界文化遗产(1996年)的一部分,2000年波尔图开始修建地铁,该桥的上层也改造为轻轨用于地铁通行,Álvaro Cunha教授课题组参与了桥梁的动载分析计算课题。横跨杜罗河的阿拉比德桥,和路易斯一世桥相距不远,离大西洋只有6公里的距离,该桥于1963年完成,全长493米,跨径270米,建成时是当时世界上最大的混凝土拱桥,葡萄牙的同学告诉我,当该桥开通时,报社记者云集,并不是为了报道该桥打破了混凝土拱桥的世界纪录,而是准备拍下这桥是如何垮塌的,因为很多人认为以葡萄牙的设计建造水平不足以建成该桥。

经过五年的学习,我于2011年获得博士学位。在这期间,给我印象最深刻的可能是课题组老师的勤奋与努力。在我国人眼里,欧洲人尤其是南欧人,可能是比较懒散的,在我去以前,以为他们就是喝着咖啡,吃着冰淇淋,看踢足球。但是在学术界,不管在哪个国家,如果想取得一定的成果,需要的是实实在在的付出,因为工程科学上的问题作不得假。Álvaro Cunha老师获得正教授职位,仍然孜孜不倦,经常半夜12点多还会发email给我。记得在给我修改博士论文时,从九点开始,一直面对面的改到中午一点多,真的是一个字一个字的改,我早就坐不住了,催他快点去吃午饭,但他还坚持要改完某个章节,其细致认真程度着实让我感到惭愧。同样的印象,以后在德国感受更加深刻。

二、德国(2011—2015年)

博士毕业后,我有幸得到Adolf Martens研究基金的资助,赴德国联邦材料研究与检测研究所(Federal Institute for Material Research and Testing,BAM)的结构安全部继续博士后研究。葡萄牙的导师Álvaro Cunha教授年轻的时候就在该所进修过,他也是在这里学习的结构长期监测技术。德国的科研系统主要有三大块构成,一部分是各大高校,主要还是负责教学;第二部分就是一批闻名世界的研究所,如偏向基础科研的马克斯普朗克研究所(Max Planck Institutes),偏向工程实践的弗朗霍夫研究所(Fraunhofer Institutes);还有一部分是各个政府机构直属的研究所，BAM 就是德国经济与能源部直属的研究所之一。

德国的土木研究领域，也是有新和旧两个问题，对于新结构，比如大型发电风机，随着发电量的不断提高，其结构尺寸越来越大，既有的设计经验已经无法适用，但对于新结构的真实动力行为可能导致的潜在问题，却无法从既有经验中获取。对于旧结构，德国大部分基础设施都是“二战”后，也就是 20 世纪 50、60 年代修建的，到现在大部分都到了 50 年的设计寿命，如果评价，维护和管理这些基础设施，也是急需解决的问题。2014 年政府换届时，新的政府提出的三大主题就是创新、教育和基础设施。我在德国的工作也碰巧涉及这两部分。

博士答辩后与委员会合影

位于德国北海的 Alpha Ventus 离岸风场

Alpha Ventus 是德国第一个离岸风场，2007 年开始在德国的北海(North Sea)建立，2010 年开始商业化运营。该离岸风场有 12 个 5 兆瓦级的海上风机构成，其风塔支撑部分各不相同，其中 6 个采用的是网架形式，另外 6 个采用的是三向支撑模式。由于 5 兆瓦级的风机，在 2007 年时还是世界上发电功率最大的，为了验证各种设计参数，在岸边建立两台原型机。BAM 研究所的结构安全部负责在该台风机安装长期监测系统，包括处于不同位置的 14 个加速度传感器和 110 个应变片，连续采集了两年，同时还包括相应的环境因素，如温度、风速、叶片转速、叶片转角和机箱转角 5 组不同的数据等。由于是连续监测，每个通道每个小时都会产生一组数据，大概估算数据量是$(14+110+5)\times 24\times 365\times 2=2260080$ 组数据，如何利用这些数据，从中提取有用的信息，成为最大的问题。

原型机

基于我博士期间的工作，我将精力集中在其动态分析上，但对于风机这种新型结构，在研究时还是碰到了不少问题。首先，在这个项目上，数据采集的时间，为了保证其仍是线性系统的假设，设置的都很短，这样就给数据处理的方法 SSI 带来一定的难度，为此，我采用了频域的 p-LSCF 方法，和以前的 SSI 方法进行比较，发现频域的 p-LSCF 方法能够提供更好的结果。当结果出来后，其长期变化行为又无法解释，相比桥梁主要受温度的影响，风机所处的环境更为复杂。当时这个项目的负责人 Rolf Rohrrman 老师说：“这就像个拼图游戏，你得慢慢地拼出一幅图画来。”

柏林 A100 环线上的 Westend 桥

这其中有几个问题，如风塔与叶片的共振以及 Sommerfeld 现象，机箱转角对频率和振型的影响，高阶频率的共振都困扰了我很久，通过查找文献，甚至是到动手写文章的时候才恍然大悟，最后还是找到了比较好的答案。

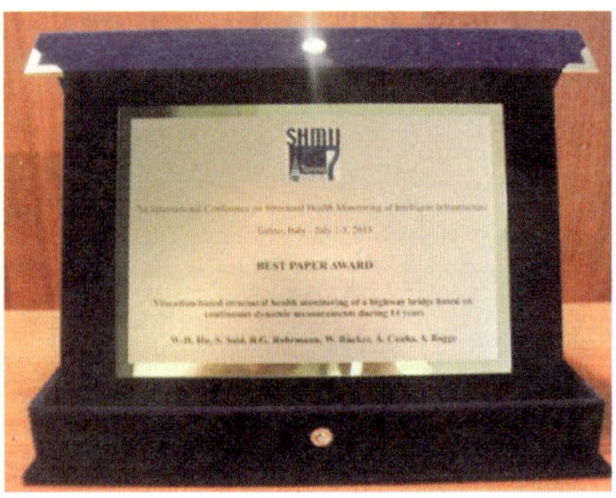

在国际智能结构健康监测研讨会上获得最佳论文奖（颁奖、证书）

关于既有高速公路桥的评价，也是德国急需要解决的问题。我接触的第二个课题就是柏林市环线高速 A100 上一座 Westend 桥梁的长期监测，这可能是世界上监测时间最久的高速公路桥梁了。导师 Werner Rücker 告诉我，他们 1996 年开始安装调试系统，包括振动、温度、应变、转角、裂缝开展等，从 2000 年开始采集，一直到今天，尽管项目只有 6 年的资助，但项目结束后他们得到业主的许可，继续采集。我当时就震惊了，就问没有资助，还为什么做这么久呢？当时导师的回答相当有意思，我们认为某天会有某个人会用到这些数据，结果可能也比较有趣。

当我第一次爬到桥上看到这套系统时，就更震惊了，桥体是个箱梁桥，内部只有 1m 高，在里面根本无法直立行走，不同箱梁之间有间隔，就在这样的环境下，他们还在三跨都布置了传感器，并把线路连过来，工作的艰辛可想而知。采集系统可以用古董形容，操作系统还是 window 98，但这套系统居然持续工作了十几年。负责整个系统的 Samir Said 老师，有一个工作簿，记录这十几年来关于桥梁和系统的任何细微的改变。就是这样的努力，才确保了数据的可靠性。这套设备的建立和维护，的确是体现了德国人的认真和细致，也的确是我们需要学习的。

整套系统包括 20 个速度传感器，5 个温度计，4 个应变片，2 个倾角传感器和 1 个裂缝传感器，每个通道每个小时一组数据，从 2000 年开始不间断采集，偶尔设备维护有中断，当我接触到数据库时，真的是淹没在数据的海洋里。和风机结构不同，桥梁上频率，应变，转角，裂缝主要是受到温度的影响，但如何同时合理解释他们的变化并解释桥梁这么多年的演化过程，是一个主要问题。另外，关于结构损伤指标，需要多个指标相互校核，因为毕竟监测了这么长的时间，单一指标不足以说服大家，很容易被质疑为数据的问题，而不是桥梁本身的问题。经过这个桥梁的项目，从频率变化里去除了温度影响后提取的统计指标，的确发现了桥梁的变化，同时也发现了预应力钢筋的长期应力松弛，可以部分证明这种桥梁的整体改变。更有趣的时，在一年的时间中，发现桥梁面部和底部的温差变化冬和夏存在两个状态，产生的温度应力也导致整个桥梁的转角，裂缝展开，混凝土钢筋应变关系都处于两种不同状态。桥梁这个长期监测项目，也得到了同行的认同，在2015年7月都灵举办的国际智能结构健康监测研讨会上(ISHMII, International Conference on Structural Health Monitoring Of Intelligent Infrastructure)获得最佳论文奖。

通过在德国的博士后工作，才发现结构的长期监测，的确可以用于探测结构的损伤，但这需要足够长的时间，这也揭开了我长久的困惑。博士阶段的工作也进一步完善，补充进了不同的方法，可以相互校核结果。另外，数据的处理与挖掘是监测工作的一个关键环节。目前传感器和监测设备都可以从市场上购得，但只有合理解释海量监测数据，并服务于工程实践，才能够推动土木工程长期监测的发展并将其从科研课题转化为工业应用。

时间过得飞快，在欧洲已经十个年头，在这里生活的方方面面都可以感到发达与完善，但这不是与生俱来的。五百年前，葡萄牙人面对着波浪滔天的大西洋，牺牲了一批又一批人探索通往东方的新航路，为欧美长达五百年在地球上处于主导地位奠定了基础。德国近代两次挑起世界大战，两次从一片废墟与焦土上建立现代化德国。这些靠的不是上帝的赐予，而是认真、执着和努力的工作。这些年从各位导师和同学身上都可以体会到，也正是我们需要学习的。具体到土木监测这个领域，这套技术在航空航天，机械领域早已经产业化，但土木行业经过这么多年的发展，还停留在研究阶段而无法市场化应用，就是卡在数据处理这个问题，不解决这个问题就无法解决实际的工程问题，无法向工业界证明该种技术的有效性与实用性。但另一方面，国内外基础设施大规模建设结束后，又急需现代化的维护、管理与评价技术。连续监测技术不同于传统的有限元分析和实验室实验，随着现代电子和计算机技术的发展，它可以实现直接在结构上做实验，真正的体现结构在真实环境下的真正行为，可以应用到土木结构的各个研究领域。希望以后有机会能在这个领域继续贡献自己绵薄的力量。

波尔图大学(UP)简介

波尔图大学(UP)成立于1911年，在校人数约有31000余人，是葡萄牙公立大学之一，也是在校人数最多的学校之一。

波尔图大学的教学工作由建筑学院、美术学院、理学院、营养与食品科学学院、运动学院、法学院、经济学院、工程学院、制药学院、艺术学院、医学院、牙医学院、心理与教学学院来完成。波尔图大学由34个本科专业、90余个硕士专业及50余个博士专业:考古学、建筑学、景观设计、造型艺术、天文学、生物学、生物化学、信息科学、计算机科学、传播学、新闻学、公共关系学与多媒体、教育学、语言学、营养学、工程学、体育科学、环境技术学、犯罪学、传播设计、经济学葡萄牙和葡语国家研究、哲学、物理学、地理学、地质学、管理、历史学、艺术史、应用语言学、语言与国际关系、语言、文学与文化、数学、化学、社会学等。

意大利留学简忆

/薛俊青

薛俊青,博士,助理研究员。研究方向包括无缝桥梁,现有桥梁翻新改造,钢-混凝土组合结构等。意大利特伦托大学获得博士学位。已经发表期刊和会议论文 20 多篇。负责或参与约 10 项科研项目,包括负责国家自然科学基金(青年科学基金)项目、意大利威尼斯建筑大学科研项目、福州大学科技发展基金科研项目等。

作为一名土木工程专业的学生,试验室十分重要。特伦托大学和威尼斯建筑大学都有专门的试验室。但是其空间一般较小,设备也并不齐全。因为意大利的试验室相互合作很多,对于自己学校没有的设备,可以通过去外校或其他研究机构的试验室来解决,这样也避免了试验设备的重复建设问题。此外,由于意大利的人工费用很高,因此试验的所有步骤都是由学生自己亲手完成,这样还可以锻炼学生的动手能力。试验室的操作流程十分规范,每台机器都有专人负责,需要提前预约相关老师,做完后立刻清理。试验室整体环境整洁干净。

2010 年 3 月,我踏上了意大利的国土,开始我的博士留学生活。初到意大利,我对它的了解主要集中在足球领域。不过随着了解的深入,我发觉意大利的教育水平其实挺高。意大利是一个产名校的国度,如博洛尼亚大学(University of Bologna),它是西方最古老的大学、欧洲四大文化中心之首,与巴黎大学(法国)、牛津大学(英国)和萨拉曼卡大学(西班牙)并称欧洲四大名校,它是全世界第一所大学,建立于 1088 年,至今已有 900 多年的历史被誉为欧洲“大学之母”。但丁、彼德拉克、丢勒、伊拉斯谟、哥尔多尼、伽利略、哥白尼等都曾在这里学习或执教。米兰理工大学,它在欧洲乃至全世界都享有极高的声誉,在意大利理工科方面排名第一,是意大利最大也最负盛名的理工科大学。它的土木和结构工程排名全球前 20 位,也是欧洲前 20 强大学之一。当然,还包括著名的都灵理工大学、伽利略曾执教的帕多瓦大学、比萨大学、罗马大学等。

前往意大利留学，如果是攻读硕士学位，一般要求掌握意大利语。如果是攻读博士学位，通常采用英语进行授课和学术方面的交流，意大利语主要用于生活。一般申请时间在每年的 8 ~ 9 月，学校的网站会贴出公告，上面会有申请要求与流程，通常在 10 月给出最终结果，11 月或第二年的 2 月入学。在意大利博士一般是 3 年学制，奖学金一般是 1000 ~ 1200 欧/月。

威尼斯建筑大学实验室

特伦托大学工学院

特伦托大学工学院休息平台

威尼斯建筑大学主校区

据我的经验，意大利的博士培养体系和中国存在一些区别。意大利的博士点就通常是由一所大学牵头，几所大学共同协助建立，类似我国的联合培养。每所学校提供一定的博士生名额和对应的奖学金，由牵头的大学统一组织入学考试。确定录取后，由每个学校的博导来指导。最后，由牵头的大学统一组织答辩。答辩通过后，发放那所牵头大学的博士学位证书。例如，我攻读的博士点是由特伦托大学牵头，特伦托大学、威尼斯建筑大学、帕多瓦大学等 8 所大学共同建立。因此，我参加了特伦托大学组织的入学考试，由威尼斯建筑大学的教授来指导，最后通过特伦托大学组织的博士答辩，获得特伦托大学的博士学位证书。这主要是由于在意大利一般一所大学的工学院可能就 1 ~ 2 位的博导，这种体系能够充分地利用资源，避免每所大学都成立博士点，增加工作人员的数量。

特伦托大学成立于 1962 年，是意大利最年轻的大学之一。学校近几年发展很快，在世界上有很高的学术声誉。其工学院在意大利排名前几位。特伦托大学的工学院位于一座小山上，环境优美。

威尼斯建筑大学，位于意大利著名的水上之都威尼斯城，是一所成立于 1923 年的高等学府。威尼斯建筑大学的主校区是由一座废弃的工厂改建而来。

与国内不同，意大利的大学教育十分注重学生的创新能力。在课程上并不仅仅是教授的讲授，更多的是教授与学生之间的讨论和互动。例如桥梁工程的课程设计，通常是 7 ~ 10 天的时间，在固定的教室，3 ~ 4 位学生为一组进行方案设计和结构计算，通常有 5 ~ 6 组，总计 20 位学生左右。遇到问题或者有新的想法，随时和教授进行讨论沟通。给我感触很深的是，在意大利的课堂上经常能看到学生与教授分别发表自己的观点，就某个学术问题进行长时间的讨论，而不是学生听老师说。通过这种讨论和互动，学生会有自己的想法，对于自己的课题认识也更加深刻。对于博士课题，意大利的导师更加注重发挥博士生的主观能动性。一般都只是提供一个方向，具体该怎么做由学生自己思考。思考的结果再进行讨论，而不是由导师将每一步都设定好。

意大利的博士课程除了有每周上 1 ~2 次，上满一个学期的课程之外，经常有短期课程。这种短期课程通常由本校的 1 位教授和外校的 1 ~2 位教授一起讲授，时间为 3 ~5 天，每天 8 节课。这种短期课程的设置有利于邀请著名的外校教授进行讲授，同时也有利于非本校的博士生参加。一般会提前两个月向在校生发出课程通知或在网站上贴出课程通知，有兴趣的学生可以选课。不同学校的博士课程学分是互认的，例如特伦托大学是 4 个小时计 1 个学分。这样，博士可以在全国学校中选择自己感兴趣的课程进行修读。完成课程之后，开设该课程的学校会发送邮件到博士的所在学校告知这门课程是否通过以及学时是多少。博士所在学校根据邮件的信息来计算学分。例如，我在博士期间就选择在帕多瓦大学修读了 1 门 16 个学时即 4 个学分的短期课程。

特伦托大学留学简忆

/黄育凡

黄育凡,2005 年 9 月 ~ 2012 年 4 月在福州大学土木工程学院学习,获得土木工程本科和桥梁与隧道工程硕士研究生学位;2012 年 4 月 ~ 2015 年 4 月在意大利特伦托大学学习,获得土木与力学结构系统工程博士学位。主要研究方向为钢管混凝土、组合结构、地震工程、整体式桥梁等。博士学习期间发表期刊论文 4 篇,会议论文 7 篇。

博士生课程设置和学制要求

特伦托大学工学院博士生学位和课程设置非常灵活。主要由特伦托大学主导(提供博士生奖学金和最后授予学位),其余意大利东北部五所大学联合开设博士生课程,包括布雷西亚大学(University of Brescia)、帕多瓦大学(University of Padova)、的里雅斯特大学(University of Trieste)、乌迪内大学(University of Udine)和威尼斯建筑大学(University IUAV of Venezia)。在意大利,因我的教授任职于威尼斯建筑大学,在威尼斯有自己的设计公司(Bolina Ingegneria S. R. L.),因此这三年大部分时间我都生活在威尼斯——世界上独一无二的水城。

特伦托大学博士生学制三年,学分要求为 50 学分(4 学时 1 学分),包括基础课程 30 学分和进阶课程 20 学分,以及不少于 100 学时的实践课程。所有学分和学时要求需要在前两年修完。每学年年末所有的博士生需要进行一次年末总结汇报,博士生办公室评估以后方能进行下一年学习的注册。年末总结会充分体现出意大利人生性自由,思维发散的特点,一些博士生通过自己绘图,做动画等方式来展现自己的研究课题,让我一改原先对工科学生呆板的印象。我想,抛开专业相比较,意大利学生从小就接受绘画、审美、艺术等方面的通识教育与培养,而中国学生大部分则都要经历高考的残酷考验,不同的教育背景决定了双方日后在某些相同环节中会表现出不同的表达方式。其中有部分博士生在不同的城市，因此通过 SKYPE 进行汇报。网络会议的模式在意大利使用十分普遍，交流十分方便。

一般一名学生需参加 8 门以上的课程即可满足学分要求。上课地点在上述大学之间均被认可，一般可选择与自己课题相关或者感兴趣的课程，课程设置也基本是各大学教授邀请的和自己课题相关或者有合作的国外教授（主要来自美国、加拿大和英国等）一起授课，一次课程一般为期 3 ~ 5 天。虽然这种方式增加了学生往返各个城市的旅途和住宿负担，尤其对于外国留学生，但好处是学生一方面可以对各个学校和城市加以了解，又有机会认识更多的同行学者，开拓视野。每门课最后考核方式有小作业或者考试等，虽然上课时间短，但是布置的作业大多为结构计算或者构件设计等题目，或者写与自己课题相关的论文等，都需要学生在课后花较多时间来完成，一般半个月左右需要通过邮件交最后的作业。有考试的科目教授则通过 SKYBE 进行视频监考。每门课最后通过的学生，课程教授会发邮件给特伦托大学博士生办公室以告知记录，第二学年后进行最后的课程统计，确认学分。

实践课程与专业相关即可，选择也非常灵活，包括参加学术会议、学术讨论会、进行课题试验、访问相关企业等。一般自己的导师均会帮忙联系。最后给工学院博士生办公室发实践方的确认函即可。实践课程中我印象最深的一次是参加教授公司组织的帆船航海活动，公司员工均参加。帆船据说是意大利土木工程师普遍的喜好，在大海上既可以培养团队协作意识，又可以锻炼关键时刻的决策能力，对自己的工作很有帮助。

还有几次是访问意大利土木工程相关企业，给我的印象是意大利不愧是中小企业的王国，虽然多数均为家族企业，在欧债危机中受到强烈的冲击，但是对产品品质要求极为严格，各企业维护 MADE IN ITALY 的品牌意识极强，尤其生产线和配方实验室等关键部门不让外人拍照或者记录。生产线全部是流水自动化作业，车间员工极少而且非常干净。意大利企业员工待人非常友好，却又时刻保持着老牌资本主义国家的自豪感。

第三年主要时间花在完成博士论文上，论文写作期间教

工学院俯瞰特伦托市

工学院教学楼

工学院结构实验室

图书馆

授一般半个月组织一次讨论会，也会邀请课题相关或者有经验的员工一起参加，互动交流，过程非常自由，大家可以各抒己见，这与国内的模式有些不同，充分体现意大利人做事喜欢一起讨论的特点。在答辩前半年左右需要参加一次在特伦托大学工学院组织的博士生预答辩，通过者方可参加半年后的最终论文答辩，通过即可获得毕业证明，两到三个月后收到学位证。最后的论文答辩一批次一般5个博士生，5个答辩委员会的教授，一般每位博士生导师推荐一位教授，需要包括一名意大利以外的大学教授参加。每个学生大概需要1个小时时间，包括陈述半个小时，答辩半个小时。

学生宿舍

威尼斯大运河上的圣马可广场

威尼斯建筑大学研究室

Bolina Ingegneria S. R. L.

结构实验室体验

因为部分课程会和试验联系在一起，一般来授课的教授也会和工学院教授有课题合作，所以课后，我们也会一起到工学院实验室来学习。据了解，实验室里的很多课题或者项目都得到欧盟Erasmus计划资助。Erasmus项目计划定位在研究生层次的高等教育交流，通过建立100多个跨大学的“欧洲硕士专业”点和20多个“欧洲博士专业”，提供每年上万个奖学金和访问学者名额的方法，吸引更多外国教师和学生在欧洲的大学学习，加强欧盟成员国大学之间的学术联系，提高欧洲高等教育的质量和竞争力，扩大欧洲高等教育在世界上的影响。对于土木学科而言，因为欧洲国家较小，各个高校实验室各具特色，通过该项目，可以共同利用各国各高校之间的仪器设备，提升利用率，同时促进欧盟各国学生、教授之间的学术往来。一般欧盟的博士生，特伦托大学会资助其到与之课题相关的大学开展试验或学术交流半年至一年。特伦托大学结构实验室主要开展钢-混凝土组合结构和木结构静力试验。实验室非常干净，受制于高昂的人工费用，实验室工人很少，但机械化程度高，制作构件的工人技术娴熟，而且对每个环节质量把握严格，试验构件制作质量较高。博士生主要负责试验模型设计和绘制图纸，以及参与试验加载和最后试验报告及论文写作，试验构件均由技工加工制作。这些流程与国内相比大同小异，但国外实验室给我留下了一种精工出细活的印象。

总结

留意三年，给我整体感觉意大利大学在博士生培养方面注重交流和学术自由，教授给予学生主动思考和交流的时间较多，尤其注重思维锻炼，与国内模式有些不同。大学实行宽进严出政策，在课程学习和论文考核方面考核严谨。同时，意大利乃至整个欧洲生活节奏较慢，留学生持有欧盟申根签证，行走在申根国家之间十分方便，有助于开拓眼界，可以充分感受底蕴深厚的欧洲文化。

特伦托大学（University of Trento）简介

特伦托大学（University of Trento），位于意大利北部，阿尔卑斯山脉脚下的特伦蒂诺-上阿迪杰大区（Trentino-Alto Adige, Italy）的特伦托市（Trento）。特伦托大学建立于1962年，目前大学已拥有16000多名学生，600多名教师及研究人员。大学可以划分为三大区域：特伦托市中心区域（社会学院、经济管理学院、文学与哲学院、法学院和国际关系学院），郊外POVO区域（物理学院，数学院，土木、环境和机械学院，工业工程学院，计算机和信息工程学院），Rovereto区域（认知科学学院）。特伦托大学的10个系（学院）和3个教育中心提供50多个本科学位课程，一级和二级硕士研究生课程及多种专业学位的进修课程。此外还有两所高等教育学院和14项博士研究生专业。因大学处于意大利的自治省，受意大利欧债危机的影响较小，研究经费充足，大学一直着重于国际化联盟和互补，开展了一系列同国内外大学和教育机构的合作交流项目，其中众多的本科及研究生课程是以英语授课。土木、环境和机械学院（以下简称工学院）发展迅速，在近几年意大利中型大学（意大利根据学生数量划分）排名中，蝉联第一位；在英国泰晤士报最新的世界大学排名中（Times World University Rankings 2015-16），位于198名；在美国U.S. News的世界大学排名中（Best Global Universities Rankings 2015-2016），位于370名。特伦托大学工学院与国内哈尔滨工业大学，同济大学，福州大学等高校联系较为紧密，近几年每年均提供1～2个名额的机会给中国学生申请攻读博士学位。

法国国立路桥工程师学校留学简忆

/曾玲玲

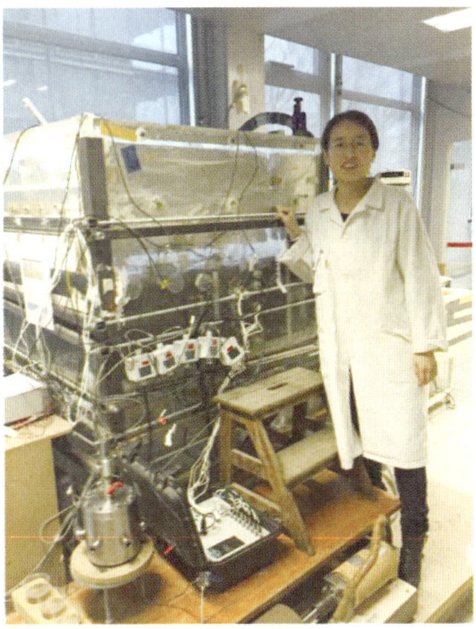

曾玲玲，教授，博士生导师，福州大学旗山学者，主要从事软土性状与地基处理、环境岩土与生态岩土工程、海洋土力学与工程等方向研究工作。2014 年入选福建省青年拔尖创新人才计划。2014. 4 ~ 2015. 3 法国路桥大学，博士后。2016 年获福建省杰出青年基金资助。

作为国家工程的栋梁，工程师当之无愧，这也和法国工程师教育的教学特点分不开。法国的工程师教育主要特点就是多层次的实习训练和大量的实用课程。这点和中国的情况不一样，理论的东西也学，但是学理论的目的在于应用，课程还是集中在实用上。课程设计繁多，很多课程都有课程设计和答辩，而且都是工厂的实际问题，鼓励学生自己把自己当成项目负责人，动手解决这些生产实际问题，学生打电话了解情况，自己跑工厂参观，和有经验的工程师讨论，提出解决方法，最后答辩。还有两次或三次每次半年的工厂实习让学生很早就大量地接触了工厂生产的实际情况。学生毕业的时候早已经对工厂那一套胸有成竹，加上学校学习的新东西，所以一进公司立即就可以胜任工作甚至立即担任领导工作，我们国内本科生那种眼高手低的情况是很少出现的。

总结起来，有以下几个特点：

第一，规模小、专业少、专业化程度高，教学环境与工业界实际技术环境接近甚至同一，所以几百年的老校只有几百名学生很常见，这个系统非常接近中国的研究生院，只进行硕士、工程师及博士培养，不进行本科教育，不搞基础科学研究，而是参与企业工业项目的研究工作。

第二，法国工程师教育学制 5 年(三年制学院需在入学前接受两年预科教育)，学位上等同于西方国家(美国、英国、加拿大)的硕士学位，毕业可获得法国工程师证书和法国工学硕士学位，但竞争力比综合大学毕业的硕士学生要强很多，他们受企业欢迎程度和起薪甚至高于博士。

第三，注重教学与实际结合密切，这一点主要通过7个方面体现：①与企业共同制定课程，教学内容根据企业的需要不断地调整，所以法国工程师教育没有指定教材，只有老师的讲义，学生需要有非常好的边听课边记笔记的能力；②多语言能力，学生至少掌握三种语言；③相当一部分教师是聘用的经验丰富的企业工程师；④学校里设有与专业相当的实验室及工作车间，学生可以自己设计制作产品；⑤让学生搞课题研究，研究题目都来自实际问题，由于规模小、学生少，这些事做起来相对容易；⑥越来越多的工程师学院都办有与自己专业相关的下属企业，企业技术人员参与教学，学生通过实习参与企业管理及生产；⑦企业实习：一年级结束时两个月的实习要求学生作为普通工人出现在工厂，二年级结束时两个月的实习要求学生是技术员，三年级六个月的实习学生就以工程师的身份工作。

和导师一起

科学研究

法国国立路桥工程师学校共有13个实验室（包括4个合作实验室），每年与政府及企业签订约60项科研合同，金额达1400万法郎。法国国立路桥工程师学校成立了世界最早的土木工程实验室，我有幸在这个实验室里进行为期12个月的学习，这段经历将对我的科研工作生涯产生了非常重要的影响，这里有世界岩土工程领域非常杰出的专家，实验室拥有各种代表世界先进水平的高精密仪器设备，如自制的高压固结仪，大直径三轴模型试验系统，模拟恶劣气候土体性状的模型系统，高级路径三轴试验系统，微观压汞试验设备等高性能土工试验仪器及设备。法国国立路桥工程师学校实验室的管理与国内高校实验室的管理有着很大的区别，主要表现在：①虽然是岩土工程实验室，但配备了专业的机械工程，自动化控制，计算机等专业技术人员，并配有高级管理人员。所有实验室的工作者共同配合教授完成其想法及相关项目研究；②重要设备的使用及管理相当严格，都有专门技术人员负责培训使用并监管；③设备定期维护得相当好，实验室很多还在使用的电脑竟是十几年前配备的计算机。

法国国立路桥工程师学校简介

法国国立路桥工程师学校(Ecole des Ponts Paris Tech,缩写:ENPC)是法国第一所公立工程师学校,由法国人罗道夫·贝罗耐(Jean-Rodolphe Perronet)于1716年创立,法王路易十五于1747年下令正式成立皇家路桥学校,专门培养路桥工程师。作为法国最古老的精英学校(Grande Ecole),ENPC在法国精英教育体系中占据举足轻重的地位,在各式全法工程师学校排名中始终处于前4名,其土木工程和应用数学专业的毕业生更是炙手可热。近300年来,她为法国培养了无数优秀的工程师和科学家,在法国乃至世界工业界起着非常重要的地位。路桥工程师学校于1831年成立世界最早的土木工程实验室,于1898年开设世界上第一门钢筋混凝土课程,之后该校毕业生——桥梁道路工程师Freyssinet发明了预应力混凝土。学校在市政建设、路桥、城市规划、高速铁路及高速公路网、隧道工程建设、环保等方面有着很强的实力。土木工程系是法国路桥学校最主要的专业,也是世界上第一个土木工程学院。法国是世界土木工程领域最强的国家之一,在世界各大洲均有该学院的杰作。如:巴黎地铁网、英吉利海峡隧道、法国高速公路网、法国新TGV高速铁路网、“新凯旋门”——巴黎拉德芳斯大拱门、诺曼底大桥、米约大桥、中国国家大剧院等。

德国留学简议

/庞胜华

庞胜华，女，讲师，硕士研究生，1977年8月出生，湖南岳阳人。主要研究方向为建筑给排水和水处理技术。

2004年10月30日，福州大学前任校长吴敏生教授与福建友好协会会长Detlof von Borries伯爵签订协议，共同创办了福建省·莱茵兰普法尔茨学院，学院办公室便坐落在福州大学。为了更好地促进双方之间的友好交流，让福州大学的学生有更多机会学习德语，2005年，位于德国莱法州凯泽斯劳滕市的凯泽斯劳滕工业大学与福州大学开始进行联合办学，“5+5”项目应运而生。2010年10月，以德国莱法州经济部副部长恩勒特教授为团长的德国莱法州议会代表团一行25人在省政府有关人员的陪同下访问了福州大学，两校校长重签了协议。据2009年一组数据显示，全球7%留学生都选择去德国（位列德国之前分别为美国18%，英国9.9%，澳大利亚7%），而在德留学生大多数来自中国，2011年中国留学生在德国高校学生中所占比例达到了12.3%。在德国获得学位的中国学生人数也是不断增加，毕业率高达80%（要知道德国的大学是入学容易毕业难，毕业率经常50%都不到）。此外，40%的留学生都是选择工程科学专业。

凯泽斯劳滕工业大学与福州大学的“5+5”合作

自2005年起，位于德国莱法州凯泽斯劳滕市的凯泽斯劳滕工业大学与福州大学开始进行联合办学，福州大学土木学院的学生便加入了“5+5”项目。毕业后，学生将获得中、德双方颁发的两本学士学位证书。双方合作办学有严格的培养模式和程序，通过生源选择、语言培训和竞争筛选对学生进行选拨，第 7 ~ 10 学期进行专业课、实习、论文等学习。

(1)在德学习费用。生活费：在凯泽斯劳滕工业大学的网站上写着每个月约 630 欧元，其中包括住宿费 250 欧元，饮食 160 欧元，买衣服 60 欧元，电话费、网络费、电视费 50 欧元，医疗保险 70 欧元，学习用品(买书等)40 欧元。但是根据往届学生经验，每个月最多 550 欧元；每年生活费约 5 至 7 万元人民币(含往返机票)。每学期注册费：约 1000 元人民币，每个月 30 欧元。学费：免学费(国内也免)。

(2)学习条件。小班教育，一般 20 人。实验条件好，学生动手机会多。毕业率 40%，但第一届，即电气工程与自动化学院 2005 级的 10 人都已毕业，其中 8 人留在德国读研，2 人回国就业。

(3)风险。虽说培养计划的目标是 5 年时间学生可以毕业，但其实一般需要 6 年，即“5 + 7”。首先，因为德国学校相对毕业生数量而言，更注重保证毕业生的质量，所以考试会设置得比较难，有些学生并不能一次就考过，需要重修课程再参加考试；而且对有些学生而言，“留学生入学语言考试”也没有办法第一次就考过；再者，凯泽斯劳滕工业大学电气学院前任院长刘教授曾提到，如果学生真的足够优秀，是可以在 5 年的时间里毕业的，但他本人并不建议如此，因为学生需要有足够的实习时间。

第 5 学期只修德语，如果不能选派出国，需补上其他课程。出国后，若语言考试一直不能过关，有可能被退回。一般中国学生只要努力，都可以在两年内通过德国大学的语言考试。出国后若不能完成学业，不毕业，拿不到证书。福州大学的证书也拿不到。

(4)其他方面。学生优惠多。学生每学期缴纳的注册费里，包括了大学所在城市的所有公共交通费用(如公交车、地铁、区间火车等)。在有些州甚至包括往返附近城市的火车票。此外，大学生外出旅行还可以购买折扣票(一般限定在 26 岁以下)。大学一般都提供学生宿舍，租金比较便宜，通常在每月 100 ~ 200 欧元之间，但学生必须事先登记申请。也可以校外租房，但会贵些。学生可以享受非常优惠的医疗保险，并且保险领域涵盖面广，除了牙齿美容等极少数医疗项目，几乎所有大病小病全在保险项目内，而且可直接划卡，不需自己付钱。甚至连看病乘坐出租车都可以找保险公司报销。

延签方便。在德国,一旦通过大学语言考试并顺利注册后,在相当长的时间里(大学还未毕业),只要银行账户上有一定数目的存款,个人都无须为签证不能延期而担心,并且可以在签证有效期内随时回国探亲或是去第三国游玩。

勤工俭学。在德国读书期间原则上是允许打工的,但不允许一年四季都去打工。在打工方面,要看你拿的是什么签证(签证上给你加的是什么样的注释)。一般的规定是假期中可以打工。但有的签证上也会不加规定。不加规定的,平时打工每个月有时间限制(一般是每周不超过 8 小时,或全年不超过 3 个月)。只要不怕辛苦,一般都能找到份短工。

但其实本科阶段学习紧张,勤工俭学机会少。

关于时间方面的补充。虽说参加该项目的学生在本科阶段会比其他学生多花许多时间,但是如果学生打算继续留在德国读研,会将多花的时间补回来。因为在德国读研是不需要入学考试的,一旦学生取得学士学位证书,便可以申请任何一所学校的读研资格,一旦获得许可就可以直接在该学校进入硕士学习阶段,而德国的硕士学习阶段只有 2 年。

发展前景。现在是一个国际化的社会,许多德国大中型企业对中国的热情和期望值都很高,相应地需求人才也越来越多,特别是精通中德两国语言并有相关专业的大学毕业生尤其受欢迎。如 2011 年 11 月,在德国汉堡举办了一场大型招聘会,几乎所有企业的招聘目标都针对在德国留过学的中国毕业生,这对参加“5 +5”项目的学生而言就是很好的机会。德国也是一个渴望人才的地方,据德意志学术交流中心秘书长在德国《每日明镜》报纸发表的一篇文章指出,德国推出一些新规定,降低了对国外专业人才的门槛。外国学生在德国毕业之后,允许继续在德逗留一年时间找工作,在此期间,他们还可以像学生一样一年拥有 90 天的打工时间,这时间还可以通过申请得到延长。此外,对于移民的规定也相对放松了很多。

院系设置。凯泽斯劳滕工业大学共有 10 个专业领域:①城市规划、建筑学、土木工程;②生物学;③化学;④电气工程和信息技术;⑤计算机科学;⑥机械工程和化学工程;⑦数学;⑧物理学;⑨社会学;⑩经济学,和 42 个专业,其中的 11 个专业提供远程教育。凯泽斯劳滕工业大学的一个特色,是通过远程教育方式,让有意进入该大学学习的中学生,尽早地开始数学和物理课程的学习,刚刚毕业的中学生也可以在家中预先开始电气工程和机械工程的课程学习。

总结

在德时间虽然只有6个月,但在这短暂的时间里给我的感觉是德国的大学实行宽进严出的政策,在课程学习尤其是论文考核方面非常严格。在培养学生方面与国内稍有不同,教授上课从不点名,考试时间直接在网站上查询和选择,学校从不关心到课的学生有几人。但他们非常注重理论与实践相结合,毕业之前必须有一段时间在校外工作,单位由学生自己联系,这无形中锻炼了学生的就业能力和交流能力。

凯泽斯劳滕工业大学简介

凯泽斯劳滕工业大学(TU Kaiserslautern)位于德国西南部凯泽斯劳滕市——2006年德国世界杯足球赛主办城市之一。该大学是德国莱茵兰—普法尔茨州的一所公立大学,是在德国前总理科尔的决策下建立的。她的前身是马克思故乡特里尔市享有“千年学府”和“德国最美大学”声誉的特里尔大学。1970年7月莱茵兰—普法尔茨州将特里尔大学自然科学学科迁往凯泽斯劳滕市创建了“特里尔—凯泽斯劳滕大学”。1975年这所跨越两地办学的大学各自独立办学,成为两所大学,即特里尔大学和凯泽斯劳滕大学。经过三十多年的发展,凯泽斯劳滕大学被称为德国“最成功的新大学之一”,在德国工商界学术界享有盛誉。

2003年9月经州政府批准,凯泽斯劳滕大学更名为“凯泽斯劳滕工业大学”,从而成为德国344所高校中仅有的以“TU”命名的14所理工科大学之一。凯泽斯劳滕工业大学开设了远程教育和大学继续教育中心,为大学毕业生提供通过远程教育方式继续深造的课程,大学毕业生可以在工作之余完成学时,凯泽斯劳滕工业大学在这一领域发展成为德国领先的大学。

凯泽斯劳滕工业大学自1979年就有土木工程专业,但之前都是建筑、空间与环境规划及土木学专业方向下的一个分支,直到2011年2月1日才成为一个独立学院。凯泽斯劳滕工业大学土木工程专业设置很广,有11个专业领域,还有许多荣获德国科学研究会、德国联邦政府部门、联邦统计局甚至是欧盟支持的研究项目。除了与福州大学结成友好合作关系,凯泽斯劳滕工业大学土木工程专业还与欧洲及非欧洲国家的大学有着友好伙伴关系。

Engineering education in Europe

/Rosemarie Helmerich

1 Engineering education in Europe

1.1 History of Europeans higher education

Rosemarie Helmerich, Federal Institute for Materials Research and testing (BAM), Berlin, Germany and Fuzhou University, Fuzhou, Fujian Province, China.

Engineering research and education have a long tradition in Europe. Starting from early roots, from developers of mechanics by Leonardo da Vinci in Italy, of combined approach between experiments, measurements and mathematical modelling by Galileo Galilei (Padua, founded 1222), see Figure 1, of graphic statics in engineering developed by Karl Culmann (Polytechnikum Zurich, founded 1855), Luigi Cremona (Professor in Bologna, founded 1088) and Otto Mohr, experimental analysis and mathematical modelling was implemented into the European Engineering Education in the historic universities of . Education always characterized by close cooperation between the acting professors, scientists and researchers. An early pioneer of materials research and testing was e. g. the Swiss Ludwig von Tetmajer, who had been an assistant of Culmann and was a later Professor at the Polytechnikum Zurich, too. Close cooperation between the German scientists Adolf Martens (Berlin), Johann Bauschinger (Munich) and August Wöhler (Prussian railways) was the source for further progress in German Materials Testing and Engineering in the second half of the 19th century. The outcome of research

114 DIALOGO SECONDO

ſin quì dichiarate, non ſarà difficile l'intender la ragione, onde auuenga, che vn Priſma, ò Cilindro ſolido di vetro, acciaio, legno, ò altra materia frangibile, che ſoſpeſo per lungo ſoſterrà grauiſſimo peſo, che gli ſia attaccato, mà in trauerſo (come poco fà diceuamo) da minor peſo aſſai potrà tal' volta eſſere ſpezzato, ſecondo che la ſua lunghezza eccederà la ſua groſſezza. Imperò che figuriamoci il Priſma ſolido AB, CD fitto in vn muro dalla parte AB, e nell' altra eſtremità s'intenda la forza del Peſo E. (intendendo ſempre il muro eſſer eretto all' Orizonte, & il Priſma, ò Cilindro fitto nel muro ad angoli retti) è manifeſto che douendoſi ſpezzare ſi romperà nel luogo B, doue il taglio del muro ſerue per ſoſtegno, e la BC per la parte della Lena, doue ſi pone la forza, e la groſſezza del ſolido BA è l'altra parte della Lena, nella quale è poſta la reſiſtenza, che conſiſte nello ſtaccamento, che s' hà da fare della parte del ſolido BD, che è fuor del muro, da quella che è dentro; e per le coſe dichiarate il momento della forza poſta in C al momento della reſiſtenza che ſtà nella

Figure 1. Strength of the cantilever beam by Galileo Galilei in his Discoursi, second day [Galilei, 1638]

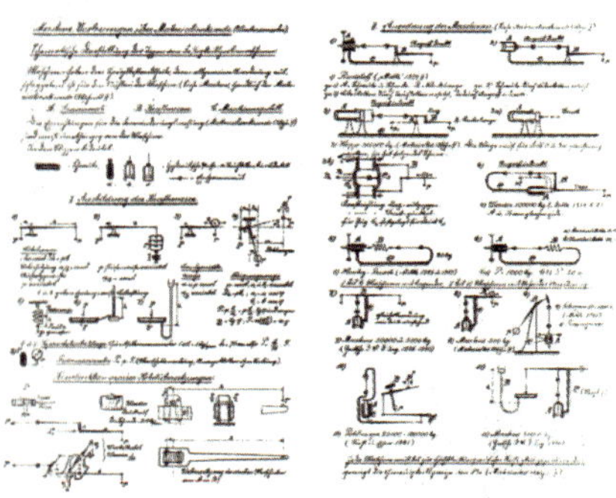

Figure 2. Lectures of experimental approach in Material Sciences given by Adolf Martens at the Berlin Technical University [Portella & Helmerich, 2014]

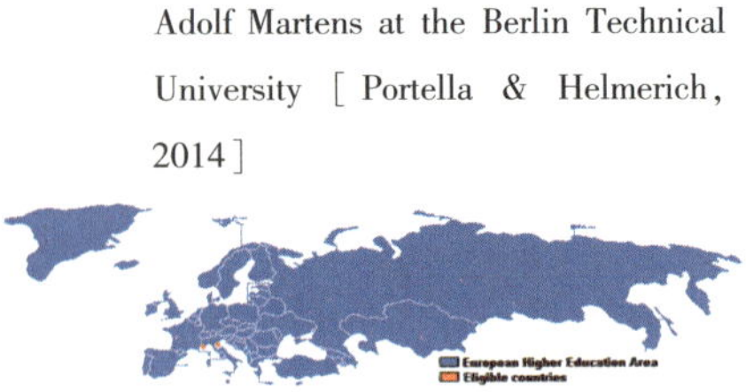

Figure 3. European higher education area without the eligible countries Monaco and San Marino by [Datastat, online]

was-at the same time-basis for their lectures held at European Universities and of course at German Universities, see Figure 1.

Early European Universities, as Cambridge University in the United Kingdom founded 1209), the Sourbonne in Paris (acknowledged since 1200) or the later Technical University in Berlin (founded by joining the Royal Bauakademie, 1799 with the Royal Gewerbeakademie, 1821) are until today leading universities in the European education network.

1.2 A challenge in European education- the Bologna process

The Ministers of education in these and other European countries recognized the need to gain comparable European standards in higher education in general. The Lisbon Recognition Convention (1997) contributed particularly to the European Higher Education Area for equal high standards. The European higher engineering education in the 21st century introduces a quality assurance by means of a modern, non-profit- European accreditation system, which has been developed in Europe since the 1990ties. The Bologna process was starting with the signature of 29 European countries in 1999. The main focus of the Bologna process is according to the official website of the education policy European Commission [EC-EP, online]:

the introduction of the three cycle system (bachelor/master/doctorate)

strengthened quality assurance and

easier recognition of qualifications and periods of study

The cooperation of the European countries in the European Union led to a European cultural area. Today, the situation in higher education in engineering is unified across Europe to a wide extend. Basic technical standards were introduced in engineering, based on a equal design standards, named the Eurocodes. Further European standards are currently the basis for the national standardization all over Europe. In addition to the unified technical content, the s. c. European Bologna process contributed to ensuring comparability in standards and quality of higher education qualifications to enable students to transfer credits and to help them to get acknowledged across Europe when searching for a job.

The European Commission supports the integration process in higher engineering education by individual projects, in particular by offering the Marie Curie and Erasmus Program. European Initial Training Networks form high level research clusters for leading scientific organizations and universities supporting groups of international PhD candidates. The European Network for "Accreditation in Engineering Education" (ENAEE) is described in more detail. Further is described how the quality assurance of higher education is organized in Germany, describing the system established at the Technical University of Berlin as part of TU9, the ninc leading Technical Universities in Germany.

The Bologna Process is a series of ministerial meetings and agreements between European countries designed to ensure comparability in the standards and quality of higher education qualifications. Through the Bologna Accords, the process has created the European Higher Education Area, in particular under the Lisbon Recognition Convention. As it was signed in 1999 by 29 countries, by Education Ministers from 29 European countries in 1999 the Bologna process was forming a part of European integration. Further 21 countries joined the Bologna Accord as members until today, as, among others Russia, Ukraine, Vatican City and Turkey. Three other countries were not accepted, as to the current knowledge, there is no consideration of expanding the geographical scope of this convention.

The Bologna Process is a collective effort of public authorities, universities, teachers, and students, together with stakeholder associations, employers, quality assurance agencies, international organisations, and institutions, including the European Commission [European Commission/ Bologna Process, online]. The main focus is:

the introduction of the three cycle system (bachelor/master/doctorate)

strengthened quality assurance and easier recognition of qualifications and periods of study

The Bologna process aims at reforms in higher education to reach the following goals:

create a system of comparable and understandable degrees throughout the European Union

establish a clear and standard division between undergraduate and graduate studies

promote student mobility among different fields of study, institutions, and nations

develop a quality-assurance process and governing body to ensure standard qualifications and quality throughout participating countries

define a European focus for higher education

Current 50 members (Figure 3) are representing the members of the European council except the eligible countries Monaco and San Marino.

1.3 Qualifications Framework of the European Higher Education Area

The new division into undergraduate and graduate studies and introduction of the "bachelor" and "master" framework aims to unify the higher education in European countries that sign the agreement and replaces earlier non-unified degrees. The Bologna declaration defines standard degree requirements, a standard grading scale, a common transcript, and quality-assurance checks to ensure common practices and quality standards.

Main issue is to enable the students to move flexible from one University to the other within the European Cultural Council The European Credit Transfer and Accumulation System is responsible for the acknowledgement of the credit points. For successfully completed studies, ECTS credits are awarded. One academic year corresponds to 60 ECTS credits that are equivalent to 1500-1800 hours of study in all countries respective of standard or qualification type and is used to facilitate transfer and progression throughout the Union. ECTS also includes a standard grading scale, intended to be shown in addition to local (i. e. national) standard grades [European Commision, online]:

1.4 European Network for Accreditation of higher engineering education

The European Network for accreditation of higher education, ENAEE, carries out its mission by evaluating quality assurance and accreditation agencies in respect of their standards and procedures when accrediting engineering degree programmes [ENAEE, online]. The accreditation agencies their selves are decentralized in the partner states of the European accreditation area [Figure 3]. Those agencies which satisfy ENAEE in respect of these matters are authorised by ENAEE to award the EUR-ACE ® labels to the engineering degree programmes which they accredit. Acc. to [ENAEE online], authorisation to award the EUR-ACE ® label may be granted both to:

(a) accreditation agencies, within the European Higher Education Area [EHEA online], dealing only with the accreditation of engineering programmes, and

(b) quality assurance agencies, within the EHEA, which deal with institutional reviews and accreditation of programs in engineering and other academic disciplines.

The EUR-ACE ® Framework Standards and Guidelines describe the standards and guidelines which apply to engineering programs to be accredited for the award of the EUR-ACE Label and for agencies applying for authorization or re-authorization to award the EUR-ACE ® label [ENAEE, online]. The EUR ACE Label authorization process is available on the ENAEE website.

1.5 Vision and future tasks

In Yerevan in May 2015, the Education Ministers identified four key priorities for the future:

1. enhancing the quality and relevance of learning and teaching;

2. fostering the employability of graduates throughout their working lives;

3. making our systems more inclusive;

4. implementing agreed structural reforms [European Commission, Bologna process, online].

2 German higher education inengineering

2.1 Introduction

Since the Bologna Process was launched, the German engineering education was transferred into the European Bachelor/ Master/ Doctorate system. The question of accountability and quality assurance in higher education has become a serious matter of concern in Germany, as it happened in various other European States some years earlier. Higher education in Germany as a whole and engineering education in particular for a long time were not very much concerned by the increasing international debate about quality and quality assurance. Engineering education relied on traditions and experiences of a high quality education based on strong research and industrial links and an outstanding reputation among insiders, especially companies and employers, nationally and internationally. [Heitmann, 2000].

The implementation of the Bologna process, on the other side, was a chance for German Universities to improve the quality of their courses within the structure of the academic reform. The Bologna process was giving a chance to improve the employability of their graduates and to reduce the length of their studies [TU9, online].

Before the Bologna declaration more students may not have finished their engineering degree as e. g. the high level German diploma after a minimum of five years study. These students get now the chance to get an intermediate degree after a shorter period, the Bachelor degree. The reform process will allow students to collect credits at different European Universities and transfer them to another country. This will increase the mobility and flexibility of the engineering students and job seekers throughout Europe.

2.2 Accreditation in Germany

The German Universities introduce quality management systems, e. g. according to the rules established for program and system accreditation by the foundation Akkreditierungsrat (AR). The accreditation in Germany emphasizes both, the accreditation of programs (courses) and of the whole quality assurance system of the universities. In these rules, the AR follows the guidance of the European Credit Transfer and Accumulation System ECTS [AR-Rules, online].

The Akkreditierungsrat seeks for internationalization of study in all directions of studies, not only in engineering education and has close cooperation with the German academic exchange service. The Akkreditierungsrat is organized as a foundation. The German Akkreditierungsrat [AR, online] is widely acknowledged in Germany and many of the Technical Universities (e. g. Karlsruhe University of Technology KIT, TU Dresden) have got already the accreditation of their whole education system (system accreditation).

The accreditation in ASIIN is an non-profit accreditation institute that belongs to the described European Framework. It concentrates especially on accreditation in Engineering education in selected programs as: Engineering sciences, Informatics, natural sciences mathematics and teaching. ASIIN icludes the accreditation, certification and evaluation of interdisciplinary studies related to the mentioned directions. According to ASIIN, the quality of a course is based on a functioning quality assurance system, the interaction between of its elements and finally on the success to reach the intended outcome, that the students reach the intended goals. The philosophy of ASIIN allows the Universities to formulate their content of courses and the intended quality by themselves. Additionally the university has to fulfil political-judicial and socio-economic conditions. The quality of a course is finally proved by the success that the young alumni gets in his or her jobs [ASIIN].

There are several competing associations for system and program accreditation in Germany: e. g. ACQUIN, AQAS, ASIIN, OAQ undZEvA.

2.3 Quality of teaching and studies at Berlin Technical University

The Technical University teaches German and international students to get a Bachelor, master or doctoral degree. Many studies are offered in English. Special cooperation exists with partnering Universities in Europe (France, Poland, Russia and Serbia) and overseas, among others with the Chinese Universities jiao Tong, Tongji, East China University of Sciences and Technology Shanghai, Zheiping Hangzhou and Tsinghua University in Beijing. Several programms are offered to students to increase their mobility, e. g. Erasmus +, German Academic exchange service (DAAD), Fullbright or DFH. Besides increasing the mobility of students, the mobility of staff is also an issue to provide training and experience during 2 days upto two month personnel exchange (teachers, professors).

In Febraury 2015, already 78 programs (courses) had got an accreditation. As 31 other German Universities, the Technical University of Berlin is carrying out the additional system accreditation. 26 other universities have already finished this process. The TU Berlin has so far spent more than 300 000 for the accreditation of programs. After successful system accreditation, the TU berlin hopes to reduce these costs. The system accreditation will replace the programm accreditation. The challange is the option for internal accreditation: TU will bundle 120 programs 24 clusters that have an accreditation for six years. Each year, TU will carry out four cluster reviews. [Interview 2015]

The TU Berlin has built up the Quality managements system and follows introduced structure acc. DIN EN ISO 9001. The university has delivered their application for system accreditation to the ZEvA in 2015, known from their program accreditation carried out at TU Berlin before.

3 Comparison with other accreditation for engineering education systems worldwide

The European education in engineering emphasizes high quality of engineering education by introducing the quality management and accreditation of courses across Europe following a European strategy. Aim is to increase the flexibility of students and teaching stuff for training and own education and allow them to switch between courses of studies in different European universities to collect the credits for their degree. The top down acknowledgement of courses by national accreditation foundations and other non-profit organizations that are members of the European roof organization allows for comparability of the credits obtained from other universities.

Outside Europe several other organizations exist that intend to increase the mobility. The Washington accord has reaches 18 signatories reaching from organizations in the USA via South Africa, India, China to New Zealand and Australia. 17 accreditation boards exist in the countries of the signatories, among other the National Board for Accreditation in India, the Engineering Council of South Africa and of course the ABET (American Accreditation Board for Engineering and Technology) or the Engineers Canada. Other accreditation networks are the Dublin accord or Sydney accord.

The International Engineering Alliance seeks to advance benchmarking and mobility in the engineering profession.

Europe has decided to develop an accreditation system for the European cultural area. The accreditation for the engineering education is coordinated in the European Network for Accreditation of Engineering Education (ENAEE).

Germany as a country with a long tradition of the diploma degree in engineering has now an introduced system and program accreditation in engineering education in accordance with the three level engineering education in Bachelor, Master and PhD programs, established in the Bologna process, that allows students to have a high degree of flexibility during their studies within Europe that is embedded into the European Higher Education Area. The flexible transfer of credits and accreditation of courses enables young people to search for jobs along the whole European Cultural Area with widely acknowledged degrees.

As a civil engineer I have been working for many decades in civil engineering design, materials testing and research. Being flexible in learning and studies has been my mayor intention since my high school diploma in Germany. My civil engineering diploma I received at the Slovakian University of Technology (former

Slovakian Technical High School SVST). The study was progressive, as the whole engineering was based already on limit state design in the 1970ties. Thus the knowledge transfer and the experience from design abroad was a key experience for my life. I got a late PhD many years after my studies at Wroclaw University of Technology in Wroclaw, Poland. There, the demanding PhD procedure follows the traditional rules. This means, before the defense, the PhD candidate has to pass the examens in civil engineering, philosophy and a foreign language. The authorsls institute, the German Bundesanstalt für Materialforschung und -prüfung (Federal Institute for Materials Research and Testing, BAM) in Berlin supports the high level engineering education in Universities by providing opportunities for experimental approach and scientific knowledge exchange for bachelor, master or PhD students, mainly in safety and security in materials engineering and chemistry related issues. Since the last 26 years I have been employed at BAM. During this period, I was also supervising, as many other colleagues do, pupils, Bachelor, Master and PhD students. Young pupils learn more about the practical work in life in their 10th grade (16 yrs. old). They can apply to many other places, but some of them can learn a lot being at BAM over a period of three weeks. I give lectures at the University of Applied Sciences (FH) in Potsdam and contribute with selected lectures to engineering education at HTW Berlin and FH Erfurt.

BAM as a governmental institute under the responsibility of the Minister of Economy and energy is responsible for research and testing in the fields of safety in material and chemistry. Besides our doctoral programme, the staff transfers the latest research results into the Universities, mainly in Technical Universities. In the laboratories of BAM, the students of higher education carry out strategic experimental approach to solve the tasks of their theses. Some of the PhD students are part of international projects, e. g. in the Erasmus + program or in a Marie Curie Initial training network ITN. In parallel BAM is encouraged to support Technical Universities and Universities of Applied Sciences in education by giving lectures about the latest findings in engineering sciences. This contributes to fast transfer of latest research results into practice.

BAM is a governmental Institute and belongs to the Minister of Economy and Energy and supports practical education close to high-end research of young people. The laboratories in the departments of BAM are accredited by the German Accreditation system (DAkkS) according to the latest international standards in DIN EN ISO 17025 Accreditation of testing laboratories.

Until 2003, I was responsible to implement a quality assurance system in the department 7, Structures, that was awarded by the accreditation. The accreditation process was carried out by the independent DAR (Deutscher Akkreditierungsrat). About 150 doctoral students form the well-established doctoral student's network at BAM.

代尔夫特理工大学留学简忆

/杨政险

杨政险，博士毕业于荷兰代尔夫特理工大学土木与地球科学学院结构工程系。2007 年起先后工作于美国及欧洲的 3 所知名大学及荷兰国家材料创新研究所。2017 年以建筑材料学科带头人全职引进至福州大学工作，任职特聘教授。是美国华盛顿州立大学土木和环境工程系兼职教授，博士生导师。在美国和荷兰工作期间主持包括美国国家自然科学基金在内的科研项目 17 项，获批总经费达 300 多万美元。已发表国际学术论文 50 多篇。其中第一或通信作者 SCI 期刊论文 15 篇（总 SCI 影响因子超 30）。第一或通信作者国际会议论文 21 篇。发表论文总被引用次数 600 余次，单篇最高被引 107 次，h 因子为 13。担任建材及环保研究领域 10 多个国际著名 SCI 期刊及国际学术会议特邀（杰出）审稿人及美国交通部基金评审专家。

代尔夫特理工大学博士生课程设置和学制要求

代夫特理工大学博士生学制为四年，且针对博士生培养，有研究生院组织开设的博士生教育项目，旨在提高博士生的综合能力。此教育项目分为 3 个部分，每部分学分要求至少 15 学分，总共要求为至少 45 学分。第一部分是与研究技能相关的课程或培训，旨在帮助博士生提高科研能力和开拓科研思维，如科研设计方法、博士课题有效管理、研究中的问题解决方法、提高创新性和科研多产的方法、科研论文写作技巧、如何有效开展博士论文写作等。第二部分是与所学专业能力相关的课程，旨在深化专业能力和扩展知识广度，主要为各学院开设的博士课程，一般针对具体的博士课题，可灵活选取与课题相关的课程，能很好解决研究过程中遇到的诸如跨专业研究的相关知识储备不足的情况，这类课程一般在本学院选取，也可跨学院或者在荷兰国内跨学校选取。在荷兰，一个博士项目经费相对充足，大概为 30 ~ 40 万欧元，这其中就包括博士生学习、培训和出国参加国际会议的经费。因此只要经导师同意，博士生还可以到欧美等国家的著名高校选学代尔夫特理工大学没有开设的相关高级课程。这方面以笔者所在的课题组为例，笔者本人以及所在课题组的其他很多博士生在学习期间都有去英国、欧洲其他国家和美国著名大学和研究所选修学分课程和交流培训的经历。第三部分是与个人发展相关的课程或培训，旨在提高个人能力和专业素养，对博士期间及博士毕业后的事业发展起到帮助，如有效交流和沟通的技巧、有效与人合作的技巧、有效辅导学生的技巧、自我管理和毕业后事业规划、各类求职面试技巧及培训课程等。博士课程种类非常多样化且具个性化。3 个部分都有很多选择，博士生可针对自己的研究内容、自身能力和毕业后的职业规划等的实际情况，与导师进行讨论，制定适合自身的课程选择计划。无论是课程的具体选择，还是学分完成的时间，都充分体现出灵活性，每个博士生的具体选课计划和时间安排都可以是不同的，所有课程需要在四年内完成。

现代化的图书馆代尔夫特理工大学的标志性建筑之一

每年 2 次的课题组定期聚餐是凝聚团队协作精神的一种方式

除了课程学习方面，每个博士生在课题开题 1 年以后，和导师会有一个正式的“Go or Not Go”的个人科研能力评估会，对于由荷兰方面项目资助的博士生来说，这个评估很重要，通过评估者方可继续接着完成接下来的 3 年博士课题研究；未通过者必须退学，终止科研。对于外国政府公派或者联合培养性质的博士生来说，尤其是拿国家奖学金的博士，这个评估要求相对就会低一些，只要你没有给实验室造成巨大损失，导师一般还是愿意通过，毕竟在欧美国家留免费劳动力是非常难得的。评估内容基本上可以看出这边实验室对于一个博士的要求：对于课题的兴趣、完成能力及学术创新性、学习新东西的能力、教学能力、与同事的交往能力、领导能力以及对课题新进展的把握等。从学生角度来讲，这个评估对于博士本身来说也是一个很好的总结和认识自我的机会，通过一年的工作学习，基本上已经对课题本身和实验室环境有所了解，通过这次评估可以清楚地对自己有个定位。想要坚持走学术路线的，可以通过评估了解自己的水平，更可以打听了解一下自己课题组跟其他实验室有多少联系，是不是有去其他实验室学习发展的机会，能不能多争取一些参加国际会议展示自己和建立学术关系网络的机会。想在以后离开学术圈的，也可以了解一下课题组与工业界的联系紧密程度，为以后进入工业界打下良好的基础。

个人博士学习的一些感受

作者于 2007 年出国在美国蒙大拿州立大学土木工程学院从事与混凝土材料及耐久性方面的科研工作。由于代尔夫特理工大学在国际上本专业所属研究领域非常出名，在美国工作期间就一直想慕名前去学习。2010 年作者很幸运的从

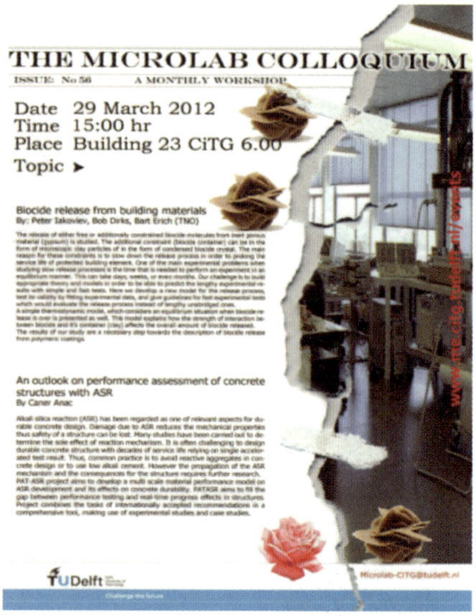

每月最后一个周四的课题组例行学术交流报告会(Microlab Colloquium)海报

午餐后的 Coffee Break 是课题组成员日常交流的好时光

60 多个来自世界各地的申请者中脱颖而出,成功申请到了一个由荷兰国家创新研究所和荷兰皇家应用科学研究院共同资助的一个关于混凝土智能添加剂及耐久性的博士研究项目(项目总经费为 43 万欧元),由此开启了在代尔夫特理工大学土木工程与地球科学学院结构工程系的博士学习。结构工程系下设 6 个大的专业方向(在荷兰称为 Sections),这 6 个 Section 分别是一体化设计及管理、结构力学、结构和建筑工程、材料和环境、道路工程和铁道工程。每一个 Section 实际上就是一个独立的研究团队,由一个大教授(Section head)领衔,Section 下面又分有若干个分支研究方向,每个研究方向被称为一个 Chair,一般由组内相应科研方向的副教授负责或者从其他学校、科研院所甚至其他国家外聘兼职教授负责一个 Chair。荷兰实行教授负责制,一个 Section 一般都只有一个全职教授,而且只有教授才能是博士导师(在荷兰被称为 Promotor)。因此在荷兰一般的课题组的博士生都是双导师制,官方的博士导师也就是"大导,Promotor"和"小导,Daily supervisor"。从导师的称谓上也可以理解,博士生的日常研究工作一般由"小导"主要负责,"大导"主要负责宏观和大方向的指导和掌控。博士生和"小导"需要定期(一般 1 ~2 个月一次)和"大导"开会汇报课题进展情况。荷兰人的时间观念特别强,工作及生活节奏非常的格式化和制度化,因此荷兰人的生活被很多外国人形容为"Structured Life"(直译"固定结构的生活")。对于工作上,具体就体现在博士生每次如果有需要跟导师开会讨论课题情况,都需要提前很长时间把日期和具体时间定下(笔者读博士期间经常是提前 1 ~2 个月就和导师预约好开会时间),否则很难得到导师对你的有效指导。有的导师由于日程安排紧密,而没有被提前预约的话,就会直接拒绝博士生的开会请求。

"教授"这个头衔在荷兰整个国家都受到相当的尊重,地位也非常高。因此教授的评聘制度也相当严格和复杂,可以说在代尔夫特理工大学每一个能评上教授的人都是在本研究领域有相当造诣并且在国际上都是非常知名的专家(他们其中很多都是本领域的 top 期刊的主编或者副主编)。如果用我们中国的标准来看,荷兰的教授至少相当于中国大学系统里的"杰青"和"长江",有的相当于"院士"。学校为了保证学科发展及科研实力能够始终处于世界前沿,一般在一个 Section

的大教授退休的前 2 年就开始全球范围内寻找继任者，竞聘人当然也可以是本课题组中的副教授，但是这种竞争绝对靠的是科研水平和实力，与是否来自本校无关。这种竞争宁缺毋滥，因此寻找一个 Section 的大教授经常会花上很长时间。如果最终没有合适人选，那么这个现有 Section 随着现职教授退休就会被学校解散。之前课题组里的副教授和助理教授以及其他科研人员就可能会被分流到其他 Section 里面。

下面谈谈笔者博士期间所在科研团队“材料和环境”这个 Section 的一些情况。按照笔者的理解，结构工程专业或者这个学科总体来说可以概括为 3 个大的方向，力学、材料和设计。我们“材料和环境”这个 Section 或者课题组主要的科研活动也就主要围绕材料的各个方面来开展的，当然这个材料是土木工程材料，具体来讲主要是水泥和混凝土，也有一些有关沥青材料的研究。“材料和环境”作为一个比较大的课题组，现共有 9 个教学科研编制教师（其中 3 个全职教授 Full professor，1 个兼职教授 Part-time full professor，2 个副教授，3 个助理教授），专职研究员及博士后共 10 人，管理及实验技术人员 10 人，博士研究生大概 50 多人，分别来自 20 多个国家。课题组下设有 5 个不同的研究方向（也就是 5 个 Chair），分别为：Concrete Modelling & Material Behaviour（混凝土模拟和材料行为）、Experimental Mechanics（实验微观力学）、Durability（耐久性）、Sustainability（可持续性）、Resources & Recycling（资源和再循环）。这 5 个方向从名称来看，总体就是“水泥水化及微观力学模型研究”+“材料本质及可持续及耐久性研究”+“再生混凝土及固体废弃物综合利用”3 大块。其中每个方向（其实就是分课题组）都有一个负责人，这个负责人就有点类似中国大学里的学科带头人，在自己领导的相应学科方向都有一定的建树，业内也相当知名。笔者的博士导师 Rob Polder 教授就是 Durability 这个 Chair 的负责教授，他同时也是荷兰皇家应用科学院的资深高级研究员，是欧洲乃至世界范围内最知名的混凝土耐久性研究专家。课题组的混凝土微观力学实验室（Microlab）是世界上第一个建立的，也是科研实力最强的混凝土材料微观性能实验室及水泥水化和混凝土微观力学模拟的专门研究中心之一。实验室拥有专门用于建模使用的 4 台超大内存的计算机工作站和如纳米压痕、X 射

司仪手拿代表校长的权杖
宣布博士生答辩正式开始

线计算机断层扫描系统 μCT、环境扫描电镜、电感耦合等离子体发射光谱仪（ICP-OES）、TG/DSC-MS 联用仪、XRF 、XRD 及世界上为数不多的几台硬化混凝土孔溶液压榨收集装置、沙子级配自动电脑数控仪等一系列混凝土微观及宏观研究所必需的一切先进研究仪器及相关测试装置。而且这些设备大部分都位于课题组所在的土木学院大楼的 6 楼实验室，有 6 个实验技术人员专门负责这些测试仪器的日常操作及维护，另外还有一个实验员专门负责混凝土搅拌室的管理及协助大型样品的制样等工作。课题组教授及学生的办公室也大都集中在 6 层，可以说平时实验及学术讨论都真的做到了足不出户。笔者在读博士期间除了出国参加了近 10 次的国际学术会议以外，平时利用休假时间也游历了近 20 个国家及多所欧美知名大学的相关研究领域的实验室，给笔者感受最深也值得骄傲的是代尔夫特理工大学的 Microlab 几乎是世界上混凝土研究领域最先进的实验室，科研实力也可称得上最强的课题组之一。

答辩成功结束主席代表答辩委员会宣布

授予博士学位证书并合影留念

在实验室管理方面，课题组十分注重平时实验室的日常维护和学生实验技能的管理和培训。在博士生第一次进实验室开展课题研究之前，课题组老师会集中进行一次大约 45 分钟的实验室管理规范及仪器使用等注意事项的培训课程。实验室主任（目前是 Erik Schlangen 教授）每个月都会定期对实验室的卫生状况及各个仪器的维护和管理进行一次检查。如发现有不符合实验室管理条例的错误操作等情况，会在课题组群发邮件进行及时指出或批评，严重者则会有相应的处罚，比如课题组曾经有一个博士生由于没有提前预约实验室仪器在晚间测试样品被发现后，就被终止其 3 个月不能进实验室做实验。

在仪器使用及管理方面，实验室内部所有仪器都是实行了内部网上预约系统，每个仪器都有相应的实验技术员进行专人管理，这些实验员对所管理的测试仪器的操作都相当熟练并且经验相当丰富。课题组要求每个博士生在开展某项实验及使用相应测试仪器之前都需提交比较详实的实验测试计划（Test plan）给实验室主任及相关导师，导师一般会在 3 天内对 Test plan 进行回复，经批准后方可上网预约测试仪器。在仪器使用方面，强调博士生自己动手操作仪器以促进学生了解自己研究的全过程。一般在首次使用时，相关仪器负责实验员会对相关博士生进行一次操作培训，然后自己具体操作时，前2～3次测试时，实验员会全程陪同及时纠正操作过程中可能出现的错误。在被确保可以独自操作使用后，方可允许博士生以后自己独自操作。

秋天荷兰鹿特丹的风车村也很美丽

在学术交流方面，课题组内、外学术交流都很频繁，课题组内每月最后一个周四下午都会有一个比较正式的学术交流汇报（荷兰称为Colloquium，美国更习惯称为Seminar），这个组内的Monthly Colloquim在我们课题组已经连续举办了12年，一般一次由组内2～3个博士生进行主题汇报，然后大家集体有针对性的讨论并提出下一步的研究建议（这也就是英语里常说的brainstorming），每1～2个Colloquium还会邀请如荷兰皇家应用科学院及荷兰国内或者其他欧洲国家的课题组1～2个研究员来课题组和我们自己1～2名博士生联合交流汇报。如遇到诸如从中国及美国远道而来的专家，就会邀请他们参加，在课题组内组织一次Special Colloquium。另外，结合各个教授的研究专长，课题组每年还会定期开办3个对外收费的公开课程：Multi-scale Modelling Course for Concrete（MMC）（混凝土多次度模拟课程）、Concrete Microscopy Course（CMC）（混凝土显微镜技术课程）、Corrosion Science & Corrosion Control for Infrastructure（CSC2I）（腐蚀科学及基础设施的腐蚀控制课程）。每个课程一般限制为25个学员，学员一般多是来自世界各地的相关教师和博士生。我们课题组与中国国内的东南大学、同济大学、清华大学、华南理工大学等高校在科研交流上保持着非常紧密的联系，课题组有多位教授分别受聘于上述几所高校做客座教授。从2006年起与同济大学已经成功联合举办了3届“基础设施服役寿命设计国际会议”，自2008年起与东南大学孙伟及缪昌文院士团队也已经成功联合举办了3届“与微观结构相关的水泥基复合材料耐久性国际会议”。除了这一系列的双方联合举办的国际会议，课题组近年来还分别与深圳大学、东南大学建立了联合实验室，与华南理工大学、东南大学建立了联合学术研发中心。除此以外，课题组还鼓励博士生出国参加相关国际会议及学术论坛，通过这些多方位的交流不仅扩宽了学生的知识面，也为学生提供了一个与国际知名学者和企业家面对面交流的机会，这不仅能促进课题组的国际知名度、同时增加了博士生毕业入职就业的机会。

课题组科研实力的动力来源于对博士生课题研究管理及

学术标准要求的严格。不仅是作者所在的课题组，其实代尔夫特理工大学其他院系的课题组的博士课题研究开展和博士生的培养模式大致是一样的。在荷兰，博士生研究项目的资助经费一般来自以下5种渠道：荷兰科学研究组织（NWO）、荷兰工程研究组织（STW）、企业和政府各自出资50%共同资助、企业全额资助以及博士生所在国家政府资助项目（对于中国来说就是由国家留学基金委资助的公派留学项目CSC）。根据项目的资金来源，博士生在科研项目的开展及导师对论文的指导过程会有一些不同。前两种类似中国的国家自然科学基金以及最后一种由其他国家政府资助的博士生项目的开展和导师的指导都相对灵活，主要由博士生和导师参与完成。另外两种由企业参与资助，研究主旨一般是由企业提出的技术难题或者新产品的开发等涉及企业的技术及经济利益等。这种项目一般不仅创新性要求高，实用技术性要求也高。项目研究工作一般会在企业实验室和学校联合开展。一般博士毕业之前或毕业后科研成果就会在企业直接转化，给企业带来实际效益。因此在荷兰，可以说很多公司推出的新产品和新技术背后都有代尔夫特理工大学科研团队的参与和支持。这些项目相关企业都会安排专人负责对项目的指导和协助，因此博士生每3个月就会有一次由导师及企业负责人参与的项目进展汇报会（progress meeting），每年年底还要有一次年终大的阶段性汇报（annual meeting）。这种会议每次都要博士生提前提交项目进展报告，并在会上以PPT的形式进行汇报，会议地点比较灵活，可能在企业也可能在学校。汇报会中，企业参与负责人员会根据科研进展情况提出具体指导或者建议，以保证课题研究的创新性并紧跟生产和市场的要求，会后一般都需要博士生提交会议纪要和下次会议详细安排计划。

在论文写作的指导方面，导师对论文要求也非常高，强调论文的创新性同时也特别注重与实际的结合，和在实际工程中的应用和借鉴。一般1篇小论文写成后，导师都会反复修改多次直到满意，对毕业论文的要求当然就会更高。作者所在课题组没有对博士毕业是否发表SCI论文的硬性指标，有的博士生在论文答辩前可能会发表10篇以上的SCI论文，甚至更多；而有的可能是做完四年的研究工作之后才开始发表文章。代尔夫特理工大学博士论文的审核要求非常高，笔者课题组及全校博士平均的毕业时间约在5～6年，甚至更长。

博士生答辩委员会由8名专家组成,其中4名国内专家(包括代表校长出席的答辩委员会主席)、4名国际专家。在博士生论文写作完成并得到导师同意后,博士生需要在预计的答辩日3个月之前把论文提交给8位委员审核,在论文审核过程中,如果需要还需跟委员进行视频会议或面谈。在等到审核意见并回复修改后,并得到8位委员一致同意后方可参加答辩。答辩日,8位答辩委员一定要求全部到场参加答辩,而课题组会承担国内及国际委员来校参加答辩的一切差旅花费。

代尔夫特理工大学的博士论文答辩是由学校研究生院统一安排在学校庄重而正式的礼堂。整个礼堂一个上午一般只安排2个学生的答辩。博士生本人没有国内盛行的博士袍穿,但是要求正装,通常男生穿燕尾服或者正式款的西装,女生通常要求深色的礼服。答辩委员根据学历和职称也会穿着不同的袍穿和礼服。荷兰的传统是博士本人一般需要请两个好友作为答辩助手,答辩助手不止需要帮助处理一些琐碎的答辩事宜,包括确认参加答辩或参加庆祝活动的人和事,还要给博士生准备一些小礼物,组织人员一起参加答辩会,随时帮忙处理答辩过程中遇到任何小问题。在答辩中,答辩助手可以帮忙回答答辩委员会提出的问题,帮忙给答辩委员会及听众用英语及荷兰语双语读一段论文中的文字。打个比喻,答辩助手有点像是婚礼的伴娘伴郎,既是一个荣誉又是一个繁重的任务。在荷兰,博士毕业是欢庆,但同时意味着大把的开销。打印论文、筹备招待会、筹备晚餐以及举办庆祝party,当然晚餐和庆祝party不是必需,但既然是荷兰的文化传统,一般外国人当然也都愿意遵循。毕竟海外留学本身也是对一种文化的感受和体验。一般情况下,作者论文打印了100本,花费大约1800欧元。招待会上的酒水和零食550欧元,晚餐请15人大概500欧元,party花费大概600欧元。好在作者本人博士项目预留有一些资金用于答辩,在一定程度上降低了个人资金支出。

结语

回首作者在代尔夫特理工大学博士的四年时光,除了学术研究,也是对西方国家文化和历史的体验和感受。对于像作者一样的中国博士留学生来说,来到异国他乡,又有了一份足以养活自己和家人的薪水,在紧张的科研之余,还可以携家游历欧洲各国。对我而言,在荷兰的这几年算是我人生最快乐、最难忘的一段时光。

代尔夫特理工大学土木工程和地球科学学院简介

代尔夫特理工大学土木工程和地球科学学院办学历史悠久且与中国学者有着深厚渊源。世界著名的水利海岸工程学家、河海大学创始人、首任校长、两院院士严恺教授于1938年在代尔夫特理工大学取得土木工程师学位。中国工程院院士、著名土力学和地球动力学家陈宗基教授于1954年在代尔夫特理工大学土木学院取得博士学位。两位院士的成功一直以来都激励着包括笔者在内的在代尔夫特理工大学土木工程学院求学的来自中国的莘莘学子。他们无疑是广大中国留学生的楷模。

代夫特理工大学土木工程和地球科学学院是该校各学院中规模较大的学院,近年来QS世界大学土木与结构工程学科排名中一直稳居全球前10名,2015年排名世界第2名。其中水资源工程、交通运输工程稳居世界第一。学院下设结构工程、地球科学与工程、地球科学与遥感、水利工程、交通与规划、水资源管理等6个系。每个系(Department)又下设若干个专业和研究团队(Sections)。课程及专业设置非常全面,几乎涵盖土木工程与地球科学与工程的所有领域,并且还和学校其他学院联合开办多个跨专业、跨学院的硕士学位专业。2016年的统计表明现有教学科研编制人员163人(也就是tenured和tenure-track教职),其他科研系列编制人员299人(包括non-tenure-track专职研究员、专任讲师及博士后),管理和技术支持员工119人。全院本科及硕士研究生共有3475人(比例约1:1),其中国际学生比例约10%,主要来自希腊、中国、德国、意大利、印尼、英国、印度及墨西哥等国家。博士生共499人,他们其中80%以上为国际学生,分别来自欧盟、中国、美国、印度、伊朗等20多个国家。代尔夫特理工大学整个学校办学相当开放,土木学院有很多硕士项目是和其他学院或者欧盟其他国家通过Erasmus计划的资助联合办学,比如说地球科学与工程有个项目通过这个计划可以分别在挪威科技大学和瑞典查尔姆斯大学3个大学分别集中学习,三校互认学分,学生毕业后可以同时取得3个学校的硕士学位。这种联合办学或者联合培养一般都是强强联合,比如新加坡和荷兰都是水利工程学科方面的强国,因此代尔夫特理工大学和新加坡国立大学在水利工程和水资源管理两个专业进行了双学位联合办学,研究生经过在两个学校的学习,毕业后可以同时拿到两个学校的硕士学位。另外,土木学院和学校一些其他的硕士专业还可以在代尔夫特理工大学所属的IDEA联盟高校内互选学分课程,毕业后也可以同时拿到联盟内几所高校的文凭。

代尔夫特理工大学简介

代尔夫特理工大学(Delft University of Technology, 校名英文缩写TU Delft)位于荷兰历史文化古城代尔夫特市,由荷兰国王威廉二世始建于1842年1月8日,时名"皇家工程学院",至今建校已有175年历史。是荷兰历史最悠久、规模最大、专业涉及范围最广、最具有综合性的理工大学,其专业几乎涵盖了所有的工程科学领域,被誉为"欧洲的麻省理工",是世界顶尖理工大学之一。与瑞士苏黎世联邦理工学院、德国亚琛工业大学、瑞典查尔姆斯大学、意大利米兰科技大学构成欧洲大学IDEA联盟。其高质量的教学、科研水平在荷兰国内和国际都具有极高的知名度,其航空工程、电子工程、水利工程、化学工程、土木建筑等工程与应用学科在世界上都具有极高的研究水平和卓越声望。大学设有机械、海事和材料工程学院,建筑与建造环境学院,土木工程和地球科学学院,电气工程、数学和计算机科学学院,工业设计工程学院,航空工程学院,技术、政策和管理学院,应用科学等8个学院。2017年的最新统计显示有教研编制人员(Professors)930,研究编制人员(Researchers)809人,技术支持及管理人员2010人,在校研究生及本科生21651(比例约1:1),博士生1145人。

大学的使命正如他们的校训"Challenge the Future(挑战未来)"和校徽(由火焰和字母组成)的寓意一样,追随普罗米修斯的脚步,不断创新和开发出更好的技术,为人类文明发展贡献力量。因此技术创新是代尔夫特理工大学开展研究工作的一个核心部分,除各个系/专业的许多研究小组外,学校还有3个被荷兰教育、科学和文化部认可和支持的研究所。另外,学校还与其他大学共建8个研究所,其中6个是荷兰国家级研究单位(Depth Strategy Studies),这有点像我们中国的国家重点实验室。学校拥有许多设备先进的实验室,具有一流的教学设施和科研设备,比如在微电子方面,有自己的芯片生产厂和研发中心。另外大学还与国际上像美国MIT这样著名的工业技术大学建立了广泛的合作交流,与许多跨国公司和知名研究机构如飞利浦电子、ASML、壳牌石油、联合利华 AkzoNobel、DSM 等都保持有非常密切联系和合作。因此许多学生有机会在这些机构中完成部分学业或研究工作，这也是毕业生高质量工作和高薪金的保证。

TU Delft 在 2017 年最新泰晤士报世界大学综合排名居世界第 59 位；QS 排名位居世界第 54 位，均位居荷兰第一。其中，土木工程位列世界第 5，建筑学位列世界第 4，化学工程位列世界第 6，环境科学位列世界第 14，机械航空与制造工程名列世界第 16。此外，地球与海洋科学、电子电气工程、计算机科学、物理科学均位居世界 55 以内。2017 软科世界一流学科排名中，水资源工程、交通运输工程均位居世界第一。TUDelft 为世界培养了无数优秀人才，其知名校友包括第一届诺贝尔化学奖得主范霍夫（van't Hoff）、诺贝尔物理学奖得主、理想气体方程和范德华力的提出者范德华（Van der Waals）和石墨烯发现者海姆（Geim）等多位诺贝尔奖获得者。

阿尔卑斯山下的“砼”话故事

——记瑞士洛桑联邦理工学院学习工作

/黄伟

时光如梭，白驹过隙，一晃离开瑞士已整整两年，很多事、很多景都已经忘记，然而，那份对阿尔卑斯山的怀念仍在心底激荡不已。2013 年 10 月，在国家留学基金委的资助和导师孙伟院士的大力支持下，我来到了位于阿尔卑斯山下的瑞士洛桑联邦理工学院（EPFL）材料学院，进行 2 年的博士联合培养，我的合作外导是享誉世界的水泥混凝土专家 Karen Scrivener 教授，她拥有着世界顶级的实验室——Laboratory of Construction Materials（LMC）。在这个温馨并严谨的实验室里，我学习并掌握了许多先进的研究理念和正确的科研方法。

黄伟，1987 年出生，福建漳平人氏，2006 年 9 月 ~ 2010 年 6 月本科就读于重庆大学无机非金属材料工程专业，2010 年 9 月保研至东南大学材料科学与工程专业，师从孙伟院士，2012 年 2 月硕博连读。期间 2013 年 10 月 ~ 2015 年 9 月在瑞士洛桑联邦理工学院进行博士联合培养，合作导师为 Karen Scrivener 教授。现就职于福州大学土木工程学院。

学校介绍

瑞士洛桑联邦理工学院（École Polytechnique Fédérale de Lausanne，EPFL），成立于 1969 年，位于瑞士的法语区，与德语区的苏黎世联邦理工学院是姊妹院校。两所院校以及相应研究机构共同组成了瑞士联邦理工学院，直接由联邦政府管理。洛桑联邦理工学院（以下简称“EPFL”）在欧洲及世界都是一所顶尖的理工院校，在工程科技领域享有极高的声望。2016/2017 年 QS 世界大学排名第 14 位，其中，工程技术领域和自然科学领域分别列世界第 12 位和第 11 位。2016/2017 年泰晤士高等教育世界大学排名中，其工程技术位列全球第 11 名，物理科学位列全球第 16 名，生命科学位列全球第 35 名。2016 年世界大学学术排名（ARWU）中，其工科亦位列全球第

11 名。

但我认为 EPFL 最厉害之处不在这些排名上，而在学校对人才引进的高质量选拔上。EPFL 的每个专业有且仅有一位教授，不设副教授、讲师等职位，当这位教授退休了，如果在全世界找不到可以顶替他的人，这个实验室就要被撤销（作者目睹了学院中某个实验室的撤销），因此可以说，EPFL 中的每个教授在全世界都是顶级的。另外，EPFL 教师禁止从本学校培养的博士/博士后中选拔（另，每个学生不允许在 EPFL 连续待 6 年），这有利于新鲜的血液注入学校中，增加学校的多样性（以上信息是作者在 EPFL 学习中与同事聊天获得的，如有出入，敬请包涵）。

LABORATORY OF CONSTRUCTION MATERIALS

建筑材料实验室 LMC 的标志性模型和实验室官方图标

实验室介绍

我的外导是 Karen Scrivener 教授，她是英国皇家工程院院士（Fellow of the Royal Academy of Engineering），欧盟 Nacocem 计划的发起人和协调人，水泥混凝土领域国际知名期刊 Cement and Concrete Research 主编（水泥混凝土领域中 SCI 期刊 No. 1）。我所在的建筑材料实验室（以下简称“LMC”），在国际上是一所顶级的水泥混凝土实验室，特别是微结构表征方面在全世界可以是数一数二的，下面我以图片形式简单介绍一下这个实验室。

LMC 的标志是放置于实验室门前的这个混凝土立方体模型，由 8 个小立方体组成，我们的官方图标也来自于这个模型。

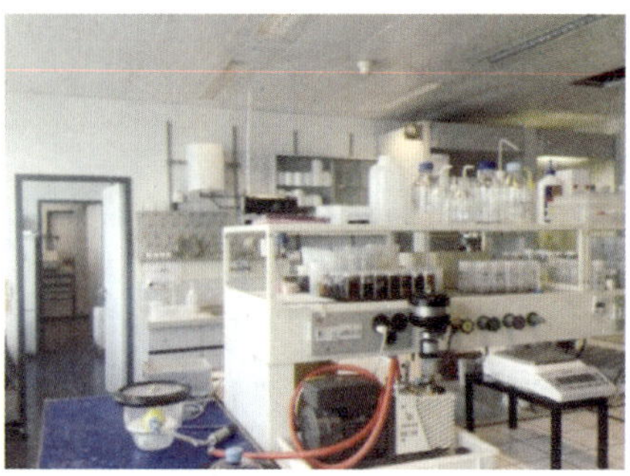

微观样品制备处理室

出国前，参观过国内许多水泥混凝土实验室，有些给人的印象是“脏乱差”，像一个小型工地，而不是一个搞科研的神圣之地。来到 LMC，首先给我的印象是：怎么，水泥混凝土研究竟然也可以是一个这么高大上的科研？

本文附上了微观样品制备处理的实验室照片，从中为什么没有看见那些高大上的微观试验仪器呢，比如扫描电镜（SEM）、X 射线衍射仪器（XRD）？因为现在随着经济水平不断提高，国内很多高校、科研院所，甚至企业都已经有自己的实验室，购买了大量的试验仪器，这些微观设备几乎是水泥混凝土实验室的标配，故此处作者没有放此类仪器照片。然而，与国外顶级实验室相比，我们的投入/产出比仍然较低，大量微观试验的严谨性、重复可现性仍然较差，这与样品制备处理息息相关。国内很多高校尚未注重微观样品制备的重要性，并不单独设置该实验室。我认为整齐、有条理是微观实验室（甚至是所有的实验室）的基本准则。举个例子，水泥混凝土微观试验中常常需要用到三种不同的液体：去离子水（deionized water）、无水乙醇（alcohol）、异丙醇（isopropanol），因此，针对不同液体，LMC 实验室中不同的瓶盖选择不同的颜色，例如：去离子水—蓝色瓶盖，无水乙醇—黄色瓶盖，异丙醇—白色瓶盖，这样的安排，不仅能有效管理实验室中的各种药品，也能极大地方便科研人员的试验效率（其实，这个颜色搭配制度在 EPFL 校园中所有实验室是通用的，作者曾经在粉体实验室 LTP 中做试验时，观察到这个规律）。

实验原材料储藏室和材料室外堆放区

砂浆成型室和标准养护室

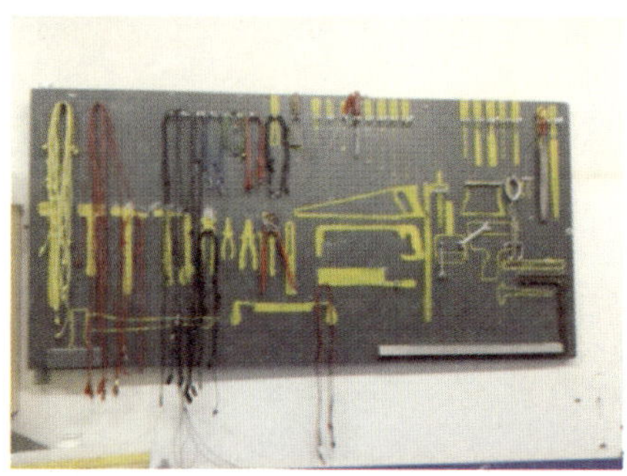

氯离子加速渗透实验室及其工具摆放区

LMC 实验室仪器使用效率非常高，所有人员做试验采用预约制。根据仪器设备不同，预约的形式多种多样，实行弹性制。例如，使用砂浆搅拌设备、混凝土搅拌设备、成型模具采用网上预约制（Gmail 邮箱的日历安排），其他硬件设备预约单就是一张纸，有需要使用的同学自行填写，如果遇上突发情况要取消预约，需要及时通知大家。

另外，包括 LMC 在内的 EPFL 所有实验室，日常采购样品、设备（大型重要仪器除外）、物件均有一套统一的采购标准。根据实验室的订购网站或者该参考书，填写你所需要的物件编号、数量，在网络上订购即可。实验室中所有可能需要的东西几乎在这本书中都可以找到，包括试验仪器、化学药品、瓶瓶罐罐，甚至办公室中需要的桌子、椅子、橱柜、笔、纸、订书机等，种类非常多，可以满足不同科研人员的需要。

在 LMC 以及 EPFL 学习和研究，所有的试验均要在他人的正规培训之后才能独立开展试验及其预约安排，哪怕是简单的一个砂浆搅拌试验或原材料存放方法。

实验室团队文化

优秀的实验室离不开一个良好的科研团队，LMC 课题组除了 Karen 教授之外，还有 5 位秘书［2 位实验室团队秘书，1 位 Nanocem 秘书，1 位 LC3 秘书，1 位“WISH”秘书（女科学家基金资助计划）］，2 位左右 Scientist（辅助 Karen 教学），若干位博士后、博士（作者在的时候有 5 位博士后，十几位博士生），还有若干位访问交流学者（少则 2 周，多则 2 年）。LMC 每个月的第一个周一都会开组会，除了讨论最近团队科研进展外，还会挑取 1 ~ 2 位博士生进行报告；每个月的最后一个周五，所有的博士（后）都必须参与实验室的卫生大扫除和实验物品的订购。当然课题组中的学术交流其实不限于学术报告，每天的午餐时间也是一个很好的交流机会。

力学性能试验区

课题组团队成员来自全球各地，因此，每年都会组织一次 International dinner 国际晚餐会。每个人分别代表自己的国家，做一份有自己国家特色的食物拿到学校，大家互相品尝、交流。2013 年作者做了一份有五六种原料做的炒饭和一份煎饺。

当然，我们的团队交流活动不限于校园内，我们时常也会有不定期的聚会。每年的圣诞午餐，Karen 老师会组织一次 Christmas Lunch 圣诞午餐或是西餐或是 Fondue 奶酪火锅，亦或其他。我们会到酒吧看欧洲杯，会在路边喝上一杯咖啡，耍一次酷，也会到由本科生组织的 Party 中尽情跳舞，我们还会在酒吧欢迎从古巴远道而来的 Fernando Martirena 教授。

混凝土切割和打磨大型试验机、混凝土渗透试验装置及其工具摆放区

实验室每年冬季都会组织一次 Ski seminar 滑雪报告会，邀请 EMPA 的 Barbara Lothenbach 教授课题组成员和其他友好团队共同参加。大家在雪山上待个三四天，早晨和晚上进行学术交流汇报，下午时间自由安排，大家可以去滑雪、玩雪橇、雪地旅行、泡温泉等。

当夏季来临时，实验室会组织一次 Hiking 旅行活动。夏季的阿尔卑斯山，清晰美丽，到处是绿油油的草地和错落有致的小树林，偶尔还有不知名的山花点缀在小路。

EPFL 坐落在莱蒙湖畔，平时下班期间，作者喜欢沿着湖边小路走回家。课题组团队偶尔也组织大家在湖边举行烧烤 BBQ，大家一边享受食物的乐趣，一边进行交流。夏天时候，还有人在湖里游泳。

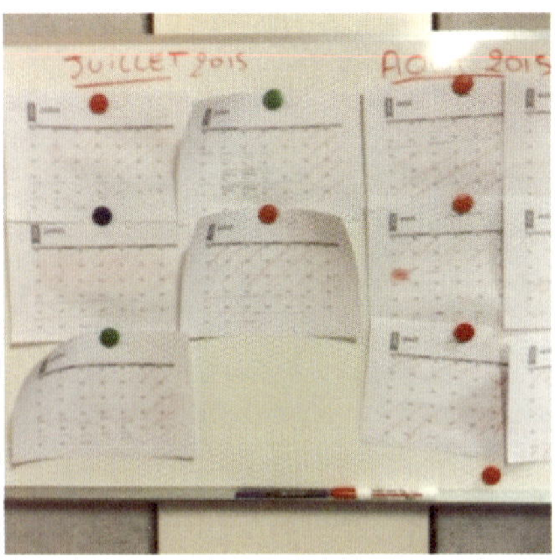

实验室仪器设备预约使用表

EPFL 的博士生答辩先后要进行 Private defense 和 Public defense 两个部分，其中 Private defense 是重中之重，答辩时只允许答辩本人和几位评审员参加，不允许旁观，通常 Private defense 要进行三四个小时。因此，每个博士生的答辩是 LMC 团队最重要的活动，大家会事先帮他进行预答辩，提出很多针对性的问题，并提出 PPT 报告的不足之处。之后便是 Public defense，这个较为轻松，可以认为是一个汇报性内容，通常答辩者的 Family 成员们都会参加，甚至包括家族中的小朋友都乐于参加，因为对于他们，这是一个极其荣耀的大事。因此，Public defense 展示的学术内容可以适当地精简，并增加一些趣味性的图片，汇报语言可以是非英语。为了照顾我们这些

来访者，LMC 成员们将 PPT 文字设置成英语，但汇报使用他们最擅长的母语，通常是法语和德语。Public defense 结束后，他们家族成员会为这场答辩精心准备很多美食。觥筹交错间，我们也会为答辩者送上精心准备的礼物，这一份特殊而有意义的礼物，这也是 LMC 的传统。

团队交流

考场监考

据说 EPFL 的考核要求特别严，本科生大一结束后淘汰率高达 70%，学校只允许你重考一年，再不过的话，只能离开这个学校了。每逢期末，我们都要为 Karen 老师准备试卷，考场监考，批改试卷。考场纪律既宽松又严谨，我们允许学生带上面包、巧克力、汽水等进入考场，但同时我们又严格杜绝学生作弊。

科普活动

每年 EPFL 的各个学院各个系都会联合举办一次科普活动，来参加活动的小学生们来自于附近的学校，他们会按照流程，分别到各个实验室进行参观，我们这些做大哥哥大姐姐的都会为这些未来的科学家们准备一场精心准备的科普课程和一场互动的游戏，让他们体验到做科研的乐趣。其中，我们实验室负责教会他们什么是水泥，什么是混凝土，还让他们拓下小巧的手掌。

与雪的接触

与雪的接触

每个来自南方的人都有一颗盼望着与雪接触的心，这也包括作者本人。在瑞士，你可以在冬季欣赏到皑皑白雪的童话般美景，也可以在夏季阿尔卑斯山上触摸着那永不融化的雪与冰。滑雪几乎是每个瑞士人与生俱来的本领，瑞士人和滑雪的关系，大概就像巴西人和足球、中国人与乒乓球的关系差不多。纵然作者本人不会滑雪，但也阻碍不了我奔向雪山的冲动。瑞士境内有数不清的雪山，著名的滑雪场有英格堡—铁力士山 Engelberg-Titli，少女峰地区 Jungfrau Region，圣莫里茨地区 St. Moritz，达沃斯 Davo，格施塔德 Gstaad，采尔马特 Zermatt，维毕尔 Verbier 等。除了滑雪，你可以穿着宽宽的徒步鞋在雪地自由旅行，也可以乘坐雪橇从雪山上一路溜至山底，当然你也可以在雪地里来一场激烈的雪球大战。在漫天飞舞的雪花中，来到伯尔尼拜访爱因斯坦的故居，品尝一下咖啡店里那杯浓浓的卡布奇诺。在晴朗的日子里，邀上好友乘坐齿轮火车来到采尔马特，在湛蓝天空的衬托下，领略马特洪峰的雄伟壮美。

巧克力王国

瑞士是世界上巧克力生产和消费大国。有意思的是，用于生产巧克力的可可树在瑞士无法生长，然而，瑞士巧克力的知名度却享誉全球。这是因为所有巧克力制造方法都是在瑞士发明，并且瑞士人将巧克力的制造流程和方法改进到了几乎完美的地步。瑞士境内有许多可以参观的巧克力工厂，其中法语区沃韦（Vevey）的 Cailler 巧克力工厂是其中之一。Cailler 工厂位于 Corsier 小镇的郊区，人们可以乘坐汽车或步行至该工厂。令我难忘的是，该工厂自动化和透明化程度非常高，游客可以在剧场般的展览室内了解到 Cailler 巧克力的生产历史，也可以实时观看巧克力生产的全过程，还可以品尝购买各式各样的巧克力。

Cailler 巧克力工厂

忘却尘世的童话世界

瑞士真是一个上天眷顾的国家，你对大自然的一切美好的幻想，都能在这里实现。雪山、湖泊、草地、鲜花，它不仅拥有，还呈现得如此纯净、纯粹。山间的牛群和天籁般的牛铃声，草甸花丛中的木屋，广阔如海的湖泊旁葡萄园里的一杯葡萄酒，还有欧洲古老的建筑，音乐节上乐队的演奏。在瑞士学习，你切不可忘记来一场说走就走的乡村旅行。

后记

很幸运，在年轻的时候来到了瑞士，体验了瑞士的好山好水，也体验到了瑞士人热情豪放、开朗向上的生活方式，更体验到了世界顶级学院实验室对科学精益求精的专研态度，这是我们国人，特别是土木工程领域内年轻学者追求的目标。

瑞士介绍

瑞士是一个特殊的国家，分别与欧洲四个大国：德国、法国、意大利和奥地利接壤，东边还有一个特别特别小的国家——列支敦士登。瑞士的主要官方语言也与这几个国家紧密相关，瑞士北边讲德语，西边讲法语，南边讲意大利语，英语在这个国家只能排在第四，因此也不存在瑞士语（高晓松的“晓松奇谈”也曾经说过）。我生活所在的城市是洛桑（Lausanne），靠近法国，隔着莱蒙湖（日内瓦湖），对面就是依云了

(没错,国内最贵之一的矿泉水就是来自这里,在瑞士一大瓶矿泉水不到1瑞士法郎)。瑞士最大城市是苏黎世(人口37万),但首都却是伯尔尼(人口只有14万!)。瑞士身处欧洲,但不是欧盟成员,也不是欧元区国家,瑞士的货币是瑞士法郎(CHF,1CHF大约6.9CNY)。瑞士是申根国家,因此中国的小伙伴们可以在欧洲其他国家自由地进出瑞士。瑞士是一个山水相连的国家,阿尔卑斯山脉中的主要山峰都在瑞士境内,冰雪融化形成许多美丽的湖泊,后面我会在旅游记录部分中简单介绍。

THE THIRD PAPER 第三篇

北美留学看土木

密歇根留学简忆

/庄一舟

一、引言

庄一舟，工学双博士（中国结构工程和美国桥梁工程）。2000年出国前为浙江大学副教授。2000至2010年在美国和加拿大留学和工作。2010年6月回国，被福州大学特聘为全职教授。长期从事房屋结构、桥梁结构和高性能建材领域的研究和应用，曾担任美国Wayne State University大学桥梁中心研究助理、美国纽约曼哈顿GACE顾问集团高级结构顾问工程师、加拿大建筑巨头ALPA和加拿大AAB联合公司职业注册工程师和研发专家。

“911”事件的前一周，我辞掉浙江大学的教师职位，踏上了去异国他乡——加拿大汽车城Windsor市的路，该市与美国汽车城Detroit市隔河相望。有人告诉我，那对面的玻璃幕墙高层大楼就是美国通用公司的总部。GM两个大字母就在眼前，触目惊心。“911”事件后，拿着中国护照去美国找事做很难了，所以选择在本地找工作。经过各种方式的寻找和了解，发现structural engineer（我是学房建结构工程的）的需求太少，而且要求P. ENG和15+年工作经验，硕士、博士学位在招聘要求里没有体现；而civil engineer倒是需求量很大，那个不适合于我，因为它是市政方面的。在以后的北美工作期间，都是这个现象。原因很简单，发达地区需要的是城市的维护（路桥、市政和环境等）。另外，发现公司要求应聘者的毕业文凭必须来自权威机构认证过的（“Accredited”）大学或学院，倒不注重毕业院校的名气。

不久我就认识到，要想在北美落地生根，必须就地重新读书拿学位。因为本人还是想在学术圈发展，也就义无反顾地选择了重读第二个博士学位的征程，从考TOEFL、GRE和递交申请开始，那年我快40岁了。读书期间，必须去各个地方打工维持生计。拿到美国学位前、后，曾在密西根州、纽约Manhattan市和多伦多市等地做绘图员、工程师、高级工程师和研究助理等工作，还参加通过了密西根的EIT（PE的前期，相等于中国的“二注”)和安大略省的 P. ENG。10 年北美的经历,酸甜苦辣,也许这才是人生的真谛和意义!

作为一个普通的土木人,在北美的 10 年里,读过书,做过科研,也当过各种级别的工程师。虽然没有什么高大上的东西奉献出来与大家共享,但确实也有一些所见所闻,一些自己的想法和看法。

二、教师

翻开每个学院的网页,都有教师的简介。他们的名字后面挂的就是:Ph. D,P. E. (P. ENG)和 Professor(包括 assistant, associate)。作为一名(正式)教师,基本的要求是:有博士学位(名牌大学毕业),注册工程师和 tenure track (终身)。“名牌大学博士学位”保证了其智商和情商;“注册工程师”要求工程类教师自己首先应该是合格的工程师,才能培养出好的工程师;“终身制”是通过跟踪新入职人员的 5 年成就和行为而确定的,观察其发展潜力和道德品质。这三条基本上可以保证教师的质量。土木工程是实践性很强的专业,合格的高质量的教师应该具备这三个方面的素质和技能。

办公主楼

另外,获得 tenure 的教授,有很大的自由权和自主权,无论在学术研究、研究生选择和教学上。只要不触犯法律,学校无权开除,但有两个例外:一是学术剽窃作假;二是与异性学生存在不正常关系。教师每 5 年有一年的学术休假,可以有一大段自由时间,去做一些平时短期无法做的事情。

三、本科教学

北美的(本科)高等教育不是免费的。根据专业、学校所在地区和著名度,以及学校的性质(公立、私立)等不同,学费相差很多。总的说来,学费是很贵的,是学校的主要收入。这种市场化体制可以激发高校争优的竞争欲,同时也使学生珍惜学习机会。

图书馆

没有补考,只有重修。重修要按学分重新付学费。这一点我认为很好。目前国内的补考制度,只能白白地增加教师的负担,很多情况,学生补考后没有得到提高,只是走过场;补考总能过,也不用花钱和精力,所以,造成平时不好好学习的不良现象。这种“放水”的做法只能降低学位的价值和学校的知名度。举个不恰当的比喻,一个出厂的产品要质检,不合格的,应该重做,而不是修补了事。

在本科教学阶段,我看到美国老师对学生的教育,以引导为主,布置大量的"柔性"作业,自己找资料解决。他们本科培养的目标更多是使学生具有找答案和解决问题的方法和能力。所以,专业也没有特别细分,譬如,没有专门的桥隧专业,归到 Civil Engineering 下的 structural engineering 方向。

本科生教学中有一个极其重要的环节就是 internship,即实习。学生一般会在暑假去公司打工,攒学费的同时,等于参加了工作。这样等毕业时其已经具备有 1 年左右的工作经验,同时实践见闻可以有效地促进其学习。有些学校,如加拿大的 Waterloo 大学,每年有 3 个月的强制性见习期,算学分。这样毕业后很可能回到原见习单位工作;即便去其他单位,因为有了工作经验和行业了解,很容易物色到适合自己的工作单位。由于学生较早进入社会,他们看起来很成熟,不是幼稚气十足。

四、研究生教学

硕士研究生分两种:一种只是上够学分,在职的居多;另一种是要求做学位论文的,一般会继续攻读博士学位。为了照顾白天上班的同学和外聘讲课教师,课程基本设在晚上或周末。对有参与科研的,指导老师会给予一定的财政补助,但数量很少。

博士研究生是科研的主力军。任何有博士学位的老师都可以结合自己的经费数量和判断力,主动联系招收一定量的世界最优学生。当然,学生必须满足研究生院的基本要求,如毕业资格论证、英语考试等。这样导师既可以按时完成自己的科研项目,又可以全球招聘适合自己研究方向的高素质学生。当然,博士生全身心投入研究,导师和学校会通过各种方式给予资助,如助学金、TA 和 RA 等。TA 同时可以减轻教授的批改作业和考卷的工作量。

这里有一点我印象特别深:项目经费支持的博士生或硕士生,责任和时间迫使导师天天跟踪研究进展。他们被要求在一个固定的地方办公,一定有固定电话。8:30 AM 左右,老板就来电话,查岗并询问工程进展,以及布置今天的任务等。硕士和博士的课程很多是同时上的,有些课程都是聘请校外的工程师讲授,一是可以减少在职教职人员的数量,二是校外工程师有极其丰富的实际经验。有些研究生课程是穿插着邀请外校教师和校外工程师来讲座或讲授。

由于工程类专业都放在一起,成立一个工程学院(College of Engineering),从而实现硬件和软件的共享,学生可以跨专业选课。譬如,FEM 课程,ME 肯定会开,CE 学生可以选 ME 的课。ME 会邀请 GM、FORD、Chrysler 公司的高级工程师来讲授。科研和教学需要的软件,工程学院有计算中心,统一购买和管理。

五、国际化

北美的国际化不用说了。问题是为何全世界有那么多的人愿意去美国和加拿大读书:本科,硕士和博士?其实那里的有些大学甚至 college,很是一般,但也有大批人蜂拥而至。这种吸引力不仅给北美带去了大量的金钱,而且也包括大量的拔尖人才。

Why?这个问题很大。除了崇洋媚外和其他非常态原因外,我认为可以从"毕业后潜在的收获——将来的工资和生活"来评估。我个人原因有这样几点:一是留学后外语过关,可以有更大的发展机会,如可选择去英语国家和国际公司任职;二是可以留在发达国家找到一份好工作。对土木工程来说,其实在发达国家已经属于夕阳产业,工资也不是很高,所以这一点不是主要的原因。所以,我们目前大力开展国际化的时机是很佳的,但也可能是稍纵即逝的。需要近似地克隆一个北美的教学环境,使中国毕业生的"毕业后期望值"大于或等于海外留学。经过若干年的良好运作,开始全球招收本科和研究生,达到真正的自然态国际化。

建设高水平大学的指标是什么?大家会想:TOP journal 论文。但这是其中之一。有人说过,"高水平就是国际化水平。在国际刊物上有我们的论文和编委,国际事务上有我们的身影,很多外国人知道福州大学的××搞得很不错"。目前国内极其重视科研论文。但除了科研面层外,本科教学也是要走向国际化的,使得全世界的很多人都知道有福州大学,那里可以攻读物有所值的学位和文凭。

六、土木专业设置

随着形势的发展,土木工程设置的专业和招生数量都要作中长期计划,要有前瞻性。北美的有几点做法可以借鉴。

(1)无论是本科教育还是注册工程师考试,有两门课必须考试:职业伦理(Professional Practice and Ethics)和工程法(Engineering Law and Professional Liability),这是作为一名职业工程师必须具备和懂得的根本。

(2)老龄化城市的维护修复。我们还在为新建土木工程大力奋斗时,很多东西悄悄地在失效和老化。要为目前还不是很热的专业,提前准备实力,蓄机待发,从容地迎接转型和挑战。

(3)几乎所有的土木工程系都是 Civil and Environmental Engineering,将土木与环境合在一起。Civil,就是 Non-military,与民生息息相关。如今,环境已经严重影响到这种生活的质量和可持续性。将它们结合在一起,目的就是强调土木工程中的环境保护问题。

(4) 毕业生的薪金与学历高低有关。美国土木工程行业整体年平均薪水大概在 7 万美金,其中本科毕业平均起薪在 4.7 万左右,研究生在 4.8 万左右,PhD 就业起薪则在 6.3 万左右。这个差别体现了知识的价值。

(5)瞄准海外市场。美国的土木工程毕业生,有些是外国留学生,毕业后回国效劳;有些留下来,在北美做事。由于国内土木工程建设数量有限,所以北美有很多大型、实力雄厚的跨国公司,包括规划、设计、咨询和施工等。这些公司的职员要求具有很高的国际化知识和能力。美国、加拿大的今天,就是中国的明天。我们要走出去,分享海外市场大蛋糕。

七、展望

纵观国内外土木工程本科和研究生教学体系,都有得失和优缺点。但我感觉,我们在培养方式上,过于教条,学生太被动。培养的学生幼稚、腼腆、不成熟,与社会的融合度不足;个人动手能力差;国际化水平低,与外国人无法交流。后果是社会和用人单位怀疑大学生的能力,被贬低的也很多。

取其精华,去其糟粕,是我们应该有的态度。我们不仅要学,更重要的是要有行动。看看美国、加拿大在做什么?为何很多方面他们做得好,而又为何在某些方面做得不够好?我们需要思考,更要有行动。学而不思则罔,思而不学则殆。

韦恩州立大学简介

美国韦恩州立大学(Wayne State University,简称 WSU)成立于 1868 年,位于美国汽车制造业中心的底特律市,全校由 13 个学院,350 个专业组成,占地 203 英亩,有 100 多幢建筑,是美国最大的公立学校之一。作为密歇根州三大综合性大学之一,韦恩州立大学拥有全美排名前 100 的工程学院。该校的医学院培养了包括白求恩在内的许多著名医生,也是世界上做第一例开胸手术的医学院。现有本科生超过 21000 人,研究生 13750 人。学校在多个研究领域都具备较强的实力,每年度的研究基金超过 2 亿美金,被美国国家科学基金会评为美国国内前 50 强的研究型公立大学。

小议北美教学科研人员的评聘制度

/方捷

方捷，2007 年考入美国 University of Wisconsin-Madison（威斯康辛州立大学麦迪逊分校），在 Bin Ran（冉斌教授，威斯康辛州立大学终身正教授，东南大学千人计划学者）指导下攻读交通工程硕士和博士，2011 年获美国威斯康辛州立大学博士（Ph. D.）学位。博士毕业后赴加拿大 University of Alberta（阿尔贝塔大学）智能交通研究中心作为博士后研究员开展研究工作，2013 年底到福州大学任教并担任交通工程系系主任。

主要研究方向为智能交通系统、交通流理论、智能交通主动协调控制系统、车联网技术应用等方面。在美国攻读博士期间，参与了多项由美国交通部和威斯康辛州交通厅资助的交通信息化、智能交通控制方面的研究项目。

国内很多大学的教师，尤其是青年教师，都对学校的考核制度有所抱怨。另一方面，学校也经常思考，到底如何才能进一步完善其考核制度，解放青年教师的创新能力（在这一点上学院的两年免工作量考核制度我觉得非常好，给了青年教师很大的缓冲空间）。因此，观察国外大学对其人员的考核制度，思考其与国内大学制度之间的异同点，实际上是较有意义的一件事。

通常，在北美大学工作的人员可分两类：终身制教职序列（Tenure track）（Assistant professor, Associate professor and Full professor）和非终身制的研究人员（Research scientist, Research engineer 等）。而终身制的教授体制为学术自由、思维创新和高质量教学与科研提供了保障和基础（从其考核制度体现），而其本身收入一般也在中产阶级占有较坚实的地位，因此使终身教授成为受人尊敬和追求的职业之一。因为自己接触相对更多的是教职系列，所以本文的招聘和考核制度将以教职系列的角度出发进行讨论。

要讨论国外大学对其人员的考核制度，尤其是对其青年教师的考核制度，其实必须从其招聘制度说起。因为其招聘制度实际上可以看成是一个持续多年的考核过程。北美的大学一般都有较为严格的选拔和评审程序，通过招聘世界高水平的师资力量，进而保证了一流的教学和科研水平。由于竞争激烈，选拔的高标准和审查过程的严格，使许多博士毕业生不敢问津教授职位。刚毕业的博士一般至少要历经十几年的艰苦奋斗才可能晋升为正教授。其中包括2～3年的博士后、至少3～4年的助理教授（Assistant professor，相当于国内讲师级别）、至少3～4年的副教授（Associate professor），最后才能晋升到正教授（Full professor）。这样的晋升时间顺序不是每个人都可以顺利实现的，尤其是其从助理教授到副教授的过程，是一个严格的、有极高淘汰率的筛选过程（tenure track）。

首先来看看在招聘环节当中的程序：

当某个系里觉得有扩展的必要（如教授退休、离职、专业发展等），将在全系教授（包括助理教授－副教授－正教授）会上讨论是否新招教授，招什么方向的教授，最后投票表决形成决议并对外发布公告。

系主任会指定小方向的3～5名教授组成招聘委员会，负责处理招聘的具体问题。招聘委员会评审申请人一般分为三轮：第一轮主要是评审申请人的书面材料。一般主要看科研的速度和潜力，即申请者与学术同龄人比较。如果申请人高于系科研人员（在其年龄段时）的平均科研水平，则其申请材料较有竞争力。招聘委员看完所有申请人的材料（主要还是硬材料，如学术背景，即毕业院校、论文发表情况、获奖情况）后打分并讨论。讨论后产生一个10～20人的小名单，称为Short List。过去几年中由于金融危机的影响，每年北美大学的招聘机会都非常少，每个职位的申请人数往往超过300人，因此其竞争程度相当激烈。对于Short List里的申请人，委员会主席会通知其准备推荐信。根据推荐信，委员会会进一步进行打分判断，最后选择5～8人左右的较合适人选进行第三轮考核：现场面试（on site）。

现场面试：现场面试通常持续1～2天。通过前两重考核进入现场面试阶段的人选基本都是学术界的青年才俊，因此也都会受到较高规格的接待。一般都会安排入住高级酒店并由系主任或院长出面在本地最高规格的饭店宴请晚餐。在这一环节，被面试人会与系里的大部分教授（尤其是招聘委员会中的教授和领域接近的教授）面谈，介绍其自身工作情况，同时也需找与现有faculty之间展开合作的可能性。此外，还会要求被面试人做1到2个公开学术报告。大部分系里的教授和学生都会参加这一报告会，其一是深入了解该候选人最核心的研究方向、进展和成就，同时也是对其讲课、沟通技巧的考验，往往对其面试得分占较为重要的地位。

在现场面试环节结束后，评委会会对所面试人员一一打分并对其平均分结果进行排序，将打分结果提交全体教授委员会投票决定是否通过。一旦通过后，则会按照排序优先级一一联系面试人，进一步讨论待遇、配套条件等具体问题。双方达成协议后，即可正式聘用。

需要说明的是，及时通过了这么多轮严格的筛查，进入了 tenure check 体系，也并不代表可以高枕无忧。实际上，真正严酷的考验才刚刚开始。一般而言，刚毕业的博士生或博士后，申请到的职位为助理教授（AP）。这一职位并非终身职位，而只是对青年科研教学人员考核的开始。刚任职的助理教授在 3 年后要进行一个关键评审（critical review），其目的是根据 3 年来的表现、成绩和贡献来决定其是否在第 5 年还可以继续任教（对于女性教师来说，如果其在这 3 年当中怀孕生产，则该年限一般会向后推迟一年左右，如多胎可累加）。通过该考核后，就有资格在第 5 年后申请终身教职（tenured）并同时晋升为副教授。申请终身教授（tenured）一般有两次机会，通常任教的第 5 和第 6 年。如两次申请都通不过，在第 7 年末就必须离开本校另寻出路。这一制度下的教师淘汰率很高，在北美名牌大学，实际上约有接近一半的助理教授在考核期末因无法达成所设立的终身教职条件而不得不另寻出路。

实际上，国内很多一流名校，如清华大学等，在近年来也效仿国外实行类似的终身教职制，或称为非升即走制。在青年教授入职后的 4 ~ 5 年，如其无法顺利升为副教授，则不再继续聘用或要求其转聘为其他非教职岗位，如实验员序列等。这一制度的主要优点是在减轻青年教师前 2 年的负担同时，利用 4 ~ 5 年这一长阶段的考核目标，对青年教师的创新产生了较大的驱动力。青年教师在上岗之初，准备课程，尤其是新课，往往需要付出较多的经历，一年准备 2 ~ 3 门新课，科研所需时间和热情都很受影响。同时由于其刚毕业，科研产出往往也具有一定的不稳定性。而在该制度下，由于没有设立每年的考核目标，其可将承担新课时间分散到各个学年，只要保证在 4 年内能独立承担数门课程即可。而剩余下来的时间即可有效地用于科研产出，同时在制度上的严格淘汰制，也给予其努力进行科学研究的充分压力和动力，可充分发挥 30 ~ 40 年龄段的学术研究潜力。因为一旦在 5 年保护期结束后，其这一时期内的科研成果不足以支撑其申报副教授，则面临着转岗的尴尬局面。因此，在该阶段，实际上青年教师虽然没有每年的考核目标，但是其科研压力是非常大的。而个人认为，也正是这一制度，较为有效地保证了筛选出真正适合科研的人才留在高校。

每所大学都有一套独立的考核和审查晋升的要求和标准。申请晋升的个人和所在系应准备如下基本材料，并由下往上有逐级的审查过程。

1. 个人简历。申请晋升的个人必须递交一份反映本人在近 7 年内教学和科研中所取得成绩的汇总报告。所有给出的成绩必须是近 7 年内得到的，7 年以前的成绩不能列入申请材料。这个要求是具体考察本人对该校近期的贡献，并保证该申请者仍然活跃在教学和科研第一线，否则就不应考虑职称晋升。申请人应在不超过 3 页信纸的篇幅内对本人近 7 年内在各方面取得的成绩给出总结。通过这些简短的介绍，本人要说服所有的评审专家为什么自己应该得到相应的晋升。个人简历的内容包括以下几大方面：

(1) 个人的学历和聘用历史。

(2) 教学成绩。详细给出在课堂教学、开设新课程和培养学生方面的具体成绩。

(3) 科研成果。提供 5 项能突出反映本人近 7 年内成绩的学术作品，包括发表的文章、硬件、软件和专利等。列出近 7 年内发表的书籍、撰写的书章节、发表在正式期刊上的文章、申请的专利、特邀学术报告和会议报告。

(4) 科研基金。列出近 7 年内属于自己可支配的和领导的项目名称、基金数额、基金来源和基金的起止日期。

(5) 服务性工作。列出近 7 年内对本系、学院和学校有贡献的服务性工作；列出对专业学会和学术带头人有贡献的工作。

(6) 获奖。列出近 7 年内获奖情况。

2. 校外专家的评审。根据本人提供的简历和相应材料，系主任将把这些材料寄给国内和国际在本人专长领域内的杰出知名学者，请他们写出对申请人学术水平和贡献的评价信，一般需要至少 10 封以上的信。对于晋升副教授，美国国内同行的信就可以了，但对于晋升正教授者，必须有其他国家，如欧洲国家和日本等专家的评审信，其目的是考察本人的国际知名度。这些评审专家的名字和信的内容是保密的。这些信的内容对评价本人非常重要，信中应包含如下基本内容：写信人的资历和学术成就；写信人是通过什么途径得知申请人的，知道的程度，有无私人关系；对申请人学术成就在质量和数量上的评价，申请人的主要学术贡献是什么以及学术地位；同行们如何评论申请者的工作，他的哪一项工作最有意义和影响；和其他同类学校的同行比，申请者是否具有被晋升的资格；申请人是否具有学术带头人的能力，他是否具有站在该领域前列的创造性能力；他有什么不足或应提高之处。

3. 本校专业委员会的评审意见。为考察本人的学术成就，第一步由系主任提名，在本校挑选 5 位对本人专业熟悉且资历深厚的教授组成专业小组（Area committee）。根据本人提供的材料，该小组写一份如实评价其学术成就的鉴定。

4. 系终身制评定委员会意见。每个系都有 5～8 名正教授组成的职称和终身制评定委员会（Promotion and tenure committee）。根据本人提供的材料，该委员会进行全体投票，并写一份如实评价本人在各方面成绩和存在问题的鉴定书。

5. 系主任的评论和推荐信。根据上述条件所得材料，系主任对申请人在本单位工作的成绩和存在的问题给出综述。信重点应包括三大方面：

（1）申请人作为学者的学术质量和在校内及对外的影响程度，申请人的学术活动是否和本系的教学目标一致。

（2）根据学生对本人教学的评估成绩，评价申请人所具有的教学质量和影响力。

（3）申请人在所专长的领域有无突出贡献，有无学术带头作用，且这些贡献和带头作用对本系和本校有无重大影响。

北美大学相对通用的考核制度中一般按年度对教授进行考核。而在成功评为副教授，获得终身教职的同时，考核评价也进入另外一个体系。在每学年结束（也有的学校以 2～3 年为一个周期对教师进行考核），学校（学院）要求每位教职人员（不包括院系管理岗人员）详细填写一个标准表格。该表格主要要求教授对自己过去一年的工作进行报告。

基本的表格内容首先是一段总结提要——类似于论文的摘要，概述本年度工作的概况和亮点。之后，按各部分的细节展开。

首先第一部分为科研。该部分陈述被考核人本年度在科研领域的工作情况,如论文发表、项目申请(包括获批资助和没有得到资助的)专利申请、参加业内高水平会议、受邀做报告以及其他学术活动等。

其次是教学和指导。该部分陈述被考核人本年度在学院承担教学和指导(研究生)的工作情况,包括所承担课程的具体信息、工作量、学生评价等。

再次是社会服务。该部分陈述被考核人本年度在系、院、学校不同层次的委员会中担任的角色(成员还是主席)和为专业学会和社会服务的内容。如果有其他不同类型的原创性成果,如成果转化效益等,也会有地方列出,综合考虑各个学科不同的特点和亮点。

可见,相比之前繁杂和严苛的程序,在获得终身教职之后,其考核系统,则是相对较为宽松的。其主要原因是,在第一阶段的严格考核之后,其已认定留下的人员具有相应的科研能力。在之后,则提供较为宽松的环境,允许其开展感兴趣的科研方向的研究,防止心浮气躁急功近利,或为短期目标所累,无法实现个人长期科研追求的情况。当然不排除也有部分科研人员在这种制度下,丧失了进一步前进的动力而导致生产力下降,但是总体来说,能够顺利通过严格的第一阶段审核,得到终身教职的老师,一般其自身科研能力和同行认可水平已达到一定程度,即使没有严厉的监督制度,其也会自觉地提高自身科研能力,持续进行科研产出。国外学科建设的时间也说明,该制度还是有其合理性的。

威斯康星大学麦迪逊分校简介

威斯康星大学麦迪逊分校(University of Wisconsin-Madison),简称UW-Madison,创建于1848年,位于美国威斯康星州的首府麦迪逊,是一所世界一流的著名公立研究型大学,位列2015-2016年上海交大arwu世界大学学术排名第24位、2015-2016年usnews世界大学排名第26位、2015-2016年泰晤士高等教育世界大学排名第50位。该校是威斯康星大学系统的旗舰学府,是北美顶尖大学学术联盟美国大学协会(Association of American Universities)的创始会员之一,也是美国知名的十大联盟的创始成员之一,被誉为“公立常春藤”大学,与加州大学伯克利分校和密歇根大学安娜堡分校等代表了美国公立大学的最高水平。

威斯康星大学麦迪逊分校是美国最受尊敬的名校之一，在各个学科和领域均享有盛誉，产生了21位诺贝尔奖获得者，38位普利策奖获得者，12位美国国家科学奖章获得者。该校拥有87位美国国家科学院院士，26位美国国家工程院院士，61位美国艺术与科学院院士，8位美国国家医学院院士。威斯康星大学麦迪逊分校的研究经费常年高居全美前四，近几年来每年更是高达11亿美元。

一百六十多年以来，威斯康星大学麦迪逊分校作为世界高等教育史上具有划时代意义的"威斯康星思想"的发源地，对美国和世界的教育、科技、经济及社会的发展做出了杰出贡献，并依靠其卓著的学校声誉、浓厚的学术氛围、一流的科研实力、强大的校友网络、多元的文化生活和优美的自然环境吸引着世界各地的一流学子到此深造。

华盛顿大学访学感悟

/董锐

董锐,男,工学博士。研究方向:桥梁与结构抗风、结构静动力计算。

星巴克第一家店及店标

2012 年 5 月,我幸运获得“同济大学博士研究生短期出国访学奖励基金”的资助,并于 2012 年 10 月 23 日至 2013 年 2 月 3 日在美国西雅图的华盛顿大学进行了为期 100 天的短期学习和交流。时间短暂,却印象深刻。

一、初遇西雅图

一提到西雅图,大部分人首先想到的可能是“西雅图不眠夜”和“北京遇上西雅图”。西雅图位于美国西北部,是华盛顿州最大的城市。初到西雅图,便深切地体会到这是一座多雨的城市,同时也真切地感觉到这里的气候温和湿润、舒适宜人。森林、湖泊随处可见,是一座名副其实的翡翠之城。除了优美的自然环境,西雅图还有众多国际著名企业坐落于此,如波音、微软、星巴克等。此外,无数中国人心目中的功夫之王李小龙曾经在这里工作和生活,死后安葬于西雅图的湖景墓地。当然,作为土木人,西雅图的地标性建筑——太空针不容错过,近距离观察这座顶部安装有 25 根避雷针、可抵御 9.1 级地震的高大建筑,除了震撼,还让你由衷佩服设计者们的精妙设计。

二、走近华盛顿大学

华盛顿大学创建于 1861 年,是美国著名的公立大学,目前有西雅图、塔科马和巴索 3 个校区,其中西雅图为主校区。

截至2016年底,华盛顿大学共有13位诺贝尔奖得主,尤其在生理学、医学、计算机、航空航天等领域走在世界最前沿,是一所世界一流的著名大学。

在华盛顿大学,你很难找到一个中国传统意义上的大学校门。置身其中,最大的一个感受就是,这里没有围墙,校园完全是开放式的。与开放式的校园相对应的是美国大学自由讨论的氛围和追求创新的精神。华盛顿大学宣传片主题所突出的就是追求不同、勇于挑战的探索精神。

在华盛顿大学,通过学校主页可以了解到最新的讲座信息,因此,你会有机会参加各种类型、主题的讲座。访学期间,我有幸聆听了美国前驻华大使洪培博在华大西雅图校区所做的关于中美关系的讲座。

置身校园,我真切地感受到了华大师生讨论问题的热情。这些讨论不拘泥于形式,他们随时随地都可以讨论各种学术、社会或政治问题,有些讨论在用餐时进行,有些讨论是三五成群有意识地就某个主题围坐在一张圆桌边进行。另外,在华盛顿大学的课堂上,师生间的互动和讨论也明显多于国内。通过这种不同个体之间的相互交流探讨,大家就某个主题各抒己见,意见、观点、看法不断交汇融合,对问题的认识更加深刻、全面,从而达到不错的效果,这种热衷于讨论的文化值得推崇和提倡,这种热衷于讨论的精神值得佩服和学习。另一个值得注意的现象是在去学校或回家的公交车上经常可以看到有人在读书,从他们脸上的表情,可以看出他们享受着阅读的乐趣。

身处华大,从早到晚校园里随处可见跑步或散步的人,即便在细雨霏霏的天气里,依然可见人们锻炼的身影。华盛顿大学校园内建有非常完善的健身中心,各种健身器材、篮球馆、羽毛球馆、游泳馆等一应俱全,来此锻炼的学生络绎不绝。

三、学在华盛顿大学

我访学所在的土木与环境工程系隶属于工程学院,合作导师为Dorothy A. Reed教授,所属的学科为力学与结构工程。访学期间,Reed教授研究的课题为台风过后生命线系统的评估与恢复,与美国大学研究相对更偏重于理论的传统吻合。华盛顿大学一年分为四个学期,每个学期每个教授都要给学生上课。2012年秋季学期,Reed教授给硕士研究生讲授"结

李小龙及其子李国豪安息之处

西雅图地标——太空针

校园雕塑

在华盛顿大学听讲座

我与导师 Dorothy A. Reed 教授

我、川云和 Mark

构设计与可靠度理论”这门课程，我作为旁听生有幸聆听了这门课程，学到了很多东西。除了旁听专业课程之外，我还参加了课题组的讨论，Reed 教授对我研究的内容与我进行了讨论并给予指导和帮助。针对我英语写作相对薄弱的不足，Reed 教授还专门借给我一本关于结构与桥梁抗风 ASCE 指南的书让我研读，从中学到了很多英语专业词汇的准确表达。2013 年 1 月，在 Reed 教授的建议下，我研究了 HR—DAD 软件的学习，并与教授进行了交流。该软件是美国国家技术标准局推出的一个用于计算高层建筑在风荷载作用下的动力响应的软件，目前为一开放式的非商业软件。在华大学习期间，Reed 教授还带我参观了位于土木与环境工程系主楼 More Hall 的结构实验室。

在华盛顿大学，我与该校的 Mark Raleigh 博士在一个办公室，通过与 Mark 交流，我深切感受到了美国博士生在科研方面的认真。在美国，绝大部分博士生都是因为兴趣才读博士，他们目的单纯，所以科研工作非常认真努力。这一点值得我好好学习。

在桥梁与结构抗风领域，有一个经典的案例：塔科马悬索桥风毁事故。旧塔科马悬索桥位于美国华盛顿州的塔科马市与西雅图相邻，该桥 1940 年建成，由于设计者没有考虑风荷载的动力效应，导致了该桥的风毁事故，震惊世界。塔科马桥风毁事故是桥梁与结构抗风领域一个重要的转折点，是桥梁风工程真正诞生的起点。华盛顿大学的 Farquharson 教授早期应邀参与了塔科马桥的风洞试验，并对潜在的风毁可能性提出了建议。此外，Reed 教授在 2013 年作为组委会主席承办了第 12 届美洲风工程大会。可以说，华盛顿大学与风工程有着不解的渊源。

我于 2013 年 1 月底专程从西雅图坐车到塔科马参观了在旧桥遗址处新建的两座新桥。其中一座 1950 年建成，后来为满足交通量的需求，2005 年在旁边又新建了一座新桥。新建的两座悬索桥既没有采用旧塔科马桥使用的 H 形梁，也没有采用流线型的扁平钢箱梁，而是采用了相对保守的钢桁梁。

四、西雅图生活

我 2012 年 10 月 23 号上午 9 点多从上海浦东出发，经东京转机，15 个小时后到达西雅图。由于时差的原因，此时正好是西雅图当地时间 10 月 23 号上午 9 点多，这种感觉仿佛进行了时空转移。

新塔科马桥

1. 西雅图生活不可或缺的工具——网络

初到美国，人生地不熟，难免会有一些担心和孤独的情绪，但随后这种担心和孤独的情绪就被互联网所提供的与外界交流的方便快捷平台所驱散。通过华盛顿大学 CSSA(中国留学生和访问学者联合会)论坛上我认识了几个去华盛顿大学访学的中国学生，并成为好朋友，也是通过华盛顿大学 CSSA 论坛我找到了在西雅图租住的房子，此外，网络的应用还给我在西雅图的生活带来了其他诸多便利，体会到"天涯若比邻"的感受。

我和朋友在美国的生活

2. 西雅图生活——特色节日

在美国访学的这段时间恰逢美国节假日高峰期，退伍军人节、感恩节、圣诞节、新年、马丁路德金日接踵而至。退伍军人节，是美国全国性的节日，全国放假，很多商店在这一天会在大门上悬挂美国国旗，缅怀那些在战争中为了捍卫国家而战死的军人；感恩节、圣诞节和新年是美国比较重要的 3 个节日，也是美国各大商店生意最好的一段时间；马丁路德金日是为了纪念小马丁路德金博士而设立的，小马丁路德金博士是以非暴力不合作形式追求黑人自由平等的美国著名历史人物，他所提倡的非暴力不合作的形式和追求自由平等的精神一直受到美国人的赞扬和认可。

3. 西雅图生活——特色活动

美国是一个基督教的国家，大部分人都信仰上帝。可以说美国文化与圣经有千丝万缕的联系，读圣经是了解美国文化的一个很好方式。在美国社会，教会起着非常重要的作用，他们的主要工作就是帮助别人和传播基督。教会的资金都来自社会的募捐，他们的很多工作人员都是志愿者。在华盛顿大学附近的大学区有一个大学教堂 UPC，他们成立了一个叫 Global Friends 的公益组织，专门帮助来到西雅图的外国人。Global Friends 每周五都会组织在西雅图工作学习的外国人去 UPC 聚餐，开设各种讲习班讲解美国的文化并帮助大家提高英语水平。此外，他们还会定期组织外国人士参观当地的一些著名景点，还组织外国人与美国家庭组对活动，让外国人去美国家庭过感恩节和圣诞节，体验美国的文化传统。在西雅图生活学习期间，我参加了 Global Friends 组织的参观波音工厂的活动，并与朋友一起去两个美国家庭分别与他们一起过感恩节和圣诞节。

除了教会组织的活动外，还有一些社会人士自己组织的公益组织。Gary 和 Charlene 是一对已经退休的美国夫妇，他们和其他一些志愿者组织了 VSA 组织，即访问学者联合会，专门帮助世界各地来美国求学的访问学者解决各种生活上的问题。除了提供帮助外，VSA 还会组织访问学者一起参加一些活动，我在西雅图期间参加了 VSA 的滑雪活动，平生第一次体验了滑雪的感觉。此外，Gary 还经常组织大家一起讨论一些美国的社会问题，帮助访问学者了解美国文化和提高英语应用能力。

西雅图的公交系统非常发达，这是不同于其他美国城市的一个优点。即便如此，在美国出行没有汽车依然存在诸多不便，因此几乎每个家庭都至少有一辆汽车。此外，在这里生活，我还真切体验到绝大部分西雅图人的友善，不管是问路还是在餐馆就餐，都能够感受到他们的热情和乐观。总体来讲，在西雅图这 100 天的生活是愉快的。

五、结语

对于了解美国文化，100 天是短暂的；对于学习美国先进的研究方法，100 天也是短暂的。但是通过 100 天的学习生活，我对美国大学和美国社会有了重新的认识，从思想上感受到了美国一些先进的思想、科技和制度的优越性。在以后的学习、工作和生活中我会努力把从美国学到的好的东西运用到实际行动中，为使我们的国家更加强大、每一个公民生活的更加幸福尽一份自己的力量。

致谢

首先，我要特别感谢母校同济大学给了我这次去美国学习和交流的机会，如果没有“同济大学博士研究生短期出国访学奖励基金”的资助，我是不可能在读博期间去美国交流和学习。其次，我要感谢我的导师葛耀君教授对我申请短期出国访学的支持。再次，我要感谢我在华盛顿大学的导师 Dorothy A. Reed 教授对我在美国期间学习上的指导和生活上的帮助，同时也要感谢王硕琦博士和 Mark Raleigh 博士这段时间在生活上给予我的帮助。

最后,我要感谢妻子牛作军女士对本文提出的修改意见和福州大学土木工程学院对《留学海外看土木》论文集的资助和支持。

华盛顿大学简介

华盛顿大学(University of Washington),简称UW,始建于1861年,位于美国西海岸城市西雅图,是一所蜚声中外和享有世界顶尖学术地位的著名研究型大学。自1974年以来,华盛顿大学一直是全美竞争激烈的联邦科研经费最有实力的竞争者,科研经费长期位居全球大学前三名。2017年US News世界大学排名第11名,2017年泰晤士世界大学排名第24名,2017年上海交大世界大学学术排名第15名,2017年清华大学知社学术圈全球大学研究影响力排名第6名,2017年路透社全球创新大学排名第4名。

建校156年来,华盛顿大学及其校友创造出众多造福全人类的重大发明:乙肝疫苗、肾透析术,绘制了人类基因图谱,揭示了生命奥秘,主持设计了世界上最大的波音747客机、月球轨道飞船和哥伦比亚航天飞机,培养了11位太空宇航员,发明了乙烯合成橡胶技术,参与了NASA宇宙飞船探月研究项目,开发了计算机DOS操作系统等。

华盛顿大学有13位诺贝尔奖、1位菲尔茨奖和2位图灵奖得主;167位美国科学委员会学部委员;252位美国院士,包括:85位美国艺术与科学院院士、76位美国国家科学院院士、60位美国国家医学院院士、29位美国国家工程院院士、5位美国哲学院院士、2位美国国家公共管理科学院院士。

2015年6月18日,为迎接全球科技挑战,华盛顿大学、清华大学和微软公司在美国西雅图联合创建了全球创新学院(简称GIX)。中国国家主席习近平于2015年9月25日访问了全球创新学院,华盛顿大学校长安娜·玛丽接待了习近平主席。

休斯敦留学记

/林伟

林伟，天津大学获得本硕博学位，在香港理工大学与休斯敦大学分别进行了一年多的学术访问。

2006—2008年期间进行了MR阻尼器用于土木工程结构的半主动控制研究，研究了更适合于大型土木工程结构采用的半主动控制算法。2009年参与了广州新电视塔健康监测项目及健康监测Benchmark问题的提出与基准化模型的建立。2014年出访休斯敦大学，研究新型自适应被动碰撞调谐质量阻尼器（PTMD）及其土木工程应用。

我在去休斯敦大学访学之前，在香港理工大学进行了一年多的学术访问。仔细对比国内外的土木工程学科研究生教育和科研工作，还是存在着较大的差别。这篇文章中，我将主要从自身经历出发，简单介绍留学生活并相对主观地从几个方面谈谈自己的看法。

留学生活

初到香港，你可以很明显地感受到香港快速的工作和生活节奏。想知道如何感受？坐坐地铁就明白了。本来觉得自己走路速度还算快的，可是到了那就彻底改观了。毫不夸张地说，在上下班时段，地铁站里就跟竞走比赛一样。香港的饮食还算和国内差不多，基本生活习惯也类似，一大部分居民都是大陆过去的，所以很快自己就能融入那里的生活。

香港的导师十分严苛，可能他对自己要求太过严格，希望学生都能快速出成果，所以他push得比较狠。可能那时项目的压力也比较大，所以他总是希望你能随叫随到，课题组的气氛也一直是比较压抑。由于我两次出访香港都是由对方导师的项目出资，所以拿着钱也总得把活干好。渐渐地，好像也习惯了晚上在办公室等待被召唤，工作日从上午9点半到晚上11点左右回去，周末可以确定没事基本也就是周日一天。虽说增加阅历、锻炼自己是留学的一个目的，但是毕竟我不是很愿意长期在这种压力和环境下被动工作，所以当老板想留下我时我毅然回绝了他的邀请。当然，我们课题组的工作情况只能算是个例，但我们总结发现大多数大陆过去的老板都有类似的行事风格，所以建议如果周围有朋友想去香港深造，不妨选择当地老板或是老外可能相对轻松些。

到访美国休斯敦大学是由国家留学基金委 NSF 资助的，按理来说，工作内容应该以交流为主，并没有义务为对方导师干活。不过宋老师比较负责，他要求我们访问学者每隔一段汇报自己的研究进度，当然课题组的研究生也都是这样。后来觉得这样是不错，至少不至于荒废自己的一年访问生活，也能锻炼锻炼英文 PPT。这一年，我收获挺大，学习了宋老师课题组的先进阻尼器，回来后以此为基础将该装置尝试用于土木工程结构，也成功申请了自己的国家基金项目。

相比国内城市和香港拥拥攘攘的环境，美国的生活比起香港和内地都要安逸得多，空气清新环境也好，基本上可以静下心来做事，可以说是个搞科研的好地方。休斯敦属于德克萨斯州，美国乡村文化和牛仔文化的风格十分明显。城市公共交通十分不发达，可以说如果没有车基本上是寸步难行了。初到美国，周围一些人可能在生活饮食习惯、语言上会感觉有些不适应。但我个人倒没啥感觉，可能因为语言交流上基本没问题，也一直比较喜欢西餐，处处摸索打听下，基本一周多时间就把买车一类生活上的事都搞定了，办了各种会员卡，平日里没事可以到公园里约各国友人打网球。休斯敦是个华人较多的地方，有很大的中国城，美国除了中部以外，东部和西部华人都比较多，基本上只要你愿意花时间去找，国内的东西都能买到，所以生活上不会有太大困难。

休斯敦大学一角

课题组管理、研究生与研究生导师

课题组管理的总体风格与国内类似，基本也就是导师给定个课题，定期交流想法汇报进展这种形式进行。要说有什么不同的？

首先，从教师这个职业来说，国外的 Assistant Professor 工资都可以说是中高收入水平了，所以至少在生活压力上相比国内教师来说小很多，这样他们会有更多的心思投入到研究工作上，而不会被收入所迫到处拉横向项目。从课题的选题上，当然创新性和可行性是第一位的，但有一点需要特别指出的是数值模拟、仿真类的科研成果的认可方面，如果仅仅用通用或是商业软件来进行建模仿真分析，并不被认为是多大的创新。在他们的概念里，这样的科研仅仅算是一些重复性工作，你能做别人也同样能做。而相反看国内很多硕士论文，都是通过 ANSYS、Midas 等软件进行各工况数值模拟，然后就写硕士论文或是小论文发表。

其次，从课题的指导上来说，感觉很多国外的导师指导相对更加细致一些，一些导师可能连整个编程的程序调试和运行的每个细节都要求了解。而很多学生涉猎知识的能力也比较强，他们的学术氛围使得学生勇于把很多自己看到的、可能有研究价值的东西拿出来与导师自由讨论，与我们大多数的研究生还处于被动学习、按着导师思路走的学习方式相比形成比较大的反差。

最后，美国当地人主动攻读硕士学位不多、念博士的就更少了，看见的都是那些对科研有着极大兴趣的学生。当然这跟就业有很大关系，本地工科学生相对来说工作还比较好找。大多数外来人口追求高学历的目的是为了能有更高概率拿绿卡。他们的硕士研究生分为两类，课程型和论文型。论文型跟国内传统意义上的硕士研究生相同，而课程型的研究生则不需要写硕士论文，修够一定量学分就可以拿到硕士学位。研究生大多希望经济上能相对独立，如果没有奖学金，在读研期间很多学生都会跟随老板做做 TA 以减轻学费压力。

试验条件

香港学校的试验室都有所谓的研究员，让我印象十分深刻。他们的能力十分了得，十项全能啊。你想要加工什么模型、加载设备、做成什么形式，提供图纸给他们后试验员就能负责买材料、加工、操作试验仪器，包括采集数据。基本上你只需要设计好试验方案，剩下的他们都能解决。我觉得国内的高校试验室的试验员应该向着这个方向发展，毕竟制造经验和试验操作经验是不断累积的，这样可以减少由于学生加工试验模型或是仪器操作不当造成的误差。毕竟让学生现学现卖的仪器操作存在损坏试验机或是试验模型的可能，遇到问题也不便于排查。如果学校试验员可以承担这部分工作，学生就有更多精力关注试验设计和试验流程。

美国休斯敦大学的试验室管理相对自由，仪器设备基本都由学生和试验员共同完成。印象比较深的一点是试验室之间跨学科导师之间的合作。比如，土木学院某老师要进行一个组合结构梁的抗弯承载力试验；机械系的老师会根据自己的研究目的，在试件中布置一些 PZT 传感器监测微裂纹；另有老师将自己开发的微观数码摄像测量系统也应用到试验中来尝试并与传统仪器测量结果进行对比。而我们的研究或是试验则信息相对封闭不够公开,别说学校级别了,即使在学院内的老师之间都互相不知道。甚至一些你感兴趣的大型试验可能你只见得到模型制作,什么时候试验以及试验结果怎样都不知道,它就做完了。所以建议能有个公告什么的介绍一下试验和试验过程,说不定学院内或跨学科就能有些新的想法或是交叉研究可以产生。

结语

总体来讲,这段留学经历我的收获不小,锻炼了自己也开阔了眼界。国外的科研和管理有很多值得我们学习的地方。但是我们也有自己的优势,在土木工程学科上,我们国内有更多的横向对接项目,有许多的高校都搭建了世界顶尖水平的试验平台。如何更好发挥自己的优势,更好地推动科研工作,都是值得国内的土木人去好好思考和摸索。

休斯敦大学简介

休斯敦大学(University of Houston),简称UH,属于研究型大学。该校学科涵盖以下领域:财经类、法律、工程技术、管理、环境、建筑、教育、理科学、旅游、农林类、人文艺术、社科类、生物、体育、新闻传播、信息科学、医学、语言、自然科学。休斯敦大学是美国得克萨斯州休斯敦的公立大学,位于休斯敦市中心东南区。在1927年3月7日创立,拥有近35000名学生,是德克萨斯州的第三大学府。被卡内基教育基金会评一流研究大学。

路在脚下　梦在远方

/马宏岩

马宏岩，工学博士。2005—2016年，在哈尔滨工业大学先后取得学士学位、硕士学位和博士学位。2013年9月赴美国加州大学欧文分校（University of California，Irvine）访问学习一年。2016年4月加入福州大学土木工程学院，任道路与桥梁工程系讲师。主要研究方向包括路基永久变形及稳定机理研究、沥青路面抗裂性能研究、多孔介质多物理场耦合效应分析等。

加州大学欧文分校校门

小时候的我一直觉得美国是坐在落地窗前喝咖啡的地儿，俄罗斯是缩在壁炉旁喝烈酒的地儿。就是这样的童年想法，让我对美国充满了向往。2013年秋，飞行了13个小时的国航大飞机把我带到了太平洋彼岸，带到了美丽的天使之城洛杉矶。飞机落地的那一刻我才体会到，加州的阳光有多么明媚！然而，那一刻并没有想象中激动。陌生的城市、陌生的人，以及陌生的楼宇都让我觉得太不真实、太不可思议，似乎一切的一切都是在梦里。当我安顿妥当，适应了时差，悠闲地坐在实验室的露台上，吹着小风看加州大大的太阳的时候，我才确定，我真的梦想成真。

美国是一个活在车轮上的国家，这不仅是指汽车总数多，同时也说明美国路网的四通八达。公路是社会发展的重要基础设施，是服务于人流、车流和物流的交通载体，也是社会人文和意识形态的重要体现。在美国，有许多扬名四海的公路路线，例如被称为美国画像的1号公路、以孤独著称的50号公路、会唱蓝调的61号公路，以及被称作母亲之路的66号公路等。一条原本枯燥的公路路线，摇身一变成了令人神往的旅游胜地，想必这其中藏着许多奥妙，那么就让我带着大家一探究竟吧！

史上最美的美国画像——1号公路

在美国的西海岸有一条依山傍水、风景如画的海岸公路，她就是加州1号公路。1号公路连接着著名的天使之城洛杉矶和湾边之城旧金山，全线里程约 460 英里，沿线途经 10 余个特色小镇和数百个阳光沙滩，是北美最适合自驾的路线之一。

在洒满阳光的海岸线上，1 号公路的路线完全依据地势设计，时而曲折蜿蜒，时而高低起伏。这种特有的、“低标准”的线形设计，虽然降低了行车的舒适程度，但却让游客更加贴近大自然，提高了驾驶的乐趣和观光的快感，给人一种“舟行碧波上，人在画中游的”极致体验！

1 号公路的一侧是蔚蓝无边的太平洋，一侧是巍峨险峻的山脉，山水相接的和谐和浪淘赤壁的壮阔赋予了 1 号公路不同的色彩。红色的金门大桥、金色的落日余晖、紫色的情人角公园、棕色的海狮滩以及像童话一样的麦克维瀑布，无一不让人驻足赞叹。值得一提的是，在 1 号公路沿线每个风景秀丽的地方都设有停车场和观光台，既给游客提供了一饱眼福的平台，又确保了交通安全。

UCI 的校园景色

2013 年底，我同 4 位好友一起完成了 1 号公路的自驾旅行，作为全美最美的自驾路线，1 号公路的美是高贵而不可冒犯的，更是无法用语言形容的。我们一行 5 人中有 4 位是道路桥梁专业的师生，领略过 1 号公路浑然天成的美景之后，我们不约而同地憧憬：在自己的国家建设一条可以与其媲美的公路！那么，就愿梦想早日实现吧！

全美最孤独的公路——50 号公路

美国 50 号公路又叫 LincolnHYW，位于内华达州，横穿快马递送区，人烟稀少，被称为全美最孤独的公路。50 号公路西起内华达州的里诺（Reno），东至内华达州的伊利（Ely），全长 853 英里。在 50 号公路上自驾，可以看到笔直的公路直通天际，犹如一条孤独的玉带将天地连接起来，这也正是“最孤独的公路”的由来。

孤独的 50 号公路其实并不孤独，沿线途经若干个独具特色的著名景点，比如风景秀丽的北美最大的高山湖泊——太浩湖、充满奇妙的岩画艺术考古遗址——格里姆斯、世界上最大的小城市——雷诺、北美海拔最低气候最干旱的死亡谷等。

死亡谷国家公园位于加利福尼亚州与内华达州的交界处，总面积约 3000 平方公里，其中 550 平方公里的区域低于海平面。2014 年 2 月，我们一行 8 人由 50 号公路开进死亡谷，近距离地感受了 50 号公路的孤独和死亡谷的荒芜。

加州1号公路

孤独的50号公路

一人高的仙人掌、枯败的灌木野草、壮阔的丹霞地貌、低于海平面的盐湖是死亡谷留给我的主要印象。死亡谷固然是空旷、荒芜而陡峭的，但她却在无形中给予我们无限的力量和勇气，让我们想去征服、去探索。回过头来，翻看旅行时的照片我才发现：50号公路所承载的，不只是一段旅程、一片荒野和像沙漠一样无垠的孤寂。最真实的收获是，它用最朴实的方式告诉我们，真正的通途，就算孤独到极致，也能温暖灵魂。

读万卷书　行万里路

旅行让我发现更多的美好和快乐，当我发现曾经那个被大家自嘲为又土又木的专业在别人家化身高大上的时候，我才意识到土木工程并不缺少美，缺少的是创造美的灵魂，缺少的是精雕细琢的规划设计。随着我国交通事业的蓬勃发展，一大批堪称奇迹的路桥工程涌现在华夏大地，比如世界上里程最长的杭州湾跨海大桥、建设规模世界第一的终南山公路隧道、天下第一的天门山盘山公路和堪称第九大奇迹的挂壁公路等等。

由此可见，奋发图强的炎黄子孙正在用自己的双手建设更为瑰丽、壮阔而举世瞩目的路桥工程。见贤思齐，我们要为了更远大的目标不懈努力；力争上游，我们要因地制宜的开拓进取、勇于创新！

午后的闽江河畔，波光闪烁忽明忽暗，我看着远方，不经意间想起往事。想起圣塔莫尼卡码头的海鸥，想起圣地亚哥海边的潮起潮落，想起曾为之痴迷的九曲花街……我曾以为世界很大，明天很远，却在不经意间看到了更大的世界、来到了昨天的明天。或许，这就是生活的美妙所在，这就是最真实的成长，像年轮一样悄无声息却又刻骨铭心。

杨绛先生曾说过：年轻的时候以为不读书不足以了解人生，直到后来才发现如果不了解人生，是读不懂书的。那么，旅行的意义大概就是，用读书所感去行万里路，用旅行所得去领悟人生吧！

蓬勃的加州大学欧文分校简介

加州大学欧文分校（University of California，Irvine，简称UCI）坐落在美国南加州橘郡的欧文市，距离洛杉矶约50英里，同时享有加州的明媚阳光和黄金海岸，是全美最安全的校园。加州大学欧文分校创办于1965年，属于公立常青藤院校，是加州大学系统（University of California）综合实力最强的分校之一。截至2015年，加州大学欧文分校的综合实力在全美建校历史不足50年的学校中位列第一，并跻身全美最好的公立大学前十二名。

2014年6月15日，加州大学欧文分校建校50年前夕，美国总统奥巴马应邀参加UCI的2014年度毕业典礼。奥巴马总统在演讲中指出环保是当今社会的热点和难点，在美国经济复苏过程中要积极做好环保工作、努力控制温室效应。奥巴马总统还鼓励年轻人学习科技和文化，掌握一技之长，作为总统他会努力为社会提供更多的就业机会，并欢迎更多有梦想、有能力的移民来美国奋斗。奥巴马总统的此次演讲为UCI建校50周年庆典拉开了帷幕，与50年前约翰逊总统出席UCI奠基仪式一样，具有重大的历史意义！

自驾死亡谷

死亡谷风光

加州大学欧文分校拥有法学、商学、工程学、人文科学、经济学、医药学、理学、计算机科学等10余个世界前沿学科，拥有诺贝尔奖获得者3人，是一所世界顶尖级的研究型大学。UCI的校训是Let There Be Light，既契合了南加州四季明媚的阳光，又倡导了积极向上的理念，鼓舞着每一位UCIer朝着更光明的未来不断努力不断奋斗。

加州大学欧文分校所处的Irvine市是由著名建筑设计师威廉姆·佩雷拉（William Pereira）精心规划的梦想城市，而UCI正是Irvine的城市中心，校园内的绿化、街道和楼宇自成一体，一步一景。此外，在UCI校园内有若干食蚁兽（The Anteater）雕塑，它的名字叫Peter，是UCI的吉祥物，更是所有UCIer的好朋友。

UCI作为加大系统中的一员，传承了自由激进的大学智慧和开放自由的创新精神，逐步成长为一所国际顶尖的、综合研究型大学。经过半个多世纪的发展，UCI拥有了独特而稳固的学科布局、世界一流的课程体系，以及包容万象的校园氛围。正是这样的UCI，吸引着越来越多的优秀学子加入其中，培养了数以万计的杰出校友，也承载了千万校友的真切牵挂。如果有机会做回学生，我希望自己还是UCI中的一员！

沙漠绿洲——忆我的访问学者生涯

/黄福云

黄福云，男，博士，研究员，博士生导师，主持了多项横向科研项目，包括“国家重大工程——国家电网特高压交直流工程电气设施抗震能力整体提升关键技术研究”中的“塔线体系模型抗震性能与倒塌机理试验研究”等，此外，还参与了交通运输部西部课题、教育部重点项目、福建省教育厅科技资助项目以及福建省重大科技资助项目等。参编著作《钢管混凝土拱桥实例集（二）》和国家与地方规范《钢管混凝土拱桥设计与施工》，曾获得2008年度“卢嘉锡优秀研究生”奖、博士论文获2010年福建省优秀博士学位论文三等奖，并获2012年度福建省建设科学技术奖一等奖（排名第五）。现为福州大学土木工程学院工程结构试验室主任，主要负责地震模拟振动台三台阵系统的建设和市政桥梁检测中心的组建工作。

受国家公派出国留学基金委资助和派遣，我开始了一年期的访问学者生涯。我和夫人是2013年11月11日一早抵达美国加州最著名的海滨城市洛杉矶的，这天正是美国的法定节日——老兵节。经过几个小时的入境后，我们转乘了前往此行的目的地——内华达州里诺市（Reno）的飞机。飞机一跨过洛基山脉，呈现在眼底的就是橙黄橙黄的一片片沙地，与眼前蔚蓝的天空形成强烈的反差，不用空姐介绍就知道，我们抵达了内华达州，传说著名的“51区”就在这附近。

想到内华达州基本都是黄土沙漠，这一年的生活恐将非常艰苦，然而出乎我们意料之外的是，内华达州的里诺市却是塞外江南、沙漠绿洲，这里有北美最大、最美的高山湖泊，内华达大学主校区就坐落在这儿。

与福州大学的院系设置有所不同，内华达大学下设学部，包括工学部（College of Engineering）、商学部（College of Business）、医学部（College of Health Sciences）、法学院（School of Justice）、教育学院（School of Education）等共计10余个学部，拥有114个本科专业、182个硕士专业以及239个博士专业等。

我所在的土木与环境工程系属于工学部，该学部除我所在的系外还有地球科学与工程系、机械工程与自动化系、电子与计算机工程系、材料与化学工程系等。土木与环境工程系的结构与桥梁抗震研究领域是该校最具特色和最有影响力的学科之一，其实验室是美国结构工程抗震国家重点实验室，拥有北美乃至世界最大规模的地震模拟振动台四台阵试验设备，也是15所著名院校联合组建的NEES（Network for Earthquake Engineering Simulation）发起者之一，这也是我当初选择来这所大学访问的主要原因。而我的合作导师，Buckle教授就是该实验室主任以及NEES轮值主席。

第一次见到Buckle教授是2012年初在上海的一次国际会议上，教授的风采、学识让人印象深刻。虽然他已年过七旬，但仍然精神矍铄，且与我所从事的研究工作很相似，在与其交流与探讨后让人体会很深，那时就萌生了到他那访学的念头。后来机缘巧合，竟梦想成真，也可说是人生一大快事。

土木工程系不大，全体教职工以及两名办公室人员总计还不到四十人。虽然教授职位很难拿到，不过，全系却拥有10余名全职教授，除两位女办公室人员外，全部拥有博士学位，充分体现了该学科在相关领域的强势。全系在读本科生约有400名，另有来自世界各国的研究生约200名。入学前，研究生并不区分硕士生还是博士生，统一按博士生培养，只是在第三个学期进行申请并考试合格后才开始正式作为博士生培养，如果未达要求就按硕士生培养并在第四或第五个学期（正常情况）给予硕士毕业。因此，这相对于在中国大陆毕业的研究生去美国读博士来说，等于还要再修读一年的研究生课程。研究生一般都会有奖学金，多少不等，每个月大概有1400美元，扣除税和保险以及按每学分点250美元上交学费外（一个博士生需选修的学分点大概在40个左右），基本可以满足日常生活需要。

作为访问学者，由于时间有限，合作导师一般不会分配任务，都是独自安排自己的工作或计划，主要做一些与研究方向及课题相关的事情。不过，与其他访问学者不同的是，Buckle教授除给我们安排了独立的办公室外，每周都有安排我定期与其会面一次，讨论这一周内所完成的任务以及下周拟开展的工作，且还邀请我旁听他及其他几位教授的课。另外，访学期间正好是该重点实验室新场馆建设完成以及设备的搬迁，我正好全程参与了这一过程，因而这对我来说，绝对是难能可贵的经历。该重点实验室的投资总计3400万美元，全部建设经费均来自企业捐资、校友捐赠及个人捐款等，联邦和州政府并未出资，不过每年也需向捐赠人汇报实验室的运营管理情

塞外江南、沙漠绿洲
——内华达州里诺市

内华达大学校园一角

况。这种运营管理模式与国内几乎完全不同，通常我们是由政府下拨建设经费。

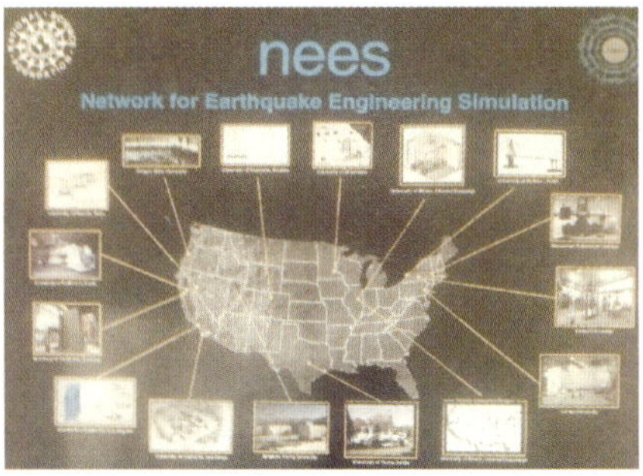

土木工程抗震国家重点实验室

实验室建设汇报

国外教授基本上每周都会定期安排每个学生与其单独面对面讨论与课题相关的事情，这种形式的交流在国内还是比较少见的，一是这样的安排需花费很多时间，比如一个学生与导师交流1个小时，如果硕、博士生甚至博士后（访问学者）加起来有10个的话，那在交流上一周基本上就要花一天半的时间；二是国内的指导老师横向项目较多，没有更多时间来指导学生，而国外的教授除教学外，基本上只做纵向科研；三是国内教授通常指导的学生更多，无法单独面对面交流，基本上做到每周能有一次全体学生的例会就很了不起了。

最让人印象深刻的还是重点实验室的试验工作，虽然该试验室工作人员不多，但整个试验室非常整洁、干净。也许是他们的天生严谨，试验过程安排非常紧凑、高效，有条不紊，不会出现由于模型制作不当或安装不了而导致设备长时间被占用的情况。比如说要开展一个大型的地震模拟振动台试验，在未进行试验前，试验申请人要充分了解试验设备的性能，并进行有限元模拟。随后，试验申请人向重点实验室教授委员会提交详细的试验方案并进行详细的汇报后方才给以安排试验以及随后的模型制作与加工。重点实验室的全部试验进度安排均统一由实验室教授委员会统筹安排，并对每一项试验进行审查，也就是说，基本上每一个试验 Buckle 教授都要亲自过问，并予以详细的指导。

虽然仅有一年的访学生涯，但在内华达大学的这段时期里，是我人生当中最值得记忆的时刻，她带给我的不仅仅是美好的回忆，还有那深深的感动和前行的动力。也许，我们每一个人在科学道路的探索过程中，就像行进在荒野和沙漠中，若眼前突然出现一抹清凉而又甘冽的绿洲，是多么的让人回味无穷而又充满力量。内华达大学，就是那片绿洲。

沙漠绿洲——美国内华达大学简介

内华达大学（University of Nevada）创建于1874年，至今已有140年的历史，是美国历史上最悠久的大学之一，也是著名的学术联盟——《北美高等院校联合协会》的8个发起者之一，2013年，内华达大学在美国的学术声誉排名第41。内华达大学建校以来，在各学科领域中成就卓著并拥有巨大影响,共培养出了27位诺贝尔奖得主,是全世界范围内培养诺贝尔奖得主最多的大学之一,另有16位普利策奖得主和1位图灵奖得主等。现任教授中有25位国家科学院院士,31位国家文理科学院院士,49位国家工程院院士,其中工程院士数量居美国大学第五位。

麻省理工游学记

/蒋北寒

蒋北寒，2005 年 9 月～2009 年 6 月在武汉大学水利水电学院学习，获得港口航道及治河工程学士学位。2009 年 9 月～2015 年 6 月在四川大学水利水电学院学习，获得水力学及河流动力学博士学位。2013 年 11 月～2014 年 11 月在麻省理工学院访问学习。现就职于福州大学水利水电与港口工程系，主要研究方向为植被水流、复式河道、泥沙输移等。

麻省理工学院（以下简称 MIT）这所理工科的殿堂，或多或少有一点神秘的色彩。网上流传着很多关于这个学校的故事，包括恶作剧、超负荷的课业，还有各种怪才。如他们一位教授说的“就是再优秀都还不够优秀”。MIT 的学习压力如此之大，以至于有这样的传言：在“3S”—study（学习）、sleep（睡觉）、social activities（社会活动）中，学院学生只能做到两个，如果有谁 3 个都能做到那就是一个“超人”。很多学生都选择了放弃睡眠，于是你可以看到很多学生平均每天只睡 3～4 个小时，甚至在学校的各个角落都能欣赏他们的睡姿。

面对这么沉重的课业负担，各式各样的恶作剧成为校园里最受欢迎的减压方式。而这些恶作剧无不体现着麻省学生的聪明才智和求知欲，对 MIT 学子们来说，任务越复杂艰巨，越富于冒险性和探索性，干起来就会越有兴趣。有时，恶作剧也会出格。MIT 与哈佛同处于一个大学城，两所顶级名校的校园相距不过十分钟的车程，所以两学校处处体现着明争暗斗。MIT 的学生曾多次把哈佛大学的好几道大门焊死，并偷偷修改了哈佛大学电子钟琴的程序，使其奏出令人啼笑皆非的摇滚乐来。1982 年，耶鲁与哈佛大学的橄榄球赛在哈佛主场举行，现场有 3 万多名观众。在中场休息哨吹响后，正当球员退场、啦啦队进场之际，人们被突然响起的爆炸声吓了一大跳。只见球场正中央裂开一个大洞，从里面冉冉升起一颗气球，上面竟写着代表麻省理工学院的“MIT”3 个大字母。原来，MIT 学生深夜潜入哈佛球场埋伏了这个机关，成功在重大赛事里抢走了哈佛与耶鲁两校的风头。事后，波士顿《地球报》评论认为：这场球的真正胜者既不是哈佛大学，也不是耶鲁大学，而是麻省理工学院，此事造成的影响令哈佛感到好气又好笑。对这些看似出格的恶作剧，在不影响人身安全的情况下，学校不会加以阻拦，更难能可贵的是，校方甚至以欣赏的态度看待学生在恶作剧中体现出来的创意。MIT 学生的疯狂除了彰显出学生的个性以外，还从另外一个侧面反映了 MIT 学生多向度的思维，以及敢于创新和突破的潜质，这无疑是学校的一笔巨大而宝贵的财富。

当然对于访问学生来说，学习任务并没有这么繁重，我在 MIT 的主要任务就是参与导师的科研，选择性地旁听一些专业相关的课程。我的导师 Heidi Nepf 是国际知名的环境流体力学专家，专注研究植被水动力学 20 多年，取得了许多有代表性的成果，MIT 的环境流体力学的实验室就叫做“Nepf Lab”。第一次见到 Heidi，她就兴致勃勃地跟我谈起植被水动力学的研究和应用，她告诉我，她有一个植被群落泥沙输移的项目，已经得到了美国科学基金会的资助，希望我加入这个项目的研究。第一次见面，我们就商定了我在这一年里的研究方向和试验的初步设计。Heidi 看起来亲切漂亮，思维清晰，精力充沛，照顾我是外国人语速放慢，因此跟她交流起来并无很大障碍，她的讲解为我开拓了研究思路，我们的合作有了愉快的开端。在美国上学，研究方式在很大程度上会受到导师指导风格的影响。在国内读研究生，我只需要经过相当长的一段时间向我的导师汇报一次就行了；而在这里，我必须与导师每周至少见面一次，讨论我的研究。环境流体研究团队每周会有一次 Research group meeting，1 个小时的时间，由研究生汇报自己的研究内容和进展，组里的老师和研究生进行提问和探讨。更重要的是每周跟导师一对一的 Research meeting。在 Research meeting 上，我会很具体的和导师讨论我的研究，包括提出很多问题，以及商量细节上的东西。一般来说，导师会有很多建议和指导，使我遇到问题能非常及时地解决，这对我的研究无疑有巨大的益处。一方面，我能够从和导师的讨论中学到很多东西，事实上，我研究过程中的很多进展都得益于她的启发。另外一方面，Heidi 是这个领域的权威和专家，她对这个领域的熟悉程度使我们的研究少走许多的弯路。

波士顿是马萨诸塞州的首府和最大城市，也是新英格兰地区的最大城市，创建于 1630 年，是美国最古老、最具有历史文化价值的城市之一。

The Dome（麦克劳伦大圆顶），MIT 的标志性建筑，经常被恶搞的对象之一。

Infinite Corridor（无尽长廊），有六分之一英里长，各系之间以长廊相连，让人可以轻易来回，以免受冻与外面的寒冷天气。

保持及时的沟通和讨论，是我觉得最值得从导师身上学习的地方。

The Alchemist，许许多多的数学符号包括阿拉伯数字、希腊字母等被做成人的样子

Heidi 实验室设施极为齐全，配备有大小不一的 4 个玻璃水槽，每一个水槽都配有循环水泵和电磁流量计，三套 ADV 声学多普勒三维流速测量系统，一套 PIV 例子图像测速系统以供试验操作。试验中需要的任何设备都可以向 Heidi 申请，由她的研究助手 Brenda 帮助学生购买。此外，一些不宜购买的设备可以向学校的机械中心定做。美国人非常注重安全措施，实验室有完善的安全制度，如不能穿拖鞋，不能在实验室吃东西等规定，如果学生不能遵守，则有被学校开除或者遣送回国的危险。在对待规则的问题上美国人是认认真真、循规蹈矩，从不徇私舞弊的。Heidi 定期会组织学生对实验室进行清理和归置，以保持实验室干干净净，任何东西都可以方便地找到。最令我惊讶的是实验室中有些玻璃水槽的使用年限达到了 30 年，看起来依旧像新的一样，精确性和功能性丝毫没有下降，我想应该就是得益于这些管理措施的严格执行，为实验室高效有序地运行提供了保障。

Stata Center，麻省理工学院著名的建筑——喝醉的机器人，设计成一堆一起狂欢庆祝派对的机器人

MIT 的各种讲座层出不穷，我们土木与环境工程系也不例外，每隔几天就要举办一次学术讲座（Sciences Seminar），邀请专业领域各"大牛"来学校介绍其科研理念和成果，系里有专门的职工来负责，还提供经费准备一些水果点心饮料，学生们可以一边吃一边听讲座。汇报结束后，学生们开始提问题，MIT 的学生思维相当活跃，提问题的面很宽，经常提出一些相当前沿，超出讲座内容的问题。主讲人也很有兴趣，通常讲座之后的提问可以持续半小时甚至一两个小时，大家的交流十分欢畅。通过这些讲座，师生们的学术信息得到了充分的交流，并且能很好地扩展研究视野。

1982 年哈佛与耶鲁足球队正在进行激烈的比赛

值得注意的一点，在这里不会有特别的 paper 或者 project 的压力，因此不会特别围着高影响因子的 SCI 之类转，研究都是自然地推进的。毕业的要求并不像国内一样，需要完成一定数量的期刊论文，而是导师认为你的工作量和对专业的贡献度达到了，就能允许你毕业。其实如果留心统计的话，MIT 发表的 paper 不会比一个普通的学校多，但是在这里所完成的工作的长远影响远大于一般的学校。

国内的土木和环境工程的学生毕业之后一般进入设计院、企业或者事业单位工作，而 MIT 的学生多多少少都希望能在学术上贡献自己的价值,而不仅仅是毕业后有一份还说得过去的工作,如果仅仅为了这点,用不着来这里,花那么长的时间读一个 PhD(在我身边的同学里,5 年甚至更长的很普遍的)。据统计,土木和环境工程的毕业生很大一部分进入 Education 领域,一直坚持自己的学术理想并取得成功,而另外一部分人会选择一些专业相关的科技公司、咨询公司等。

在 MIT 访学的一年时间里,我学习了先进的研究方法,在良好的学术氛围中开拓了视野,也突破了一些传统的研究思维,MIT 的研究工作是我博士毕业论文里面很重要的一部分,并且为我今后的科研奠定了基础性的方向。我很感激有这样一个难得的机会,能够走出国门,感受名校风范,体会多元文化,世界在我的眼里变小了,而我的世界变大了。

MIT 的标志被 hacker 们在前面加上了 V 和 O,成了 vomit(呕吐)。

Heidi 的研究团队

麻省理工学院简介

MIT 坐落于美国东海岸的波士顿(Boston),如果说自由女神是美国精神的象征,那么波士顿就是美国历史的摇篮。波士顿是美国最古老、最有文化价值的城市之一,大大小小几十所大学挤在这座城里,北岸剑桥似乎空气中也弥漫着醇厚的学术氛围, MIT 和哈佛(Harvard)就坐落在美丽的查尔斯河畔,这两所美国第一流的名校相隔不远,就像中国的清华和北大。在这座汇集了世界上近百所最顶尖大学的城市里,同时也汇集了来自全世界最顶尖的莘莘学子们。留学生们总是戏称波士顿为博士屯,似乎街上匆匆来往的行人看起来都颇有风度,很有学问,不是像教授就是像学生,这就是波士顿最大的特色吧。

麻省理工学院(Massachusetts Institute of Technology,缩写:MIT)是美国一所综合性私立大学,有“世界理工大学之最”的美名。位于马萨诸塞州的波士顿,查尔斯河将其与波士顿的后湾区(Back bay)隔开。今天 MIT 无论是在美国还是全世界都有非常重要的影响力,培养了众多对世界产生重大影响的人士,是全球高科技和高等研究的先驱领导大学,也是世界理工科精英的所在地。麻省理工是当今世界上最负盛名的理工科大学,《纽约时报》笔下“全美最有声望的学校”,2015—2016 年《QS 世界大学排名》公布,麻省理工学院排名世界第一。麻省理工学院占地 168 英亩,校园位于查尔斯河靠剑桥市(Cambridge)一侧,蔓延约 1 英里。中央校区由一组互

环境流体力学实验室以及试验设备

相连通的大楼组成,互相连通的设计是为了方便人们往来与各个院系之间。麻省理工学院的宽带无线网络遍布校园各个角落,共有3000个收讯点(就是出了校外一公里内,收讯率还是95%以上),是全美无线化做得最好的大学。全校共有50台高速激光打印机,不但可以自动印正反两面,而且打印速度为每分钟90张;这些高速激光打印机分部在校园各个角落,学生和教授可以在学校任何一台电脑打印至任何一台高速激光打印机,这对于学习及研究有极大的帮助。MIT的自然及工程科学在世界上享有盛誉,其管理学、经济学、哲学、政治学、语言学也同样优秀。其林肯实验室、计算机科学及人工智能实验室、媒体实验室和斯隆管理学院十分著名。有59位诺贝尔奖得主曾在MIT学习或工作。我所访学的土木与环境工程系始于1865年,目前在读研究生170余人,系内精英云集,教学和科研实力雄厚。在44名全职教授中,两人为美国科学院院士,6人为美国工程院院士,目前的研究方向主要包括环境工程(Environmental Engineering)、交通运输工程(Transportation Engineering)以及机械与材料(Mechanics and Materials)。2015年U.S. News美国研究生土木工程专业排名第1。

马里兰大学访学简记

/谷音

在马大访学期间，旁听了一些本科课程和研究生课程，包括有限元、可靠度、钢桥、岩土工程试验、弹塑性力学以及结构动力学等，其中可靠度和钢桥的教授采用了电子 PPT，其他大多数老师依然是黑板板书，印象最深刻的是力学功底深厚的弹塑性力学教授用 surfacepro 现场写电子板书，十分清晰，推导流利，而且还能够留下草稿供学生学习，让我对 surfacepro 念想了很久。马大的本科学生都是小班制，每班不到 30 人，教室都比较小，本土学生较多，学生较为活跃，遇到较难的课程，有些学生会拿录像机把老师课程全部录下回去消化，学生水平参差不齐，旁听有限元课程的有十几位学生，有特别强的学生边听课边编程，而有些学生完全不知所云在打瞌睡。

谷音，福州大学，土木工程学院，教授，硕士生导师 2002 年 9 月～2006 年 1 月，清华大学，结构工程，获得工学博士学位。2013 年 12 月～2014 年 12 月，美国马里兰大学，环境与土木工程系，访问学者。2006 年 3 月～2009 年 3 月，同济大学，桥梁工程系，博士后。研究生研究方向：结构工程、桥梁与隧道工程、岩土工程、工程力学。

马大作为研究性大学，提供硕士和博士学位，也有部分工程硕士学位。土木专业研究生中的本土学生较少，大多数都是外籍学生。硕士可以只修读学分，完成规定学分后就可以拿到学位，不用选导师，也可以参加某位导师的课题，完成硕士论文后拿到学位。总体而言相对于本科课程，美国的硕士课程更为紧张，课堂上讲授的内容并不多，而课后的作业十分繁重，需要参考大量的书籍才能完成，虽然允许学生间通过讨论来完成作业，但大多数学生还是常常要学习到半夜，这和我们国内正好相反。美国的研究生有许多在职学生，白天通常还需要上班，因此很多专业课程都在 5 点之后，连续上两个半小时，中间偶尔休息 5 分钟，教师十分辛苦，但学生通常都非常投入，常常有学生提问，而最常提问的都是印度学生，有时学生会在课堂上和老师讨论很久。在马大遇到的最老的学生是一位退休的美国公路局局长。

在土木专业完成博士学位通常需要4年左右，博士所修学课程需要与导师商议，在完成基础课程后，需要通过博士生资格考试，学院的几位教授会通过面试和笔试等多个环节考查学生是否适合从事博士课题的研究，和繁重的课程学习相比，博士的毕业似乎比国内要简单，预计每个博士生在答辩前发表或提交的刊物和博士论文有至少2个期刊同行评审的出版物即可，并没有要求刊物的级别，只需要导师的认可。

马里兰大学

土木与环境工程系和航空航天系共用一个大型结构实验室，其他还有一些以研究微观问题为主的小型试验室，通常参观实验室需要先行申请，学生通常是不能随便进入的。2014年4月胡昌斌老师来马里兰大学帕克分校走访，导师付老师带领我们进入实验室参观，才有幸能看到实验室内部。美国东部很多土木工程的实验室和国内无法匹敌，基本都以小型试验为主，因为土木工程在美国属于夕阳行业，研究经费也在不断压缩，很难进行较大型的试验，许多华人导师大多寻求国内的项目来维持研究工作。由于国外人工费较贵，大多数学生都是自己动手进行模型的制作。很多国内高校的设备装置等规模实际上大多数已超过国外许多学校，就抗震而言，除了西部的加州几所分校和雷诺的内华达大学以外，东部即使名校也没有大型振动台，但是实验室会设计很多小型试验来实现一些新的构想。

马大每学期都有设置ESOL课程，免费的外语口语课程供学生和访问学者学习，也是访学人员唯一可以选修的课程，课程由本土志愿者讲授，包含了一对一，一对二和一对八的课程，大多数一对一的课程会在课程开选初期就被一抢而光，所以大多数选择一对八的课程，我在访学的两个学期都选修了ESOL，第一学期是一个华裔大学生，第二学期是一位退休的图书馆管理员，学习了不少美国当地的文化风俗。

虽然回国已经将近一年，翻开照片仍然对马大记忆犹新，国外访学一年时间较短，虽然在学术上并不能有很明显的收获，但是开拓了视野，了解了许多国内外研究的体制和动向，也觉得获益匪浅，预祝有更多的老师能踏出国门，获得更大的收获。

马里兰大学简介

马里兰大学是一所州立大学，具有较多分校，包括帕克分校、巴尔迪摩分校以及医学院等，每个校区下设多个学院。其中帕克分校是旗舰创始学校，成立于1862年，是全美大学联盟的61个盟校之一，学术上全美大概前50的排名，是美国最著名的公立研究型大学之一和美国大学联合会(Association of American University)60名会员之一。帕克分校位于一个名为College Park的大学城之中，十分安静，与美国首府华盛顿、文化中心巴尔地摩及州首府安纳玻里斯为邻，巴尔迪摩的霍普金斯是美国顶尖的医学中心。大学与他们之间的距离均在半个小时左右，因此很多专业都有受益。如航空航天专业和美国的NASA联系密切，农业方面的专业依附美国农业局，商学院和美国选举以及政治项目关联，排名全美前五，交通工程和环境与土木建筑工程专业与美国联邦公路局总署等单位都有长期合作关系。目前的校长陆道逵是一位华裔，马大帕克分校具有全美第一所孔子学院，经常组织与中国的文化交流活动。

Martin Hall

图书馆及其中文藏书

马大环境十分优美，绿色的草场众多，其校园面积达到1200英亩左右，多数楼房为传统的六层以下的红墙砖木式结构，形式统一，浑然一体，其中M形花圃是马大的著名标志。

工程学院所在的Martin Hall，这座狭长的建筑十分复杂，包含了环境与土木建筑工程、航空航天等工程专业的教师办公室和学生教室，马大有很多这类的建筑，如果不仔细研究楼下提供的平面图，第一次走进这些建筑一定会迷路。

马大有8个图书馆，其中最大的图书馆是马大的标志性建筑，学校的中心，图书馆藏人文书非常丰富，特别是可以找到许多近代的中国藏书，十分难得。图书馆前的草地常年绿色，因为场地较大，常举办各种活动。马大的艺术表演系也很有名，每天中午在图书馆前都有很多学生剧团在表演各种新剧，学生表演非常投入。每年开春的五月有各种话剧、舞台剧表演，收费和免费的都有。

美国多数名校都十分重视体育，马大的体育设施很好，有足球场等大型场馆，还有室内恒温游泳池，室内的壁球、羽毛球等各种小型球类活动场所，马大学生因为已缴学费，因此所有体育场所都是免费，而教师和家属需要交140美元的半年费，非学校人员通常无法自行进入。

旧农场

马大的前身是农业学校，因此一直保留着最初的农场，仍旧养奶牛和马等。

美国很多大学都有自己的大学日，四月底马里兰大学日这一天，大学的各个系会组织各种活动来展示自己学院或专业的一些科普知识或者新技术，这一天平时要收费的停车场会专门制定一些免费停车位，学校对所有市民开放，这一天可以排队免费领到农学院自己生产的冰淇淋哦，可惜没有拍照！

马里兰日

从学科归类看土木工程学科在新时期的职能转变

/张鸿儒

张鸿儒,女,1989 年 1 月出生,山东乳山人,工学博士,助理研究员。2007 年被浙江大学竺可桢学院工科平台录取,而后确认专业为土木工程,于 2011 年获浙江大学工学学士学位,后保送至浙江大学结构工程研究所直接攻读博士学位,于 2016 年获浙江大学工学博士学位。攻读博士学位期间,于 2013 年—2014 年于美国西北大学(Northwestern University)土木与环境工程系进行为期一年的博士联合培养,师从著名的水泥基材料研究泰斗,Surendra P. Shah 教授。2016 年 12 月入职福州大学土木工程学院,先后在建筑工程系、先进土木工程材料中心担任助理研究员。主要研究方向为再生骨料混凝土多尺度性能劣化、再生骨料混凝土纳米改性及混凝土结构耐久性研究。

任何一个学科都应当承担服务社会的职能,土木工程自然也不例外。提到土木工程,普通人在脑海中出现的第一印象,基本就是各种房屋建筑、公路隧道、堤坝大桥,还有各种重型大卡车、吊车、混凝土搅拌车,以及头戴安全帽的“搬砖工人”——我们的土木工程从业人员。但凡是土木工程的机械和搬砖工走过,那就意味着地球上又一片绿地不见了,取而代之的是拔地而起的各式建筑。是的,在过去相当长的一段时间内,我们的土木工程学科所在从事的社会服务就是这样,拆了建,建了拆,成为人类侵占自然空间、建立城市集群的工具。从某种意义上讲,土木工程是人类破坏地球环境为己谋利的利器。然而,在美国学习的一年,我发现一件有趣的事,就是美国的高校中,近些年来,土木工程都和另一个学科归并在了一起,这个学科就是环境工程。环境工程学是在人类同环境污染作斗争、保护和改善生存环境的过程中形成的。如果说土木工程是将原有环境破坏、并建设具有不同功能的人工环境,那么环境工程就是在土木工程建设人工环境之前、之中、之后,对其产生的各种污染与环境破坏等进行有效的防治与控制,对各类废弃物进行治理与资源化利用。我所在的美国西北大学土木工程全美排名 16(US News 2017),在最初成立工程学院时,土木工程学科也是单独的学科(1926 年设立),

然而在20世纪末至21世纪初,该系更名为“土木与环境工程系”(Department of Civil and Environmental Engineering)。

目前,在美国排名前十的土木类学校中,除了普渡大学,其他九所高校,均在土木工程的专业名称中并入“环境工程”,形成“土木与环境工程系”。这一转变,代表了在新时期,美国对于土木工程学科属性的重新定义,即,土木工程学科所进行的社会服务,不应当仅仅考虑拆与建的活动本身,更应当与环境工程紧密结合,严格控制或治制其在拆、建活动中所产生的各类污染与环境破坏。换言之,新时期下,土木工程学科的职能已经发生了巨大的转变,在全社会都在思索人类社会可持续发展这一命题之时,土木工程学科的发展也应当是可持续的,在学科建设与职能规划上应当体现出这一远见,我想,这对于国内各高校,以及整个国内社会对土木工程学科职能转变的理解都是有启发作用的。

美国西北大学(埃文斯顿校区)鸟瞰图

从研究对象和研究方法看土木工程别样的魅力与前景

除了学科名称更改所体现出来的学科归属与职能转变,还有一个有趣的现象就是美国土木工程系的教授们所做的东西,其实真的不那么“土木”。以西北大学土木工程教授为例,像Sinan Keten这位年轻英俊的教授,他的个人简介中陈述自己所做的研究主要为两类:纳米构造的纤维材料和生物分子及生物激发的材料。他所研究的对象,并不是水泥和混凝土这类传统的土木工程材料,而是蛛丝、蚕丝等软的生物纤维材料,他所进行的主要研究工作,就是探索这类生物纤维材料的特性及其数值模拟。尽管看上去与传统的土木工程关系并不大,但是我认为,在土木工程学科领域,这类看上去并不那么“土木”的研究工作仍然是有前瞻性的,毕竟退回一百年前,也没有人想到现如今纤维增强混凝土会如此热门。同样地,未来这些生物有机纤维,或许也可以应用到土木工程邻域。当然,它们的应用是与传统土建材料结合进行应用(就像纤维增强混凝土一样),还是自成一派,成为特种建筑物的主打材料,那就要交给时间来见证了。再拿西北大学黄永刚教授来说,这位在Science和Nature杂志上发表了数篇文章的土木工程系和机械系教授,关注的研究对象同样并不是传统的土木工程材料,而是“可拉伸的、弹性的电子器件”。本人在2013年刚到西北大学时,就听说他与人合作刚发了一篇Nature,而这篇文章的内容,竟然是“Digital cameras with designs inspired by

在美国西北大学时的课题组及土木与环境工程系的technician

the arthropod eye"（受节肢动物眼睛启发设计的数码照相机），据不完全信息，黄教授在这项研究中主要负责了节肢动物复眼模型的构建和力学性能的测试，土木教授发 Nature 文章，以及其所发 Nature 文章的课题，这两件事情同样让我感觉很震撼，因为从没有想过土木的教授可以发表这样多的 Science 和 Nature 文章，也从来没想过土木的教授也可以做这种内容的研究！

同样地，去浏览一下斯坦福、麻省理工等世界排名超前的理工类学校土木工程学科网页，我想大多数人看过这些学校教授的研究课题和发表的论文后，都会发现，相较于国内很多高校仍然在大规模进行的传统土木工程材料和结构实验与理论研究，他们所做的课题研究对象更加的宽泛（不只限于传统土木工程材料和结构），研究方法也更偏向于"烧脑"的理论与模型研究，而且很多人都会有类似的感受，"他这是在做土木工程吗？""哦，原来土木工程的研究还可以这样玩！"我想，从这里，我们大概也能体会到土木工程别样的魅力，并大胆想象土木工程未来的发展前景。蛛丝结构、纳米建筑、3D 打印大桥、VR 房屋结构设计，you name it！

从西北大学实验室管理看科研高效产出的保证机制

在美国西北大学一年的科研工作中，令我感受很深的还有西北大学各实验室管理机制的完善严谨。首先，西北大学和美国其他各高校一样，实行各部门仪器在全校范围内共享的制度，即，西北大学的本科生、研究生，只要满足条件，即只要有 funding 支持所用仪器费用的在线支付，并且操作者已接受仪器操作培训并通过考核，即有资格申请使用各实验室的仪器。其次，为了保证仪器使用者在使用过程中操作规范，从而最大限度延长仪器使用寿命，各实验室，尤其是包含各类高大上的精密测试仪器的化学、材料科学等专业的实验室，均建立了一套完备的仪器使用管理制度：第一，安全知识学习制度，即所有可能进入实验室进行试验工作的学生，必须参加实验室安全知识培训，并在网上通过考试后，方可有进入实验室的权限；第二，仪器操作培训制度，各专业实验室要求学生在使用仪器，尤其像纳米压痕、扫描电镜、原子力显微镜等高端精密仪器前必须接受严格的培训，并且在首次正式操作时需有专门的仪器负责人在旁监督评价，评价合格后方可在后期开展独立操作。与此同时，几乎所有实验室都有建立自己的

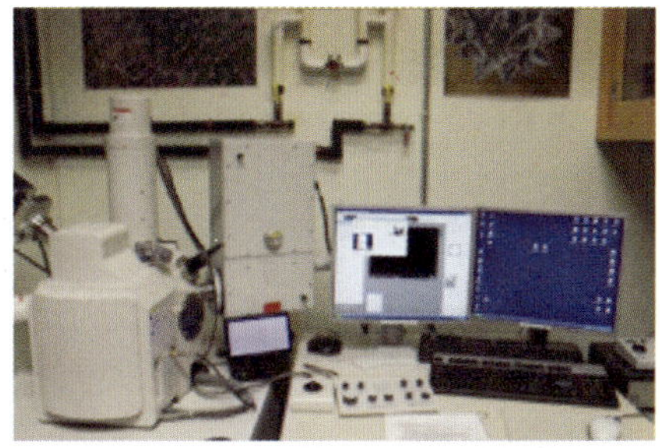

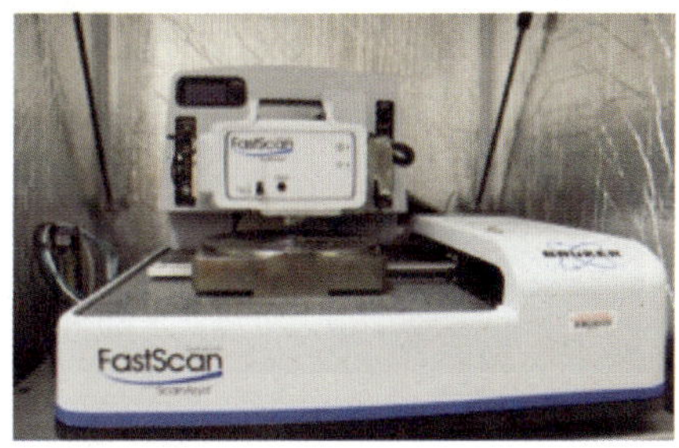

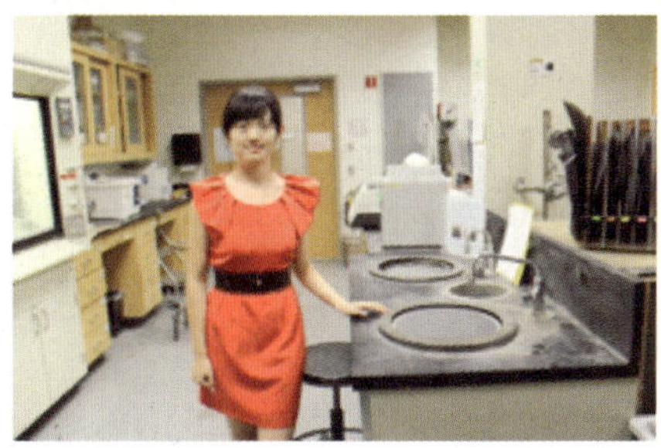

在西北大学所使用的主要精密仪器

仪器预约使用网站，仪器使用者需提前上网查看、预约该仪器的可用时段，并严格按照所预约的时间使用仪器，此举避免了不必要的资源浪费与时间浪费，使得所有的仪器都能物尽其用，同时对整个西北大学来说更是意义重大，因为此举促进了各实验室的合作，进而促进了学科交流与学术合作，使得整个西北大学的学术成果水平更高、产量更丰富。

我想，西北大学之所以能成为享誉世界的名校，与它制定并严格推行这一完善的实验室管理机制有很大的关系。希望国内的高校也能尽早向西北大学这样的美国名校看齐，高瞻远瞩，打破不同学科或同一学科不同课题组和实验室之间的知识与仪器交流的壁垒，真正做成有大气象、有大格局的科研管理体制，为广大科研工作者高效地科研产出提供体制上的保证。

从金门大桥看美国的土木工程科普宣传与启蒙教育

到了美国，不去美西美东走一圈，那就不叫来过美国。利用假期，我和小伙伴们自驾走过美国西海岸和东海岸的主要城市和景点，被各大国家公园和各具特色的城市风光深深打动。

金门大桥远眺及桥上钢索

既然本书的题目是“海外留学看土木”，我就不想将这篇文章写成游记。在这一部分，我想通过自己在美国金门大桥的所见所闻，介绍一下美国这个国家在土木工程方面进行的全民科普和启蒙教育所进行的努力，或许会对我们自己的国家有所启发。

金门大桥（Golden Gate Bridge）是世界著名的桥梁之一，也是近代桥梁工程的一项奇迹。大桥由桥梁工程师约瑟夫·斯特劳斯设计，由工程师艾里斯进行主要的数学计算，历时4年，利用10万多吨钢材，耗资达3550万美元建成。这座橘色的大桥雄峙于美国旧金山长1900多米的金门海峡之上，整桥包括从钢塔两端延伸出去的部分，全长达2737米。金门大桥巨大的钢塔耸立在大桥南北两侧，高342米，其中高出水面部分为227米，相当于一座70层高的建筑物。塔的顶端用两根直径各为92.7厘米、重2.45万吨的钢缆相连，钢缆中点下垂，几乎接近桥身，钢缆和桥身之间用一根根细钢绳连接起来。钢缆两端伸延到岸上锚定于岩石中。大桥桥体凭借桥两侧两根钢缆所产生的巨大拉力高悬在半空之中。钢塔之间的大桥跨度达1280米，为世界所建大桥中罕见的单孔长跨距大吊桥之一。

我们去金门大桥的当天天气很好，晴朗无云，一下车就望见金门大桥矗立在海峡之上，其两座桥塔几欲入云，令远观的众人顿感自身的渺小。等踏上金门大桥，一种“不识此桥真面目，只缘身在此桥上”的感受油然而生，远望过去尚且觉得不是很粗的钢索此时都变成了庞然大物，桥上所用最细的钢索也比我的手臂要粗；站在桥上再仰望两座巨大的桥塔，却是脖子都要拗断了都看不见桥塔的顶端。

同行的小伙伴们都不是土木工程专业的，看到这样雄伟的大桥，纷纷感叹：“这么长的大桥是怎么建起来的啊！这个桥塔是怎么样把桥面给吊起来的呀？”很快，他们就得到了答案，这个答案并非是从我这个学土木工程专业的人这里得到的，而是在大桥下面的小广场得到的。为什么呢？因为当我们下了桥之后，就看到金门大桥下面有一个非常漂亮的小广场，这个小广场堪称金门大桥的科普大讲堂，建筑物的墙上贴满了海报，展示了金门大桥的设计、建造、趣闻等各方面知识。不仅如此，这个小广场上还有海报介绍了桥塔高度和缆索直径的关系，指出塔高越高，缆索需要承担的拉力越大，相应地，缆索的直径就要越大。更可贵的是，为了让游客们更直观地理解这一关系，这个小广场上还专门做了两个简易的、用几条钢索做成的金门大桥模型，一个的桥塔高度较小，另一个较大，游客通过自己拉扯桥塔上的缆索，可以直观感受出这两种桥塔不同高度的桥，缆索需要承受的力哪个更大。

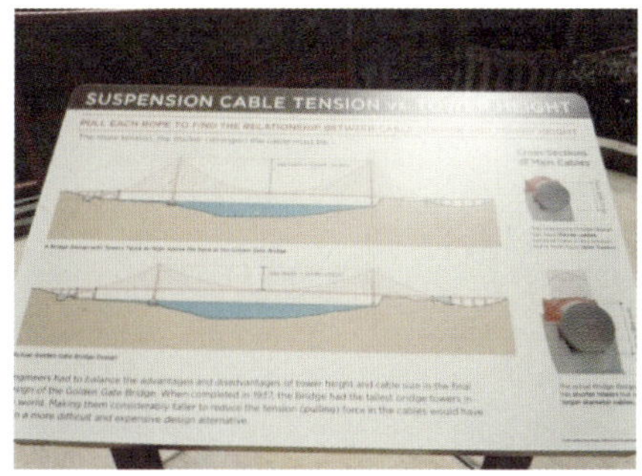

金门大桥小广场上科普海报及模型

我们在小广场上兴致勃勃地观摩、学习，3 个小伙伴都感觉这个小广场的科普非常成功，他们不仅领悟到了一些桥梁设计中基本的力学概念，也在学习的过程中对大桥的设计者和建设者萌生了更大的敬意，感到获益匪浅。当然，除了我们，还有很多的美国孩子和家长们，也在专心地阅读海报，或者在大桥模型前试验、讨论，从他们的态度上，我们看出他们在很认真地学习这些力学知识，我想，或许这样一次旅行中学到的科普知识，就会在他们的心中埋下一颗桥梁设计师或结构工程师的种子，这样的种子在未来一旦生根发芽，必定会长成参天大树，也许未来有一天，在今天我们看到的那些在研究海报和模型的孩子中间，就会出现杰出的桥梁设计大师！与美国相比，我们国家也有太多的奇迹工程，为什么我们不能像美国这样，也为我们的奇迹工程建一个科普小广场或一个小博物馆,让游客们不仅能直观地感受到这些奇迹工程本身的美与震撼,更能在科普学习中体会到这些奇迹工程背后那些闪烁着人类智慧结晶的知识所蕴含的美与力量呢！这种潜移默化的影响,我们也可以、也必须做到啊!

从美国西北大学回国已经三年了,直到现在仍然怀念那时候在美国简单充实的时光。犹记得那时在西北大学刚刚开展科研工作之时,面临诸多问题,我慈祥可亲的导师 Shah 教授,以及课题组热情帮忙的师兄师姐,还有系里实验室的友好幽默老开我玩笑的 Technician,给了我太多的帮助,让我能够尽快开始我在异国他乡的科研工作。那个时候,为了节省科研经费开支,经常一个人在夜里到材料系的实验室操作纳米压痕和扫描电镜,一直做试验至深夜,就因为夜里这些仪器的使用费更低一些。每每在深夜结束一天的试验工作,坐上最后一班校车回家,会感觉空空荡荡的车厢里安静的让人害怕,但是更多的却是感觉到做完一天工作之后的充实与满足。我高中时的班主任曾经说过,做学问,耐不住寂寞、坐不住冷板凳是不行的。很欣慰自己在美国的一年确实坐住了这个冷板凳,在一个人独处的时候经历了快速地成长,凭借在美国一年的科研积累,回国后经过一年,我发表了三篇 SCI 论文,此后继续发的三篇 SCI 论文,也与美国这段经历的正面影响有关。至此,我想我并没有辜负祖国和母校浙江大学对我的资助与支持,对祖国、对母校、对自己,也算有了交代。

现在我已入职福州大学,惟愿自己能不忘科研的初心,继续奋斗,为祖国的土木工程事业贡献自己的一份力量!

美国西北大学简介

西北大学(Northwestern University),简称 NU,是一所世界著名的私立研究型大学,美国大学协会(AAU)成员校之一,十大联盟(Big Ten Conference)成员校之一、也是该联盟中唯一的私立大学。西北大学在《美国新闻与世界报道》(US News)2017 年国家大学本科排名上位列第 12 位 ,《泰晤士高等教育》(Times)2017 年世界大学排名上位列第 20 位,US News 世界大学排名第 25 位,2017 年 ARWU(上海交大世界大学学术排名)位列第 26 位,2016 年《QS 世界大学排名》第 26 位。

西北大学由 John Evans 先生创办于 1851 年 ,位于伊利诺伊州的埃文斯顿市,临近著名的国际大都市芝加哥。其商学院、法学院和医学院坐落在繁华的芝加哥市区，其主校区坐落于埃文斯顿市郊的密歇根湖湖畔。Medill 新闻学院常年位居全美第 1；凯洛格（Kellogg）商学院常年位居全美前 4，比肩沃顿商学院；材料科学系全美顶尖，仅次于麻省理工学院，居全美第 2。另外，法学院、传媒学院、医学院、工程学院、音乐学院等均列全美前 20，处于世界领先地位。西北大学是一所群星闪耀的大学，先后有 11 位诺贝尔奖获得者、38 位普利策奖获得者在此工作或学习过。与此同时，西北大学还是美国最富有的 10 所大学之一，截至 2015 年，西北大学获得捐赠约为 101.9 亿美元。

密歇根州立大学留学简忆

/付晓雷

付晓雷，男，汉族，工学博士，主要从事水文水资源研究工作，研究方向为遥感数据同化、陆面水文模型、水文预报、降尺度方法等。2015年于河海大学博士毕业，2013年到美国密歇根州立大学进行为期一年的研究工作。主持江苏省高校研究生创新计划项目1项，参与NASA项目、国家自然科学基金项目多项，发表论文10余篇，其中第一/通信作者6篇(SCI检索3篇、EI检索2篇、会议摘要1篇)含水文领域TOP1的期刊SCI。

由于我主要从事水文水资源方面的研究工作，所以，我将国外(以美国为例)的所见所闻与国内进行对比，从教育背景、发展经历、科研环境、实验室建设等方面来揭示国内水利(尤其是水文)科学的发展前景。

教育背景

国外：美国的近代教育已经发展了近300年，而且关于水利工程的建设基本已与20世纪完成。因此，美国高校的教育重点不是教给学生工程施工技能，而是在教给学生基本知识的同时，更注重学生团队协作、独立思考问题的能力，以及创新能力的培养。关于独立思考、创新能力的培养从小开始就加以引导，比如：他们一周甚至一月只要学会一个问题(如何解决、为什么这样解决等)就够了，而不会参加各种各样的培训(个人兴趣除外)，更不会靠记忆力去记住一些知识；进入大学后，教师虽然只是教给学生基本知识，但是基本上都会留有思考题，让学生课后进行讨论或独立思考。

国内：国内的近代教育才刚刚起步，而且还有大量的水利工程项目需要建设。根据国情，国内高校的教育主要是教授学生基本知识以及工程施工的能力，欠缺创新能力的培养。这使得国内科研人员在创新性成果的研究方面不足。

因此，国内在教育培养学生时，在基础知识讲授完后，应该通过设置讨论课、创新训练项目等培养学生发现问题、解决问题的能力，培养学生团队协作、沟通的能力，让学生学会思考，善于分析，而不仅仅被动地接受知识。

科研环境

国外：美国与加拿大在完成水利工程的建设之后，也就是国内水利工程建设初期，他们的研究重心从工程施工转变为工程维护、生态环境保护，因此，近几十年，北美的水文预报、水文气象的研究发展迅速，这也得益于北美基础数据共享的结果。然而，最近几年，北美国家的非工程水利科研也已进入瓶颈时期，如：美国在水利方面的研究经费已经缩减为 2010 年之前的 1/5，甚至更少，这从近两年美国从事水利研究人员申请到的科研项目的总数不足原来的 1/5，从著名的水利院校亚利桑那大学近年几乎没有科研项目，这也说明美国投资在水利方面的经费正在减少。另外，美国高校的学术报告不会强制学生去听，而是在平常的科研过程中，培养了学生对新知识、新领域的追求，让学生主动去学习。

MSU

红杉河一角

钟塔比尔门塔

国内：目前国内尚有许多水利工程没有建成，且政府在“十二五”“十三五”规划中，都把水利工程建设放在重点位置，加大了对水利研究的投入。这吸引了大量中国留学生或国外教职工已经或准备回国发展。但是，国内的工程建设主要是从工程角度、经济角度出发，忽略了环境、生态方面。虽然，我国的水利工程建设还需数年才能完全建成，但是，由于我国的地形、地理位置等条件决定，非工程水利的发展却还需 50 年，甚至 100 年的发展。关于讲座，国内高校的教师很少会在平时科研过程中培养学生的独立学习、多学科交叉学习能力，而学校却是用强制措施来要求学生去听，这会适得其反。

因此，我们在做工程项目或培养学生的过程中，不仅要做好工程施工的规划、施工的技能，同时，也应该分析工程建设的利弊：包括经济效益、对环境的破坏等，进行综合分析。另外，还需要培养学生对工程后期维护的能力，也需要让学生了解比较热门的非工程水利科学的研究，比如：海绵城市的研究、城市排涝等，增加学生的竞争力。并且，教师在培养学生时，应该根据学科发展、每个学生的自身特性、社会需求等，指出一些对学生发展有利的学科，让学生根据自己的需求适当进行旁听、听取相关的讲座等。

实验室建设

国外：美国高校会全力支持教师的科研工作，提供完善的实验条件，以便于顺利开展实验室的实验以及数值模拟实验。这是美国的整个教育背景所决定的。而且，资料数据共享，减少了科研的重复性劳动，增加了创新性研究的时间。从我所在的团队，以及我朋友从美国回国后，基本都会和国外保持联系，尤其是资料方面的共享。这让我们的科研工作变得比较顺利。

高尔夫球场一角

国内：国内实验室的建设，主要是靠学院和教师的科研项目陆续建立，这阻碍了科学研究的脚步。另外，国内的数据不共享，这就导致很多科研团队都会进行重复性劳动，而减少了思考问题、探索问题的时间。

因此，国内高校应该加强合作，进行不定期的学术交流，了解国内的发展现状，探索国内的发展前景。

学生学习

国外：我在美国的室友和其他朋友很多课都有课后思考问题，虽然他们说不适应，但是也要坚持，否则，很难毕业。而且老师每周都会有专门的半天用于学生的答疑。另外，在MSU的工科留学生一般都会比较忙，这主要是因为导师每周都要开例会，看学生做科研的进度、过程中出现的问题、如何解决等，让学生的思维一直在运动中。

国内：学生一般上完课就结束了，最多也就是再做几道作业题。对于研究生来说，很多导师不是让学生做科研，不是培养学生，而是让学生不停地为自己撰写相似的报告，重复地做类似的项目，却没有教给学生在这个过程中要学会什么，将来的工作单位需要什么；有的导师也几乎不管学生，让学生自己研究。

因此，我们在培养学生时，不仅要培养学生的技能，还应告诉学生在本科、研究生阶段应该学会什么，社会需要什么等，然后加以引导，重点培养。

以上仅为个人观点，以供参考。

密歇根州立大学简介

密歇根州立大学是一所世界一流的公立大学，位于美国密歇根州首府兰辛市，创建于1855年。全球排名80名左右，是一所以农业科学为主，兼具理、工、经、管、文、法、艺等多学科。优势学科为工商管理、工程类、教育与医学类，其农业、水环境科学名列美国高校前列，该学科曾一度跻身美国高校第一。学校拥有北美第26大的学术图书馆,藏书超过470万本,以及640张微缩胶片。

MSU校园被红杉河分为北校区和南校区。校园共占地面积逾3.15万亩,为美国校园面积最大的学校。北校区为MSU校园最古老的部分,分布着农业与自然资源学院、工程学院、图书馆等学院和部门,MSU的标志性建筑钟塔比尔门塔也坐落在北校区;南校区为二战后陆续修建的,分布着自然科学学院、社会科学学院、留学生中心等学院和部门,该校区树木比北校区少,但是,这里有两座美国国家一级18洞的高尔夫球场。

MSU在校生共计45166,其中本科生35678,研究生9488。教职员工4500,雇员6000,以及大量的助教。"美国新闻"将MSU的初级教育和中等教育硕士研究课程连续七年排名第一。同时MSU的工业与组织心理学(Industrial and Organizational Psychology)博士研究课程在过去表现良好的十年内排名第一。在"美国新闻"的2006年原子核物理学研究排名中,MSU排名第二、仅仅落后于第一的麻省理工学院。事实上MSU的物理与天文学学院的排名主要依据教职员在论文的数量和影响力。在加上2007年美国新闻与世界报道将MSU的供应链管理排名第一、击败第二名的麻省理工学院。国家通信协会(National Communication Association)将MSU的健康通信与通信科技博士研究课程列为全国最有效率的教育课程。同时MSU在其他通信学范围排名前四、其中包括国际与异文化通信(international/intercultural communication)、大众传播以及人际通信(interpersonal communication)。教育学院(College of Education)下许多系所亦排名全美第一或前十名。其他著名的课程包括犯罪科学(criminal justice)、音乐疗法(music therapy)、包装(Packaging)、政治学以及通信。2002年,MSU把近3亿美元用于科学研究,创下投资研究历史新高。

MSU在多项运动上都曾获得美国高校冠军,橄榄球、篮球、冰球等都多次获美国大学生联赛冠军,这使MSU成为美国第一所同时拥有橄榄球、篮球、冰球的学校,更使该校成为少数同时获得这三项冠军的学校。

普渡大学留学简忆

/吴兆旗

吴兆旗,1977 年 11 月出生,工学博士、副研究员、博士生导师,2008 年 6 月在哈尔滨工业大学获得结构工程专业博士学位,并以访问学者身份在美国普渡大学进行为期一年的学术研究。主要从事钢结构、钢-混凝土组合结构、防灾减灾与防护工程领域的科学研究与教学工作。

普渡大学土木工程学院隶属于工学院。在排名前十的土木类学校中,普渡大学是唯一一所在专业名称中保留了“土木工程”名称而没有加入“环境工程”字样的学校。目前拥有全职教师(faculty)63 人,职工(staff)53 人,在读研究生 418 人。土木工程学院设有全面系统的科研与课程体系,包括建筑工程、施工工程、环境工程、测绘工程、岩土工程、水利学与水文工程、材料工程、结构工程、交通运输工程九大研究方向。根据美国新闻和世界报道,土木工程专业本科生全美排名第 5,公立学校中排名第 4;研究生全美排名第 6 位。普渡大学第一位中国留学生萨福均(萨镇冰之子,福州人,1910 年),抗战名将孙立人(1924 年),台湾前经济部长、中华大学校长张家祝(1979 年)均毕业于普渡大学土木系。

结构实验室主要包括博文结构实验室和卡尔结构实验室。博文结构实验室,全名为“Robert L. and Terry L. Bowen Laboratory for large-scale civil engineering research”,位于普渡大学校园南面,建筑面积 6100 平方米,用于极端环境,比如地震、爆炸和冲击荷载下大比例结构或构件性能的研究。总投资为 1100 美元,主要来源由校友捐赠。实验室又包括智能建筑系统实验室和核电站新型结构技术研究中心。智能建筑系统实验室主要用于结构系统的动力响应的研究和教学。在实验室里研究活动关注结构健康监测、结构控制和实时混合测试。实验设备主要有 1 个小规模地震模拟作动器和一种新型实时混合测试设施,3 个可远程操作的教学用振动台,1 个

krypton 六维跟踪系统，dSpace 实时控制系统和广泛的数据采集和传感系统。核电站新型结构技术研究中心主要进行核能工业、应用和核工业技术委员会需要的分析和实验。利用世界上最大的结构工程实验室，可评估结构性能、抗震性能、剩余寿命、抵抗极端事件（事故）性能、材料特性、施工和检验大型结构系统在现代核电站使用。设备包括众多大容量、双动液压作动器和相关控制系统、校准传感器、数据采集系统、模拟事故造成的温度或火灾的辐射加热器。

卡尔结构实验室位于土木工程学院大楼内，建筑面积约 500 平方米，与博文实验室一起进行结构和构件性能的测试。实验室拥有超过 250 平方米可锚固和提供反力的强力地板，锚固点为 6 英尺的网格，每个锚固点可承受 48 吨的力。试件尺寸最大可以为 50 英尺长。此外，液压系统可达到每分钟 70 加仑的运行能力。实验室拥有 600kip（300 吨）多功能试验机、300kip（150 吨）的伺服液压材料试验机测试系统和包括多渠道计算机控制的数据采集系统。

博士生学制和培养

一年内任何时候都可以申请攻读博士学位，但 90% 的学生是在每年的 10 月到 12 月之间完成申请。无论美国学生还是国际学生都要求 GRE 成绩和本科成绩。GRE 成绩没有分数限制，但去年申请成功学生的平均成绩是：Verbal：151，Quantitative：162，Analytical Writing：3. 5。国际学生还要求 TOFEL 成绩（电脑测试≥233；网络测试≥90，其中写≥18，说≥18，听≥14，读≥19）或者 ILETS（≥6. 5）或 PTE 成绩（≥58）。

开始学生被分配一个导师，但和导师见面后，可能更换导师。但是如果学生获得助学金和奖学金，在变更导师前需要和提供资助的导师讨论合约问题。但变更导师需要通过研究生管理办公室协调。普渡大学允许且多数学生是获得学士后直接申请攻读博士学位。学生原来毕业的学校课程设置也并不相同。如果招生委员会或者导师认为学生在数学、物理或者土木工程学习中存在不足，会要求学生在第一、二学期补上该课程。要想正式进入博士课题，需要至少获得博士学位要求总学分（90 学分）的三分之一；如果获得硕士学位，校方也认为达到了 30 学分的要求。如果攻读硕士时，转而申请博士学位，同一个研究方向的硕士课程可以变更为博士课程。

普渡大学机场
（1930 年建，美国第一个大学飞机场）

科多法休闲运动中心（1957 年建，
美国第一栋专为大学生建的体育馆）

喷泉广场
（1989 年建，普渡大学标识建筑）

普渡纪念馆
（1922 年建，普度大学标准建筑）

艾略特音乐厅(1938 年建,世界上最大的前舞台剧院之一)

钟楼
(1895 年建,普渡大学标志建筑)

博士研究生需要在第三学期提交研究计划,类似于我们的培养计划。研究计划需要选择与研究兴趣相关的课程。博士阶段需要完成 48 个课程学分和 42 个研究学分。研究学分由导师给出。从结构工程学科提供学生选择的课程来看,与我们学院培养计划中的类似。但普度大学每门课程 3 个学分,48 个学分要完成 16 门课程。根据我旁听 3 学分钢结构课程来看,一周需要讲授 3 次,实际操作 1 次,每次 50 分钟,一共 20 周,相当于 80 学时,另外还有大量的作业。每门课程的学时远远高于我们。每门课程的成绩需要在 C 以上,如果不幸获得的成绩为 D,需要重新修读该门课程。一个学期最好选择两门课程,三门课程就比较吃力。对于从本科直接攻读学位的学生来说,前 2 ~ 3 年基本都是在上课。

博士资格考试(Qualifying Examinations)

这个考试和中国的博士生培养中的“开题”有些类似,博士生一般是在修课结束之后,开始实质性研究工作之前(或已经进行了少部分可行性研究)进行的。博士资格考试的目的与“开题”有很大不同。开题主要是对研究课题进行全面考查,论证其可行性,顺带考查博士生的科研能力。而博士资格考试的目的在于考察学生的专业知识水平和学科综合素质,衡量学生科学研究的方法、组织和报告研究成果的能力,通过这些对学生学术资质的考核,评定其是否具有继续攻读博士学位和完成博士论文的潜能。

土木学院的博士资格考试安排在博士入学的第二学年的开始。博士资格考试通常由两个部分组成:笔试和口试。交通工程博士生资格考试笔试内容是 4 个主要科目的内容,考试时间是 4 天,并且可以带回家完成。口试的套路大致相同,先由博士生做一个口头报告(Presentation),接下来由数名教授组成的考试委员会提两到三轮问题。口头报告的内容包括考试者的学术背景,如修课情况、成绩、是否通过了学术道德之类的必修课等,以及截至考试时已就潜在的课题进行了哪些先期工作,还有今后的工作计划,包括时间表。教授们的问题则并不局限在和课题相关的范围内。考试通过后就变成博士候选人。如果考试结果为不通过,一般情况下,博士生在第二年 1 月份还有一次重考的机会。如果最终还是无法通过,那么系里一般会建议学生转成硕士或者离开。

中期考试(Preliminary Examinations)

在通过资格考试后一年内,为了向老师证明自己能够继续攻读博士学位,需要参加中期考试。中期考试包括就研究问题的口头汇报和提交一份不超过 25 页的项目建议书。考试委员会由研究生院指定,通常包括指导委员会成员在内,成员人数不少于 4 人。如果博士候选人不能通过中期考试,必须在一个学期后重新进行中期考试。如果第二次考试不能通过,除非考试委员会特别建议并得到研究生院的批准,否则不会给第三次考试机会。通过中期考试后,博士候选人必须在两个学期后才能进行最后考试。

博文结构实验室(2003 年,用于大比例土木工程研究)

最后考试(Final Examinations)

答辩过程基本一样,汇报 45 分钟左右,后面就是提问时间了。国内博士生答辩过程是开放的,评委以外的人员可以见证答辩过程,仅评委投票时其他人员不能在场;而普渡大学的答辩汇报过程是开放的,汇报完后评委会主席询问下面非评委人员有没有问题提问,几个旁听人员提问完几个问题后,评委会主席宣布其他人员离开,不得旁听。

博士研究生实行弹性学制,但学院建议不超过六年。如果博士生六年没有完成学业,需要导师、研究生和学院协商如何尽快完成学业。一般来说,需要 5 年才能获得博士学位。

普渡大学简介

普渡大学(Purdue University)是拥有六个校区的美国印第安纳州立大学系统。其主校区位于美国中西部印第安纳州西拉法叶市,距离美国第三大城市芝加哥约 160 公里,距离其首府印第安纳波利斯约 100 公里。通常所说的普渡大学主要指西拉法叶主校区。它是 1869 年由约翰·普渡捐资、印第安纳州划拨土地创建,主要以传授农业和机械知识为主。目前,普渡大学已发展成为占地 18726 英亩(西拉法叶主校区 2474 英亩、Research Park 591 英亩、试验用地及其他校区 1 万余英亩),现有教员 6614 人,在校学生 69594 人。普渡大学以优良工学院及农学院闻名全美,也在其他领域积极发展,共有十一个学院,涵盖了工程、理学、农学、药学和健康、教育、人文、管理、技术、营养科学及兽医等。拥有完备的教学科研设施,包括教学科研用的飞机场、小型核反应堆以及生物医学中心和纳米技术中心;主校区图书馆藏书超过250万册，分布在12座专业图书馆内。

普渡大学是世界著名高等学府，美国一级国家大学，美国大学协会老牌院校，美国十大联盟创始成员。综合实力在国际上名列前茅，并享有非常高的学术声誉，在美国新闻与世界报道、上海交大世界大学学术排名、英国泰晤士高等教育等主流排名中约处于世界第50至70位。普渡的农学院、药学院、工程学院等都数全美前十。

普渡大学拥有全球顶尖的工程学院，与麻省理工、斯坦福、加州理工等校一同常年包揽着美国工科十强榜，在最新的美国新闻与世界报道的工程学院排名中位列美国第6位。上海交大世界大学学术排名也多次将其工程学院排名世界第10位。工程学院内拥有20多位美国工程院院士，著名的金门大桥和胡佛水坝均出自其土木学院师生之手。

在理科方面，普渡大学造就过13位诺贝尔奖得主，中国的两弹元勋邓稼先、火箭专家梁思礼也都毕业于此。普渡于1962年开创了美国首个高校计算机科学系，并一直处在领跑行列，Wiki、模式识别、遥控技术等都诞生于此，且拥有全美大学中最快的超级计算机。其农学也很优秀，常年排名全美第一，世界前十。在航空航天领域，普渡大学被誉为“美国航空航天之母”，不仅是美国第一所拥有自己飞机场的大学，更是培养美国宇航员最多的大学，世界首位登月人阿姆斯特朗就是该校毕业生。

普渡是相当国际化的学校，在美国境外的名声响亮。国际学生有来自世界125个国家共9230人，并有国际学者895位来自62个国家。普渡同时也是美国公立大学国际学生数第二名、Big Ten联盟学校国际学生数第二名，并且为最多国际学生就读STEM领域(科学、科技、工程、数学)的美国大学。

密歇根州立大学留学简忆

/吴文达

时光飞逝，转眼到美国密歇根州立大学（以下简称 MSU）访学已过 8 个多月了，在此期间，我积极参与了外导 Soroushian 教授承接的美国能源部项目，负责其中一部分研究工作，这使我有机会对 MSU 的土木工程材料研究有了一定程度的了解，以下结合我自己的经历和感受谈谈我对海外科研的认识。

吴文达，男，工学博士。2015 年 1 月赴美国密歇根州立大学 Michigan State University（MSU）从事为期 2 年的博士后研究，研究方向为高性能混凝土，导师为 Parviz Soroushian 教授。

首先，就整个学校科研环境而言，我个人体会比较深刻的主要有以下两点。

一、严格的博士资格考试制度

这里提到的博士资格考试制度并非传统意义上的博士入学考试，而是博士入学后一年左右进行的一次考试，主要是对博士一年级所学的课程进行笔试或面试，一般由十几个考官一起考核，共同打分。所有的一年级学生都会为该考试专心准备，但每年依然会有两成人因无法通过该考试而退学。我开始意识到该考试的重要性也是因为实验室的 Faris 博士，他是一个非常勤奋并且聪明的博士研究生，每天都坚持来实验室，但在我来 MSU 3 个月后的某一周，整个周都没有见到他，后来才知道他是为了该考试做准备，而且他之前已经为此准备了一个多月。MSU 这种严格的测评机制，造就了学生认真的学习、科研态度，尽管以前就对美国高校宽进严出的说法有所耳闻，但时至今日，自己亲身体会之后才有了更深刻的了解。反观自己读博阶段，第一年的课程考试很简单就通过了，相比于这边的淘汰机制，就稍显轻松了。

二、科研展示比赛设置

科研展示比赛是 MSU 针对所有在校研究生举办的一个活动，具体为以海报的形式展示自己所研究的成果。所有参赛研究生就自己的研究以海报的形式展示给大家，并向现场观众进行具体介绍，之后由专家评委打分进而评定成绩。这个活动不仅为研究生的自我表达能力提供了一个锻炼的机会，同时将自己参与的研究凝练在一张海报中，对研究生把握、总结研究重点的能力提出了要求。

密歇根州立大学美景

Soroushian 教授现场指导试件浇筑（右一）

实验室博士 Faris（右一）

接下来，我就个人所在的土木工程实验室的具体情况对国外的科研模式进行简单的介绍，主要包括以下几点。

1. 定时组会制

定时组会制具体是指每个周固定时间例行组会，不过不同于国内的组会方式，我所在的实验室组会是按项目分别进行的。我所在的团队主要成员有 Soroushian 教授（唯一的 MSU 教师）、5 个雇员（非教师）、3 个研究生（1 博 2 硕）以及 2 个访问学者（含博士后），分别参与 5 个在研项目。每周五不同的研究组在不同的时间依次就本组所负责的项目在该周内的进展情况、实验结果以及理论研究等向 Soroushian 教授进行汇报，并与 Soroushian 教授就研究过程中存在的问题与解决或处理方案进行讨论，同时制定下一周的研究目标。这种组会制度既可以解决每个项目的具体问题，又能够节省每位研究员的时间，从而保证各个项目都高效的进行。

2. 定时清理与清理负责制

实验室制定有定时清理时间，具体为每周五上午 10:00 ~ 11:00，届时包括教授在内的所有实验室成员会对自己的办公室桌椅、电脑、地板以及实验室公共桌台和仪器等进行清理，将不需要的试块扔掉，需要的东西重新归置，以保证整个实验室的整洁。同时，在平时的实验中，采取谁实验谁清理的制度，具体如每次实验后，对自己实验过程中使用到的小物件进行整理，混凝土搅拌实验后对搅拌机以及模具进行拆卸、清理和冲新组装，压力机实验后对破坏模块的清扫等，都由实验人自己完成。该制度随着实验室人员以及实验的增加而提出并开始实施，这种根据实践具体问题提出来的具体管理制度被证明是合理并有效的。

3. 实验填写负责制

针对每次混凝土搅拌实验，实验者在进行实验前都需要填写一张表格，内容主要包含实验时间段以及实验负责人等信息，从而确保上述的实验清理负责制的有效落实，另一方面，表格的记录情况也可以清晰显示实验室的进度情况，具有好的监督作用。

8 个月的时间对于做科研来说不短也不长，认识也未必全面，以上仅就目前所见所感做简单的总结汇报。

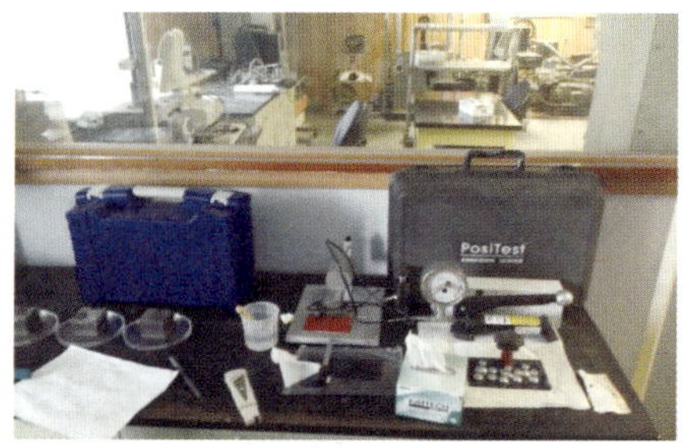

实验室

密歇根州立大学简介

密歇根州立大学（Michigan State University，简称 MSU）成立于 1855 年，是美国第一所依据土地拨赠法案而成立的大学，目前共有可授予学位院系 17 个，专业 200 多个，主要以教育、农业以及通信理论闻名，同时也是包装与音乐治疗研究的先锋，拥有全美历史第二悠久的饭店管理学院，海外研修课程更是全美单一校园大学中规模最大的一个。密歇根州立大学作为公立常春藤的一员，按照《美国新闻与世界报道》的分级方法，是一所一级国家级大学，2015 年综合排名为全美 70，世界 75。

密歇根州立大学地处美国密歇根州东兰辛市，校园占地 5200 英亩，共有建筑 556 幢，除用作学术单位以外，也拥有许多独特的设施，包括沃顿表演艺术中心、多功能舞台、足球场、滑冰场、音乐厅、旅馆以及高尔夫球场等，校园同时拥有自己的发电设施、垃圾焚化设施以及美国国家铁路火车站，形成了城镇聚落。东兰辛市也因 MSU 的存在而成为一座文化教育名城。

内布拉斯加大学林肯分校留学简记

/白春妹

白春妹，本科毕业于南开大学，后于美国内布拉斯加大学林肯分校获得博士学位。在留学期间，曾获美国内布拉斯加州水环境协会学生奖学金和美国国家可持续纳米技术组织学生奖学金，并获得美国初级工程师执照和国际教学助理证书。至今已发表多篇SCI期刊和会议论文，并多次参加国际学术会议。美国土木工程师协会、美国水环境联合会、美国国家可持续纳米技术组织、美国地球物理联合会等的成员。

土木工程是指一切与水、土、文化有关的基础建设的计划、建造和维修的工程。土木工程属于工科，具体是研究用砂浆、混凝土、钢材等建筑材料修建房屋、铁路、道路、桥梁、隧道、港口等工程的生产活动和工程技术。目前，土木工程(Civil Engineering)这个学科已发展成为门类众多、结构复杂的综合体系。土木工程学院细分下去的专业(或系)一般包括交通工程(Transportation Engineering)、市政工程(Municipal Engineering)、结构工程(Structural Engineering)、大地工程(Geotechnical Engineering)、水利水电工程(Water Resources and Hydropower Engineering)、建设工程(Construction engineering)、环境工程(Environmental Engineering)等。不同专业方向研究的内容有的时候差别很大。比如，交通工程主要研究的是交通发生、发展、分布、运行与停驻规律，探讨交通调查、规划、设计、监控、运营、管理、安全的理论、方法以及有关设施、装备、法律和法规，协调道路交通中人、车、路与环境之间的相互关系，使交通更加安全、高效、快捷、舒适美观、方便、经济的一门工程技术学科。而市政工程则主要研究的是市政设施建设工程。市政设施是指在城市区、镇(乡)规划建设范围内设置、基于政府责任和义务为居民提供有偿或无偿公共产品和服务的各种建筑物、构筑物、设备等。具体来说，研究方向有跟城市污水处理、城镇给排水管道网的设计布局等相关的方面。可见,不同的学科分支研究的具体方向还是有些差别的。我国现有五百多所高校设有土木工程专业(含二级学科)。我个人觉得,我国土木工程专业相对比较强的学校有:清华大学、同济大学、哈尔滨工业大学、浙江大学、湖南大学、北京交通大学、河海大学、西南交通大学、天津大学、重庆大学、福州大学等。

我国与美国的土木工程专业课程设置的区别主要体现在专业细分这点上,国外是大专业制,而国内多数是小专业制。例如,国内很多大学,本科就有独立的交通学院、环境学院、测绘学院,而在美国交通工程、环境工程和测绘多数是在土木工程学院下,很少会开设单独的学院。国内从大一一入学就细分好专业;而在美国,本科到最后一年或两年才会开始分专业,而且分专业也仅是一种选课的倾向,并不限制死。美国大学土木工程专业课程设置除了包括各种数学(如微积分和微分方程)、基础科学(化学、物理、地质学、生物学等)、工程科学、工程设计、还包括人文和社会科学。另外,还可能会有计算机、英语、作文、演讲、报告写作、工程经济学和统计学等。相比较国内的课程设置来说,美国的课程设计的宽度和广度高于国内,强调学生的知识结构完整,包括较多的社会、人文知识的补充以及自身学习实践的能力。美国土木工程专业研究各有千秋,比如麻省理工学院的市政基础设施建设(道路、铁路、桥梁、渠道、净水系统、交通运输);斯坦福大学的结构工程与地质力学、建筑气候与能源;加州大学伯克利分校的建筑工程材料、水利、结构工程;伊利诺伊大学香槟分校的基础设施建设(桥梁、大坝、地铁、高速公路);康奈尔大学的计算固体力学、地震研究、结构工程等。美国的土木工程专业排名与美国工程学院排名基本上保持一致,加州伯克利大学(Univ. of California Berkeley)、伊利诺伊大学香槟分校(Univ. of Illinois Urbana-Champagne)、斯坦福大学(Stanford Univ.)、乔治亚理工学院(Georgia Institute of Technology)等学校是土木工程专业的传统名校,普渡大学西拉法叶校区(Purdue Univ. West Lafayette)、卡内基梅隆大学(Carnegie Mellon Univ.)、宾夕法尼亚州立大学(Penn State Univ.)等学校也非常强。1852 年,美国土木工程师协会(American Society of Civil Engineers, 简称 ASCE)成立,ASCE 下设主要专业机构包括:建筑工程研究会，环境工程与水资源研究会，海岸、海洋、港口及河流研究会，建造研究会，交通与发展研究会，结构研究会，地球与地理研究会和技术活动委员会等。ASCE涵盖了交通、运输、能源、建筑、给排水、水文学、水力学、水资源、环境学和航空航天等土木工程类的所有学科领域，将美国土木工程专业的教育科研推向高峰。

目前，我国土木工程人才培养还存在着一些主要的问题。例如，长期以来我国的工程教育一直委身于科学教育，工程教育被视为科学的附属。土木工程教育人才培养目标定位模糊，培养的人才与社会需求脱节。教育受制于管理部门落后的专业目录和课程体系，现代土木工程师所必需的经济、管理、社会、法律等多方面的课程严重不足，难以成为学科交叉的综合性人才。学校与企业脱节，实践工程教育严重缺位。教师队伍的非工程化趋向严重，缺少"双师型"教师。目前，高校里教师的教学评价体系主要以科学家类型的人才为目标，以文章数量为标准，这种纯科学的导向扼杀了工科特色，导致绝大多数教师缺乏动手实践能力及工程设计和组织管理的实际经验。针对目前我国土木工程人才培养教育存在的一些问题，有必要针对这些问题提出一些改革措施。如有行业主管部门负责，组织相关高校企业等对相关的课题进行综合科学分析，明确土木工程教育培养体系和目标定位。行业主管部门制定相关政策，要求企业加强与高校的合作，明确企业在人才培养中的职责，每年为高校提供一定数量的实习岗位，将它视为企业通过年检的必要条件，同时能够为高校提供优质服务的企业给予其他优惠政策，以资鼓励。高校及主管部门制定相关的政策，要求从事土木工程本科生教学的教师必须到基层企业锻炼若干时间，可以考虑跟职称评定体系挂钩，为"双师型"教师提供优惠条件，以加强高校教师队伍的工程特色。土木工程教育的目标是培养"应用型、复合型、创新型"的人才，现阶段人才教育培养的改革是个复杂漫长的过程，牵涉到国家、行业、高校等各个层次，需要共同努力和共同探索。

内布拉斯加大学林肯分校简介

内布拉斯加大学林肯分校(简称UNL)是股神沃伦·巴菲特的母校，是美国中西部的著名公立综合性大学，其农业科学与自然资源学院长期居于世界领先地位，化工、精算等专业亦在全美处于领先地位。UNL是1869年根据美国的《土地拨赠法案》创建,是内布拉斯加大学的旗舰校区,也是内布拉斯加州的最顶尖的大学,排名在美国公立大学前五十。林肯分校位于该州第二大城市林肯市区,由中心校区和东校区两部分组成,其中心校区的南端与林肯市中心相接。2014年US.NEWS全美综合排名99,QS世界大学排名201~250,泰晤士报世界排名276~300。UNL是美国西部地区第一个设置博士学位的大学,教学严谨且研究成果丰富被誉为公立常青藤,隶属美国中西部"Big ten"十校大联盟。在林肯市主要有两个校区,City Campus(紧临林肯市中心的正北)和东校区(East Campus)。东校区位于City Campus东北两英里。UNL学校治学严谨,环境优雅,民风质朴,是求学的好地方,曾被Scientist Magzine评为"最适合学术工作的地方前十名"(Top 10 Best Places to Work in Academia)。林肯市位于内布拉斯加东部,普拉特河流域附近。林肯市内交通十分方便,费用低廉,全市的巴士系统对大学的学生免费,自行车旅行或步行都十分便利。林肯同时也是一个公园般的城市,位于市中心商业区的校园,是当地购物、饮食、美术馆、影剧院、酒吧、政府机关所在地。林肯有各个种族的组织团体,另外有很多志愿者帮助国际学生适应他们在林肯的生活。在林肯有许多经营各个国家和民族特色饮食的餐馆和商店。每年有许多美国和国际上的艺术家到林肯访问演出。

加拿大研究生教育的特色

/赖元文

赖元文，福建上杭人。2000年9月～2007年3月就读于东南大学交通工程专业、交通运输规划与管理专业，获学士学位、硕士学位；2008年9月～2012年6月就读北京工业大学交通运输规划与管理专业，获博士学位；2014年3月～2015年3月到加拿大瑞尔森大学（Ryerson University）访学。2007年3月起在福州大学工作至今。主要研究方向为城市交通规划、道路通行能力、公共交通运营可靠性等。

加拿大研究生教育与学位制度自19世纪中后期创建以来已发生了很大的变化。研究生培养无论是在数量还是质量上均有显著提高。在充分吸收全球先进的培养模式与办学理念的基础上，加拿大各大学研究生教育形成各自的特色，同时又不失其共性。

加拿大研究生教育阶段，主要有三类学位，即研究生文凭（Graduate Diplomas）、研究生证书（Graduate Certificates）和硕士学位（Master′s Degree）。

总体而言，开设研究生课程的大学，大多授予研究生文凭及证书。通常研究生文凭和证书课程在一年之内便可完成，学生只需完成必修的课程、研究报告及考试，不需要提交研究计划或论文。但学生必须在完成学士课程后才可得到许可进入研究生文凭或证书课程学习。

硕士学位大致可分为两类：研究硕士学位和专业硕士学位。前者主要以培养研究人员为主，如文学硕士、科学硕士、应用科学硕士等；后者主要以培养专业人员为主，如会计硕士、金融硕士、工程硕士、研究生等。

招生、学制和课程设置

在加拿大，攻读研究生无须参加全国统一或学校组织的入学考试，但必须满足一些基本的条件。申请攻读硕士学位者要求具备学士学位，另外，大学阶段各科成绩须在B以上。对于申请到加拿大攻读硕士学位的外国人，根据专业的不同，要求其达到规定的 GRE 成绩或者托福成绩。申请攻读博士学位者,则一般要具备硕士学位,其硕士阶段各科成绩须平均达到 B +,同时还需要具备一定的研究能力。

学制上,加拿大硕士生一般是 1 ~2 年,博士生则是 1 ~3 年。如果因故未能完成学习计划规定的全部内容,可适当延长学制。实际上,由于加拿大对博士研究生的严格管理和要求,多数博士研究生都需要 4 ~6 年才能毕业。

不论是攻读硕士学位还是博士学位,研究生都必须选择相当数量的基本课程,否则不能参加课程考试或得到学位。专业课程主要有三类:知识课、研究课和阅读课,授课方式和训练重点不尽一致。知识课以基础知识训练为目的,在题目和范围的定义上很灵活。阅读课上教授会提供一个详细的阅读书目,将该专题的重要著作分类列出,有助于深入阅读和准备资格考试。上课时,学生可随时举手要求发言,提问题,与教授讨论。

瑞尔森大学创始人 Egerton Ryerson 雕像

研究生的培养

加拿大研究生教育的指导思想是引导学生积极进行科学探索研究,鼓励学生的创造精神。研究生教育计划与学生的智力与知识密切结合。在该思想指导下,加拿大研究生教育对于课程设置及教学计划都做了严格要求。加拿大研究生教育的课程设置非常重视跨学科和跨专业,在许多学校开设了更多的跨学科的课程,允许学生自己选择课程,学生不仅可以跨专业、跨系,还可以跨学校进行学习。

瑞尔森大学教学中心

加拿大的大学基本上都实行学分制,但计算学分的方法各有不同,学生必须修完所规定的学分,才可以取得学位。在加拿大,要在规定时间内完成硕士学位和博士学位的学业是非常困难的。在硕士阶段,学生除了修完所规定的众多课程以外,还要花费至少一个暑假的时间用于论文写作。博士研究生在就读期间除了参与研讨会、进行有指导性的阅读及学习必修课程以外,主要任务就是参与课题研究,写出能够体现创造性研究的毕业论文。

加拿大研究生教育在培养方式上注重理论学习与实践操作并进,讨论与实践并重。上课时,学生除了要讨论预先指定的阅读材料外,还要设想自己的研究方案与设想,并与大家一起讨论。在师生讨论过程中,整个学术氛围相对开放,师生关系较少有个人因素的纠缠,在讨论过程中往往能做到平等对话。同时在某些研究方法上，还要求学生进行实践操作。通过这样对阅读、研讨、实践的反复强化，可以实现学生对基本研究方法的掌握。

诚信教育

诚信教育是每个教师上课的重点，但不是虚无缥缈的说教，其落脚点体现在对实验数据的详细分析、对出现问题的数据不轻易否定等严谨的科学研究态度上。尤其是教师非常重视对他人成果应用时的说明，要求学生在平时的作业和论文中对参考文献进行详细的标注，充分体现了对知识产权的尊重。

瑞尔森大学老校门

瑞尔森大学土木工程系楼

鼓励创新与合作

在教学上倡导“学习源于问题”的模式。在课堂上，教师鼓励学生提出问题和解决问题，同时鼓励学生之间的沟通和合作。学生在课程教学中可以随时举手提问；在分组实验中，除了按要求完成自己的任务之外，还必须共同讨论、合作交流，以便较好地完成本组的任务。在科研工作中也是如此，学生既有分工也有合作，协作精神随处可见。而且，学生的课程成绩不是由一次考试决定的，还与平时的提问、回答问题和实验的认真程度等直接挂钩。

严格且人本化的管理方式

加拿大对研究生的管理既严格又灵活。严格之处在于：①学生一定要修满规定的学分，少一点也不行；②质量一定要有保障，决不可滥竽充数，比如，加拿大院校要求博士论文必须要对所研究领域有独特见解或做出贡献，否则论文不予通过；③硕士、博士学位授予权控制较严。凡达不到一定要求、学术水平不高的大学，无权招收研究生，全国250多所高校中，只有100来所学校有硕士授予权，而有博士学位授予权的高校仅有18所；④对学位授予权实行动态管理。加拿大虽然没有全国性的学位评审机构，但各省教育部对辖区内高校有最终审定权。各省教育部不定期对高校的研究生教育进行检查和评估，如果教学和管理不规范，质量下降，就会被终止学位授予权。

加拿大研究生教育管理也有许多灵活措施：一是没有年龄限制。只要符合学术条件，多大年龄都可以就读。二是研究生可以随时申请辍学或转学，也可以中途外出就业，然后再回到学校继续学习。二是研究生课程灵活多样，多数课程没有现成的教材；大多数教师常常把反映新兴学科或边缘学科的最新研究成果作为教学材料。四是教学方法形式多样。有时以教师讲授为主，有时以学生讨论为主；有时教师把不同的研讨主题分配给学生，让大家到图书馆查阅大量资料文献，经过充分准备后到课堂上演讲，让全班进行讨论甚至辩论。五是对研究生开展多层次心理咨询和辅导。针对一些研究生在面对学业、科研、生活以及未来就业等方面压力的时候，表现出意志消沉、萎靡不振，有的甚至出现严重的心理障碍问题，可能危及个人健康和社会稳定。因此，加拿大大学非常注意对学生进行心理指导、疏导与咨询，作用比较明显。

有效的产、学、研结合

加拿大研究生教育无论在研究生培养目标或培养方式上均十分重视与大学的教学研究相结合，并与政府、企业广泛地合作，使研究生教育主动地适应社会的需要。加拿大政府、企业和大学之间有很好的合作关系和环境。政府在规划或制订研究和开发项目时就必须考虑大学力量的参与，还专门设立了3个基础理事会，为大学提供研究和开发基金。政府在规划和实施国家优秀中心网络建设时也把有关大学作为主要力量来考虑。加拿大的企业也很乐意跟大学开展合作研究与开发，或开展合作教育企业欢迎研究生参加项目的研究和开发，这种互相取长补短对于培养未来的企业人才非常有利。

土木工程系交通安全与模拟实验室

启示

他山之石，可以攻玉。加拿大研究生培养的经验，在某些方面给我国研究生教育的发展提供了一些参考。我们应立足于本国国情，寻求更加恰当、完善的研究生招生制度、培养体制、管理方式等，从而促进我国研究生教育水平的提高。

1. 培养路径多样化

社会对高层次人才的需求是多样化的，对研究生的培养目标也应该像加拿大那样多样化。多样化不仅要体现在大力发展各种类型的专业学位，而且在每一种学位中，也要根据社会需求灵活制订培养目标与设置课程。

2. 宽进严出，保证研究生质量

最近几年我国研究生招生规模逐步扩大并适度降低了攻读研究生的门槛，但在研究生培养的质量问题上却存在一些问题。一个导师带多个学生的状况越发普遍，加上导师自身繁重的学术及政务工作，致使导师无力监管众多学生的学习情祝，学生在学习期间非常茫然、散漫，学术素养不能得到很好的发展提高。

对研究生的论文要有较高的质量要求，应强调创新和原创性，因为论文水平是衡量研究生培养质量的主要标准。加拿大对硕士生、博士生的论文撰写，从形式到内容都有较严格的明确规定，其核心是创新和原创性。而我国的研究生毕业论文一般都存在引用文献不准确、文献综述及分析不够充分、研究方法不够严谨、缺乏创造性等现象，还有一部分研究生学风不正，其论文有捉刀代笔、拼凑抄袭之虞，急待重视和解决。

3. 以人为本的研究生管理

土木工程系学生毕业答辩

加拿大对研究生教育的管理非常严格，但又不乏“人本”化。在当前强调“以人为本”的社会里，我国对研究生的管理也走向了“人本”化，但在某些方面还过于制度化；随着招生数量的增加，研究生管理呈现模块化，没能够完全深入学生中了解个体学生的生活学习需求。尤其是对于当前研究生在学业、生活、科研及未来就业上存在的心理压力，学校没能给予很好的关注和指导。

4. 保证科研经费，加强产、学、研的有效结合

高等教育尤其是研究生教育，其重点是培养学生的学术能力和科研能力。因此，研究生教育除了保证有效的课程学习以外，还需要根据社会需求，大力搞好科研，努力提升自己的科研水平，并通过在政府、学校及企业之间形成良好的合作关系和环境，来实现产、学、研的和谐互动。科研经费是否充足是产、学、研能否有效结合的最基本前提，所以我们还需要寻求除国家、地方以外的多渠道投资途径，为我国研究生教育科研提供经费保障。

瑞尔森大学简介

瑞尔森大学(Ryerson University)是加拿大一所著名的公立大学，校名以早年加拿大西部的教育部长 Egerton Ryerson 而命名。校址位于加拿大安大略省，加拿大最大城市多伦多市中心，是一所典型的城市大学。瑞尔森大学的前身为成立于 1948 年的瑞尔森理工学院(Ryerson Institute of Technology)，于2002年正式易名为瑞尔森大学。该校的教学宗旨是“通过实践学习知识”。

瑞尔森大学现在已经发展成创新、就业为导向的高等学府。目前，瑞尔森大学已经拥有37个硕士点，13个博士点。据统计，瑞尔森大学目前有学生约38950人，其中硕士研究生和博士研究生约2300人，教职员工2700人。

瑞尔森大学在1993年被誉为教育创新型学校，作为国际上享有盛誉的教育革新者，瑞尔森大学因其在相关专业上取得的学术成就成为21世纪学校的典范，而且瑞尔森大学在近十年中每年都会引进新的本科教育方案。学校在注重本科教育的同时，也关注研究生层面的课程设置，学校还不断地引进新的硕士学位课程和博士学位课程，如生物医药物理学、儿童早期研究、环境应用科学与管理等。近年来，瑞尔森大学的研究经费迅速增长。

亚利桑那大学留学简议

/范功端

范功端，男，1984 年 11 月出生，福建福州人，工学博士，副教授，市政工程专业。

本人有幸接受中国国家留学基金委（CSC）的资助，于2016—2017 年赴美国亚利桑那大学（University of Arizona）进行为期一年的访问。在国内，市政工程是土木工程的二级学科，而在美国，土木工程下未设市政工程，他们将这块放在了环境工程，因此我所在的学院是工学院下的化学与环境工程系和环境工程专业，合作导师是 Shane A Snyder 教授，他是亚利桑那新兴污染物实验室（ALEC）和水和能源可持续技术中心（WEST）主任、环境领域著名 Chemosphere 期刊（IF 4.39）主编，美国环保署专家委员会成员。

以下是结合自己在 UA 的学习、科研经历，从大学四大职能谈一谈几点较深的感受。

一、关于教育教学

我有幸旁听了导师的两门课程，一是给本科生上的《Water & Energy：Conventional and Alternative Systems》，课程内容类似国内的《水质工程学》，不过进行了大量拓展，更关注水处理过程中的能源问题；另一门是给研究生上的《Analysis of Emerging Environmental Contaminants》，对应国内课程是《环境分析》，不过他们更关注目前环境领域热点新兴污染物的检测分析。几点值得借鉴的是：①采用了小班教学，很小的教室，教师距离学生很近，授课过程中，学生有疑问可随时自由举手提问，学生很少走神，更没有玩手机的。学生提的问题五花八门,教授经常也答不上,常常是助教将问题记下,下次课做解答。课堂总体信息量很多很充实。定期设有讨论课,讨论课上以学生为主,针对某个问题展开讨论。②考核形式多样,我所上的课程最终成绩构成为:课堂出勤和参与10%、课后阅读和作业15%、期中考试15%,第二次考试15%,学期报告(小论文)15%,PPT汇报(讨论课)15%以及最终考试15%。此外还要去参观水厂和实验室,实验安全培训与实验检测分析、实验报告等。③课程采用了学校统一的教学管理系统(D2L),这个系统中课堂PPT、要求的阅读材料以及其他资料都在上面,学生作业及问题也都可以在上面提交。每门课均配有助教,因此提交的问题一般很快能得到答复。④总体感觉讲授的知识很前沿,也很贴近实际工程,举的例子基本上是近几年的重大工程与最新发表的文献,提高了学生兴趣和积极性。

二、关于科学研究

总体感觉这边学科交叉深度融合是一大特色。我所在Shane教授的实验室有三大部分,一是在BIO5,这是由农业、工程、医学、药学和工程融合建立的研究院;在环境工程与化学分析、健康、医药与工程融合得到了很多革新。Shane教授在BIO5的实验室几乎包括了所有的环境分析仪器,号称世界上三大环境毒理实验室之一,这些仪器大部分是由Agilent公司赠送,这也是Agilent公司的联合研发基地之一;另一个实验室是传统的水处理中心,里面包括了臭氧、紫外等高级氧化处理中试设备与装置;还有一个是ALEC和WEST中心,这是与当地水处理与污水处理厂共同建立的联合实验室,主要关注水、污水处理和替代能源研究,里面融合了工程、生物、毒理、检测分析、自动控制等。环境工程这种涉及多种行业的学科,未来多学科交叉成为其发展的必然,特别是与健康领域的交叉,因为其主要目的就是为了人与自然能更好更健康的生存与发展,就像BIO5所提的口号:Big questions. Bold Solution. Better Tomorrows。另一方面,Shane教授国际交流频繁,他同时还是沙特阿拉伯大学杰出教授、新加坡国立大学客座教授,目前承接了包括中国、新加坡、沙特、越南、老挝等国家的合作项目,帮助他们分析检测水质,提高水处理技术,改善饮用水水质。

三、关于服务社会

除传统大学参与地方与国家经济建设外，这里的一大特色是大学为公众服务，这之前，我还没有见过一所大学像 UA 这样对一个城市影响深远。UA 基本上遍布整个图森城市，学校对社会开放了各种各样的展馆，如州立博物馆、历史博物馆、艺术馆、天文馆、地质馆、生物圈 2 号、光学中心等，所有人均可参观。同时学校还定期组织大学开放日、科普活动、讲座等，吸引全城百姓前来，从太空知识、自然地理、物理化学、生物医学到个人健康及生活方方面面等向市民普及知识，发放科普手册。将大学长期积累的知识与文化向公众普及，既可提高国民素质与生活质量，为百姓带来实实在在的好处，又可以促进知识进一步积累与传播，我认为这也是我们国内大学应该关注的一个方面。

学校主楼（旧）

四、关于文化传承

UA 地处沙漠腹地，每年日照 300 天以上，常年高温干燥，可以说条件恶劣，然而沙漠中满山遍野可见仙人掌、仙人柱、仙人球等，这些植物在长期忍受干旱中生存繁衍下来。UA 将这种精神作为自己的校训（BEAR DOWN），在校园中随处可见的 BEAR DOWN 标志仿佛提醒人们坚持一下，拼下去一定会获得成功。UA 最终也化气候这一不利条件为有利，成就了他们电子、太空科学和光学（这些学科非常适合在干燥环境下研究）成果顶尖学科，形成自身的特色。当然美国其他大学的自由、民主、严谨、开拓进取精神同样也在这里得到传承，从美西南腹地到宇宙边缘，UA 的研究没有界限，只为了更好地诠释世界与更美好的未来。Bigger Questions. Better Answers. Bear Down。美国的大学，从建校到现在的各式建筑保存非常完整，各式各样的楼以杰出教授、校园或捐助者命名，这些无疑也是大学文化的积淀，同时也为后来树立了很好的榜样。

以上仅个人主观感受，受制于个人的阅历、眼界，有一些观点也可能值得商榷，望广大读者谅解并予以批评指正。

亚利桑那大学简介

亚利桑那大学（University of Arizona），简称 UA，世界知名

高等学府,美国最负盛名的公立研究型大学之一,始创于1885年,坐落在亚利桑那州第二大城市图森市中心,被群山及美丽的苏瑙安(Sonoran)沙漠所环绕,棕榈树和仙人掌列于校园道路两旁,占地387英亩。图森一年的光照在300天以上,被称为“日光之城”,在当时,在沙漠中央建立一所大学确是大胆创举,也确非易事;而正是因为这得天独厚的地缘因素和开拓创新的精神,该校的天文、地质、地理、土建等学科有着雄厚的科研实力,而人类学、社会学、哲学、法学、工程学、生命科学在美国也名列前茅,被誉为“公立常春藤”大学之一,同时也是北美顶尖研究型大学联盟美国大学协会(AAU)的62所成员校之一。大学师资力量雄厚,曾荣获10次Nobel奖和Pulitzer奖项,拥有63名美国科学院、工程院、艺术院院士以及80名美国科学促进会院士。

亚利桑那大学是亚利桑那州第一所综合研究型大学,每年从美国国家科学基金会(National Science Foundation)获得接近7亿美元的科研经费,被卡内基教育基金会列为特高研究密集型大学。该校的光学研究中心是美国三大光学中心之一,也是世界上最优秀的光学中心之一,商学院的管理信息系统学科与麻省理工学院和卡耐基梅隆大学并称为MIS三巨头,此外,该校还是美国国家航空航天局(NASA)的重要太空辅助基地。根据2017年US News世界大学排名,亚利桑那大学位居全球第73位。该校学生规模3.5万,拥有超过300个专业,由22个学院组成,其光学、天文学、量子科学、分子学、信息管理系统(MIS)、社会心理学、地质学、应用数学、植物遗传和地球学、群体生物学排名全美前5;分析化学、人类学、天体物理学、地质科学、生态和进化动力学、水文地质学、药剂学、护理学、沉积学、地层学、地质结构学等十余个学科均排名全美前10。该校的另一传统是崇尚体育,校篮球队最近几年已跻身于全美顶尖强队之列,2017年NBA总决赛的两个球队有7人来自UA。誉满全美的橄榄球和棒球队征战于第一赛区,男女子校队都常赢得大量的资助,看校队比赛也成为学生最喜欢的周末娱乐之一,特别是对阵老对手亚利桑那州立大学的时候。亚利桑那大学在体育比赛中常常呐喊的加油口号是“Bear Down”。

海外留学看交通——记加拿大阿尔伯塔大学访学心得

/吴德华

吴德华，副教授，硕士生导师，同济大学博士毕业，加拿大阿尔伯塔大学访问学者。现福州大学土木工程学院交通工程系从事教学和科研工作，主要研究方向为道路交通安全、交通规划与设计、智能交通；先后支持或参与西部交通建设科技项目、福建省自然科学基金等多项纵横向项目，已发表论文20余篇，其中EI收录6篇。

一、访学经历

本人受国家留学基金委青年骨干项目资助，自2014年9月20日起在加拿大阿尔伯塔大学开始为期12个月的访学，至2015年9月20日止。在访学期间参与导师Tony. Qiu教授领衔的ITS科研团队，与团队成员共同在高速公路智能管理与应用、高速公路交通事故预测与分析、高速公路交通安全应急指挥与支援系统、高速公路可变限速控制策略、车联网仿真应用平台开发等相关内容进行研究和探讨。

在访学期间，本人坚持每周五下午参加科研团队的学术组会；以个人成员名义参与ACTIVE-AURORA实验室研究团队发起的国际会议两次；每周二积极参与阿尔伯特大学论文写作与交流英语角；参与由科研团队发起的埃德蒙顿城市快速路Whitemud Driver可变限速控制策略效果实验研究；坚持与科研团队成员共同办公和交流。课余时间，联系了埃德蒙顿当地2～3个教堂，领悟了基督教会在当地人与人之间的地位和作用，其成为当地维系社会稳定的重要一环；造访了位于温哥华的著名大学University of British Columbia（UBC）；领略了北美绚丽舒适的夏日风光和美轮美奂的景色，联想到福州难熬的夏天，深刻认识到环境保护的重要性。

二、海内外交通研究发展潜力

纵观国外发达国家的发展历程，大兴土木工程的时代已然过去，城市化进程已经基本停滞，决策者逐步转为对城市软实力的不断重视和提升，因而交通领域的研究正在得到越来越多的重视，吸引了不少数学界和其他领域的牛人参与交通研究，特别是近年来很多海外华人逐步进入国际交通领域学术权威，占据了 Transportation Research Part B、Transportation Research Part C、Transportation Research Part F、ASCE 等国际权威学术期刊的主编、副主编或编委。从国内的发展趋势看，东部沿海相对发达地区大规模基础设施建设已经基本进入尾声，国家对交通领域的研究特别是对交通基础科学研究投入不断加大，如继 2006 年首次立项国家 973 交通项目“大城市交通拥堵瓶颈相关基础科学问题研究”后，2012 年由北京航天航空大学黄海军教授担任首席科学家的“大城市综合交通系统的基础理论与实证研究”获批立项，项目联合北京交通大学、清华大学、中国科学技术大学、浙江大学、上海大学、北京工业大学、北京交通发展研究中心、北京四通智能交通系统集成有限公司、中国城市规划设计研究院和交通运输部科学研究院等 11 家学校、单位共同承担。国家层面的重视也吸引了海外交通学术领域的华人不断回流和重心转移，如“千人计划”特聘教师冉斌（威斯康辛大学麦迪逊任终身正教授），同济大学长江学者特聘教授张红军（University of California at Davis 终身正教授），上海交通大学的交通运输研究中心主任，“千人计划”特聘教授陆键（University of South Florida 终身正教授）等陆续回国受聘“千人计划”或长江学者担任特聘教授，为国内逐步升温的交通研究出谋划策。

阿尔伯特大学校园风光

因此，未来国内交通学科领域的研究潜力巨大，市场应用前景更加广阔，为交通学科建设提供了很好的发展环境，值得学校继续加大投入，不断增强学科实力，发展成为学校的特色专业和拳头专业。

三、一点建议和启示

（1）对交通专业本科教育的一点建议

在一年访学期间，先后碰到如华中科技大学、吉林大学、山东大学等学校中外合作办学本科生和海外交流学生，这是国内高校走国际化道路的一个重要发展方向。在第一阶段国内两年时间里，学习国内课程和参加外语水平考试，根据成绩进行择优推荐，第二阶段在国外高校学习两年，毕业后获得国外当地高校的毕业证，经过与这些学生的交流得知，毕业后部分学生选择继续申请硕博士深造，且获得知名高校录取和奖学金资助概率较大，部分学生就在当地选择就业，部分学生则回国就业，由于在国外 2 年的学习经历，在外语上有一定的优势，普遍较受外企公司欢迎，具备了较强的就业竞争力。

为推动学院弱势学科的跨越式发展，这一办学模式值得借鉴，它可以集中有限财力和精力，在推动学校的知名度不断提升的同时，真正推动本科生的国际化，这才是提升学科吸引力和提高办学水平的根本，学院既然在土木工程专业已经开始实践，建议继续拓展在交通专业方向上的中外合作办学渠道并赋予实施。

与科研团队办公留影

与科研团队聚餐留影

（2）对科研及学术团队建设的一点启示

科研团队对学术的重要性如同鱼对水的依赖，也许有些牛人能够单打独斗取得成功，但是从概率角度分析，有团队的学术水平一定会超过没有团队的个体学术水平。在本人的一年访问期间，领教了国外高水平学术团队的运作方式，其中每周坚持召开的学术组会就很值得我们借鉴和推广。一般每学期开学时在导师倡导下开始制订计划，团队中成员每学期必须安排 2 ~ 3 次就自己的研究最新进展或研究心得体会或是国际上最新研究进展在大会上做报告，会议设组会秘书，成员轮流担任，负责会议记录，会后整理发送全体成员，促进团队信息共享。在导师临时有事出差时，可由高年级成员继续支持，从不间断，因为设了组会秘书负责记录，导师在千里之外仍然对每次会议的内容和发言及研究进展了如指掌。

（3）对交通实验室建设与管理的建议

自 2004 年交通工程实验室成立以来，应该说短短数十余年间，交通工程系师资和科研力量得到不断加强。但是对比学院强势学科的投入，尤其是在实验室建设方面的投入可谓凤毛麟角，与交通学科潜在发展潜力相比很不相称。国内高校如同济大学、吉林大学、北京工业大学等交通学科强势专业不断在交通实验建设方面加大投入，并取得了较好的科研预期，但与国外实验建设和环境相比条件还是简陋。因此，建议在实验室建设方面，选择 1 ~ 2 个研究方向，集中财力重点资助并加大投入。

四、结语

一年的访学经历，开拓了眼界、收获了经验、促进了交流；了解了学科发展前沿，学习了先进技术；领略了北美风光和风土人情，丰富了个人履历。一点启示和建议仅代表个人见解，以供参考。

阿尔伯塔大学简介

阿尔伯塔大学位于加拿大阿尔伯塔省会城市埃德蒙顿，成立于1908年。阿尔伯塔大学是加拿大G13大学联盟的成员，多年来与多伦多大学、麦吉尔大学、英属哥伦比亚大学一起稳居加拿大研究型大学前五，世界排名前百。随着阿尔伯塔省经济的繁荣和教育投入的增加，校方的目标是在2020年成为跻身全世界最好的20所公立大学。

学校声誉

学校多年来排名稳居加拿大前五位，学校的科研水平和教育质量在加拿大的学术界和工业界都有很好的声誉。在加拿大麦克林杂志学校声誉排名中：阿尔伯塔大学"最富创新精神"列第3，"明日领袖"列第4，"综合声誉"列第4；2009年世界综合大学排名名列第55名，仅次于美国南加州大学；2009年，世界商学院MBA排名为第77名；英国QS2012年颁布的200个顶级院校29个专业排名中，阿尔伯塔大学在所有专业类别中全部上榜，在加拿大大学中和麦吉尔大学并列第一。在全国大学中，阿尔伯塔大学占皇家学者协会会员人数以及申请美国技术专利和技术转让总数均居第五位，其科研收入与所得资助总额居全国第五。

办学规模及服务设施

阿尔伯塔大学共有约38000多名在校学生，当中包括5800多名来自全球130个国家的国际学生。学校共有3300多名教学人员和约6000名服务人员。阿尔伯塔大学致力于为师生们提供良好的学习和生活氛围，学校设有80多个学生服务项目，包括保健、学术研究、个人财务资助和就业协助等。在各校区共设有8个各具特色的学生宿舍，为4000多名学生提供住宿。体育娱乐中心兼有室外与室内的多种娱乐设施。课外活动方面，阿尔伯塔大学有300多个学生俱乐部和协会，21支不同专业的体育运动队及500多项校园内的健身娱乐活动。阿尔伯塔大学的体育比较出名,尤其以排球队和冰球队较为优秀,经常可以拿到国家级的奖项。

教学优势

阿尔伯塔大学校园内的各种设施十分完备先进。主校园占地89公顷,还有5000公顷校外科研用地,广阔的校区容纳了400个科研实验室。大学图书馆是加拿大第二大科研图书馆,人均图书拥有量居全加拿大第一。艺术中心拥有国内最新最好的戏剧教学设施。在全加3M教学优秀奖中,阿尔伯塔大学的23名教师获此殊荣,也是加拿大拥有此殊荣最多的大学。阿尔伯塔大学拥有超过400个各类实验室和数个国立研究所,自1988年以来已经取得了超过26亿加拿大元的外来科研投资。

专业介绍

阿尔伯塔大学的21个学院提供200多个本科课程及170多个研究生课程。阿尔伯塔大学的主要院系有:农业,林业及家政学院、文学院、商学院、教育学院、工学院、理学院、法学院、医学及牙医学院、土著居民研究学院、护理学院、制药及药理学院、体育及康乐学院等。

阿尔伯塔大学在地球科技与地球环境工程、鱼类研究、石油化工、化学、环境科学与工程等学科最为著名。由于所在省份阿尔伯塔省是加拿大著名的石油产地,不但经济上较其他大学优越,相关科研及课程也位居加拿大前列,尤其以石油工程最为出名。热门专业包括:农业经济管理、食品加工管理、动物学、生物保护、人类生态学、家庭与消费学、古代和中世纪历史、中文研究、会计学、商务研究、金融、医学、医学实验科学、护理、药剂学、保险精算、应用数学、交通工程等。

瑞尔森大学访学经历及几点思考

/阙云

阙云，工学博士，副教授，2007年9月获得同济大学道路与铁道工程专业博士学位；2015年10月～2016年9月以访问学者身份在加拿大瑞尔森大学进行为期一年的学术研究。主要从事道路工程领域的教学与科学研究。先后主持国家自然科学基金、福建省自然科学基金、福建省教育厅科技项目、福建省交通运输厅科技项目、江西省交通运输厅科技项目等科研项目；以主研身份参与国家自然科学基金、交通部西部交通建设科技项目、福建省自然科学基金等科技项目的研究。研究成果先后获中国公路学会科技进步二等奖2项、福建省科技进步三等奖2项；在国内外学术期刊上发表论文近40篇，其中EI收录10余篇。

访学经历

我于2015年10月1日抵达瑞尔森大学开始为期一年的访学，合作导师为刘金元教授。刘教授长期从事岩土工程领域研究，已在全球岩土工程领域顶级杂志发表了10余篇论文，在北美地区拥有较高的学术地位。由于访学至今时间较短，对一些问题理解不深，因而将已有一些经历简要罗列如下。

一、研究生申请、培养与毕业——以土木工程为例

申请条件：对于博士生申请要求，最低平均成绩(GPA)为3.33/4.33；对于硕士生，最低平均成绩(GPA)为3.0/4.33。此外，对于国际学生，还有英语要求，如托福(TOEFL)成绩93分以上或雅思(IELTS)成绩7.0分以上。

培养阶段：课程学习阶段，博士生要求完成4个学分(1个学分相当于一门课程，对应每周3小时，共12周；相当于国内2学分)；而学术型硕士生为5个学分，工程硕士生为10个学分。

博士资格候选考试(Candidacy Examination)：在完成课程学习阶段(一般第二学年末)，导师会根据博士生培养情况进行博士候选资格考试，如通过考试后，博士生(PhD student)将成为博士候选人(PhD Candidate)。这个考试类似于国内的博士论文开题报告，如果未通过，允许进行一次补考，如仍未通过

则取消博士生资格。

毕业要求：瑞尔森大学采用弹性学制，博士年限为 2 ~6 年(每学年为3 个学期，每学期为4 个月)；学术型硕士或工程硕士(脱产)年限为 1 ~3 年，工程硕士(在职)年限为 2 ~5 年。

博士候选人毕业获取学位要求写博士论文；学术型硕士生获取学位需写硕士论文，而工程硕士生需完成 10 个学分或 8 个学分加一个工程报告。除了传统的论文格式外，现在北美地区普遍流行一种 manuscript-style thesis or dissertation 格式，即博士学位申请者需要以主要贡献者身份发表至少 3 篇论文，且各论文间需有逻辑关联，答辩时将论文装订成册即可。

校园鸟瞰图

图书馆

虽然博士生只需要选修 4 门课，每门课一周才 3 个学时，但通常一个学期只会选修两门课，因为每门课的学习工作量非常大。以我们研究组的一个博士生为例，他这个学期选修固体力学和城市隧道工程两门课，固体力学这门课程采用平时作业、报告、期中考试和期末考试四项结合平时出勤综合评定最终成绩；城市隧道工程虽然只有期末考试，但平时作业量非常大，以 4 ~5 个同学为一小组，每 2 ~3 周每组交一个大作业，共 6 次大作业(6 次大作业基本上是国内一篇工程硕士论文的构架)，如最近一次交的是隧道开挖对邻近建筑物变形影响，这个作业要求采用有限元结合理论公式计算，于 3 周内完成。

由此可见，北美地区研究生培养的几个特点：①瑞尔森大学博士生第一年课程压力比国内大得多。虽然只有 4 门课程，但实际上课程内容远大于国内博士生的课程内容。②完成作业需要阅读大量文献。例如城市隧道工程这门课的作业，其中有很多资料是需要自己找资料获得(比如多伦多市某段地铁的地质条件、交通量状况、现有状况、已有规划等)。③强调 group 间的合作。通常一个人在这么短的时间内很难完成课程大作业，所以必须各个组员通力合作才能完成。

二、研究小组会议(Training/Group meeting)

刘教授领导的研究团队每周有两个部分的课题组会议(约 4 个小时，每部分约 2 个小时)：第一个部分为研究小组学习部分(training meeting)，这部分主要由刘老师对组员进行岩土工程专业知识的教学培训或讲解岩土工程界中国际热点与前沿动态;第二部分为研究小组组员会议部分(group meeting),该部分主要是组员对课题研究进展或者文化方面进行报告与讨论部分,该部分由一名组员主持会议,组员做完报告后,其他组员均可围绕报告内容进行讨论。会议完后由组员整理形成会议纪要并由刘老师修改后进行存档。

每周课题组会议不仅可以增强和巩固学生的专业知识、了解岩土工程国际热点与前沿动态、增进导师和学员间的沟通讨论,而且可以训练组员做报告、主持会议、撰写会议纪要等能力。这种研究小组会议制度秉承一种自由、开放、自愿的理念,深受组员欢迎。

新教学中心

影像中心建筑

土木大楼

建筑大楼

三、加拿大岩土工程学会南安省分会晚宴讲座(Dinner Lecture)

晚宴讲座是由加拿大岩土工程学会南安省分会(Southern Ontario Section of the Canadian Geotechnical Society, 简称 CGS-SOS)举办。CGS-SOS 成立于 20 世纪 70 年代早期,宗旨是为本地区从事岩土工程领域的工程师、教师等提供继续教育、信息交流、经验分享平台,其成员包括大学、研究机构、企业等。

晚宴讲座每月有一个主题,一般会邀请在岩土工程领域有比较高造诣、丰富经验的大学教授、设计或施工企业工程师讲解工程技术问题以及解决方法等。晚宴讲座分为 3 个部分:①鸡尾酒与联谊部分(Cocktails and Socializing),主要供参会人员认识与自由交流,约 1 小时;②自助餐部分(buffet dinner),约 1 小时;③讲座部分(Lecture),约 2 小时。晚宴讲座对于普通参加者是需要缴费,但对学生免费,一般在下午 5 点半开始,9 点半左右结束。

最近一次晚宴主题是"基于可靠度的岩土工程设计——理论与实践的联系",参会人员约 100 人,大部分是安大略省高校在校学生,包括本科、硕士和博士生,也有一些教授与企业的工程师。此类讲座对于在校学生来说,其优势在于为学生提供与其他高校学生、教授们的交流机会,也可零距离向在长期奋斗在工程一线的工程单位中具有丰富经验的工程师们了解岩土工程问题与技术,当然免费丰盛的自助餐也是个诱人的筹码。

几点思考：

一、顶级期刊论文与试验设备有很大关联？

岩土工程在土木工程系不是优势学科，因而试验仪器不多，主要有GDS三轴仪、直剪仪、固结仪、渗透仪等。即便如此，瑞尔森大学岩土工程学科仍可在国际顶级期刊发表论文，个中缘由值得思考。

二、土木工程学术论文有可能发表在《Nature》《Science》杂志上？

工程与计算中心

《Nature》《Science》是举世公认的两大最顶级的科学杂志，刊登世界上最前沿、最原始的创新论文。通常情况下，土木工程学科由于学科性质原因在上述两种杂志上发表的论文寥寥无几。2004、2005年加州理工学院博士生夏开文（现为多伦多大学教授，同时被聘为中国青年千人计划、天津大学长江学者特聘教授）连续在《Science》杂志上以第一作者发表两篇实验室地震方面论文。因此，对于我们土木人而言，土木工程学术论文是否需要或者怎样才能发表在《Nature》《Science》杂志上值得讨论与深思。

现场授课

瑞尔森大学简介

瑞尔森大学（Ryerson University）是位于加拿大安大略省多伦多市的一所公立综合性大学，该校前身是瑞尔森理工学院（Ryerson Institute of Technology），于1948年创立，2002年正式易名为瑞尔森大学。瑞尔森大学位于多伦多市中心，为典型的城市大学，共设有文学院、传媒与设计学院、信息服务学院、工程/建筑/科学学院、理学院、Ted Rogers管理学院（商学院）六大院系。目前学校各类在校生近40000人，研究生超过2300人，近2700名的教职工，各类校友超过14万人。瑞尔森大学在2015年加拿大综合类大学排名中名列第8位（引自麦考林大学排名），全球排名500名左右。

土木工程系隶属于工程/建筑/科学学院，主要从事结构工程、环境工程、测绘工程、交通工程四大研究领域。全系拥有结构工程实验室、材料实验室、岩土工程实验室、环境工程实验室、城市交通实验室、水利工程实验室等试验设施。全系共19名专任教师，全部拥有博士学位，其中加拿大工程院院士2名。

瑞尔森留学简忆

/季韬

季韬,男,博士,教授,博士生导师,党员,1972 年 8 月出生,福建省福鼎市人。福州大学国家重点培育学科结构工程硕士点负责人,福州大学"土木工程"国家级实验教学示范中心常务负责人,美国 TRB 学会"Basic Research and Emerging Technologies Related to Concrete"分会的委员(TRB ID: 75016),福建省绿色建筑评审专家,中国硅酸盐学会固废分会建筑固废专委会委员,中国混凝土与水泥制品协会教育与人力资源委员会理事,主持国家基金面上项目和福建省科技厅工业高校产学合作科技重大项目。发表论文 100 多篇,其中 32 篇被 EI 收录,15 篇被 SCI 收录。授权发明专利 19 项,实用新型专利 1 项,软件版权 1 项。

一、硬件条件

土木工程系是一幢四层高的楼,包含部分试验室、教授办公室、教室、访问学者办公室等。有下面几点值得我们借鉴:

(1)中央空调系统及走道灯每天 24 小时都开,所以一进入大楼,感到很舒服。这可能跟这边能源充足有关。走道上有分类垃圾箱,墙上贴有教授研究的墙报。

(2)每层有 3 个卫生间,其中有一个是独立卫生间。卫生间非常干净,有洗手液、烘手机、纸等。楼房卫生请专门人(像整理宾馆房间一样)来做,做得非常干净到位。

(3)非上班时间(晚上、周末及节假日)进入大楼需要刷一卡通,一方面保证了安全;另一方面也为需要加班的师生提供方便,工作环境非常安静。

(4)大楼内及大楼周边 9 米范围内严禁吸烟。

(5)专门有访问学者办公室、备有灯、桌子、电脑、电话和打印机等。

另外,在学校有专门的学生广场,禁止车辆通行,放一些桌子,供学生学习、讨论、娱乐。图书馆设有非常多的讨论室,笔记本电脑的内容可投影到电视上,也有白板和桌子,供学生开展讨论性学习。

二、软件条件

校园内有无线 WIFI，每个人有一个账号，且禁止转给其他人使用。每个访问学者到校后，需申请学校的邮箱、图书馆资源的进入许可。这里可以使用学术谷歌，且可以查到 ACI 等期刊杂志等，除了一些会议论文，基本上所有论文均可以下载，学术资源丰富且较全面。学校有一个帮助中心，无论师生遇到什么东西，都可以写邮箱去请求帮助。我们学校的 WIFI 任何人都可以上，安全性做得不够，且对访问学者提供的软硬件服务也不够。

加拿大瑞尔森大学

三、教师队伍

学校需要招人时，贴出公告。如果有多人应聘，由 9 人组成的教授委员会进行面试，然后投票表决，过半数才算通过。如果应聘的人是助理教授（Assistant professor），他 5 年内必须通过努力（发表论文，争取项目和做好教学等）通过评审成为终身副教授（Associate professor with tenure），否则说明他没有做大学教师的潜质，必须辞退。如果已经成为终身副教授，学校就不管你了，只要求每年提交一份工作报告就可以了，而且学校也没有权力开除你，除非你自己想离开这所学校。对于从其他学校过来求职的人，如果已经是终身副教授，学校教授委员会对他的业绩进行评估，如果评估通过，可直接给他终身副教授或全职教授（Full professor）职位。

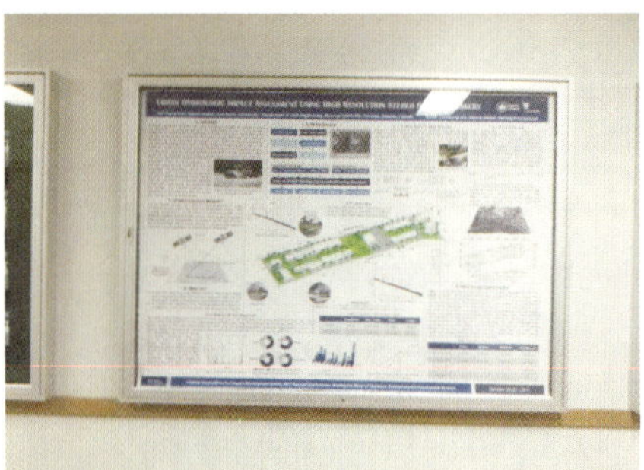

墙报

相比我们学校，没有申请终身副教授（Associate professor with tenure）这个环节。这样不管是否适合当大学教师，只要进入学校，学校就无法开除他，这对保证教师队伍的素质非常不利。另外一方面，学校对教师每年一个小考核，三年一个大考核，要求教师年年有论文，有成果，这对学校的发展也是非常不利的。因为好的成果，好的论文需要长期的积累才能得到，短平快的论文和成果都是肤浅的。加拿大学校给已成为终身副教授的教师营造一个非常宽松的政策环境，他们是基于好奇和兴趣开展研究，不是为了完成任务。因此他们做出成果的影响力也较大。这是值得我们学习的地方。

四、学生队伍

学校的研究生来自世界各个国家，他们必须申请这里的奖学金，然后才能来这边攻读学位。奖学金不仅名额有限，时间也是有限的，硕士一般是两年。如果在有奖学金资助的时间段内，学生无法完成学位论文，不仅仅不能拿到学位，生存也存在问题。为了避免这种情况出现，学生一般都非常用功和努力。实在达不到要求，也只能是淘汰。硕士分为工程型和学术型两种，工程型硕士只要修满 10 门课即可，学制 1.5 年。学术型硕士要修满 5 门课，并通过做试验写一个论文，学制 2 年。学术型硕士在完成一学年的学习后，可以转为工程型硕士。

我们学校虽然也有研究生招生的考核机制，一般在名额范围内，尽量将认为比较好的学生招进来。对于硕士生，很多招来的是本三学校的学生；对于博士生，很多招来的是在职的老师和在公司工作的人，生源不是很理想。有些学生不适合读研的。所以不仅博士生要有淘汰机制，硕士生也要有淘汰机制。

禁止吸烟标识

大楼门禁刷卡处

五、实验室

瑞尔森大学因为地处市中心，所以实验室非常拥挤。因此实验室要求做好的实验要尽快将试件清理掉，其管理非常到位。为了保证实验的质量，仪器的操作和数据的采集由实验员进行，完成后将数据拷给学生。我观看了硕士生 Kokilan Sathiyamoorthy 的配筋轻骨料自密实混凝土梁抗剪试验，实验非常严谨，数据也非常可靠。导师对实验原始数据会检查，不仅仅只是看学生报告和论文写的好坏。

研究生实验

六、高水平成果

一个学科是否有影响力，与高水平成果分不开，高水平成果也可以造就高水平的人才。要想得到高水平成果，可以考虑以下几个方面进行改进。

(1) 实行终身副教授制度，淘汰一批不适合当大学老师的人，保证教师队伍质量。同时给终身副教授营造宽松的教学和研究环境。所谓“用人不疑，疑人不用”，不要给已是终身副教授的大学老师太多的指标和干扰，让他们衣食无忧，让他们能从自己的兴趣出发开展研究，而不是被指标牵着鼻子走。这是提高学校学术影响力的基石。

(2) 从制度上鼓励教师劳逸结合，实行休假制度，这样才能出高水平的成果。

访问学者办公室

(3)实行硕士生和博士生的淘汰制度,对不适合做科研的学生尽早劝退。

(4)提高实验员的素质和责任心,重要仪器操作由实验员进行,保证数据的可靠性。

(5)卫生间请专职的人做好卫生,不要请学生做教师办公楼的卫生。实行一卡通和门禁制度,加强安全管理。实行WIFI一人一个密码制度。为国外来的老师配好电脑,做好访问学者办公室。

七、关于国际化建设思考

(1)鼓励教师多到国外学校进行交流和学习,积极引进国外学校教师来我们学校讲学。

我来这边与Hossain教授交流,共同对超高性能超高韧性混凝土(UHUDC)感兴趣,他让我指导硕士生Iqbal Wahed和Md Hasib等开展这方面的研究。同时Hossain教授对测陶粒吸水返水装置很感兴趣,我指导他的学生做了一套出来。我们出来交流,这边的教授也会受益。

另外,国外人与人之间的关系比较简单,环境比较清净,不仅可以提高英语水平,还可以利用国外高校的学术资源,集中精力写一些高水平论文和项目申请书。鼓励老师多发表英文论文,这有利于与国外教授进行交流。

国外高校老师对中国高速发展也产生浓厚的兴趣,他们也希望能将科技成果在中国转化,因此可以邀请他们来中国走走看看,加强互相的了解。他们来我们学校讲学,也会为学校带来新的理念,推动学校的发展。

(2)鼓励本校研究生读这边导师的博士,也鼓励外校研究生与本校老师联合培养。

在教师互相了解和信任基础上,可以开展指导学生这方面的合作。这不仅为高水平研究生出国深造创造条件,也为国外高校老师提供高素质生源(外国教授也希望能招到好学生来做科研)。另一方面,这为引进国外学生来校学习开辟道路,促进学科水平向国际靠拢。

(3)鼓励本校老师和国外教师共同申请政府的项目,开展基于项目的合作与研究。

国内外政府均有一些国际合作项目,在教师间互相了解和信任,建立的融洽的关系后,可取长补短,共同去申请。通过完成这些项目,在很多高水平论文和专利上将会署上两个单位老师的名字,必将推动学科的发展。

(4)从制度上鼓励教师劳逸结合,实行休假制度,这样才能出高水平的成果。加拿大这边,工作五年可以学术休假(Sabbatical leave)一年(可分为两个半年),工资按 80% 发。休假期间,可以到其他国家(如中国)合作的学校(如福州大学)访问,可以专心写书,写论文,做研究。课由学校统一安排其他人来上,也不用参加学校和学院的各种会议。

图书馆合作性学习房间

本科毕业论文答辩——重视、严肃、实效、应用、团队

/王锋

王锋,男,1973年11月出生,河南省驻马店人,工学博士,副教授,硕士生导师。1999年毕业于湖南大学工程力学系,获工学学士学位,2013年毕业于北京工业大学,获交通运输规划与管理专业博士学位。2006年6月入职福州大学土木工程学院,先后在道路与桥梁工程系、交通运输工程系任助教、讲师和副教授,主要进行交通规划、交通安全、道路桥梁方面的研究。

2017年4月8日,受里贾纳大学工业系统工程系的邀请,本人作为答辩评委全程参与了该系被称作"Project Day 2017"的本科毕业论文答辩。189名学生每2~3人为一个小组,共71个小组,每个小组的成员共同完成一个论文题目。答辩前一天,在答辩教学楼的中庭,张贴各答辩小组的彩色答辩海报:包括题目、小组成员、指导老师、摘要、结论以及重要的图和表。同时把答辩的宣传册分发到答辩老师和答辩同学手中,内容包括:欢迎词、赞助商名录、各组各答辩教室的时间安排、各答辩组题目及摘要等。

答辩形式和中国大学并无区别,分自述和提问。但在答辩评委构成、答辩评委流动性、提问环节、论文内容等上却有着很大的不同,主要表现在以下几个方面:

(1)答辩人员有一半以上来自于企业,他们具有较深厚的工程技术理论和实践,他们也主要从实用和有效两个方面对答辩学生进行评价,其评判成绩计入总分,并起着较大的作用。而答辩回答问题环节也主要由他们来问问题,主要检验学生工程实践和解决问题的能力。

(2)每个答辩教室基本上有10个以上的答辩评委,但答辩评委和学生听众是流动的。你对哪个小组做的课题感兴趣,你可以去哪个教室,通过手中的宣传册可以准确地知道各

受中国国家留学基金委(CSC)青年骨干教师出国研修项目的资助,本人以访问学者的身份于2016年9月~2017年9月在里贾纳大学进行了为期一年的访学。

小组的准确答辩时间和地点。上一个答辩结束下一个答辩开始之间会预留两分钟的时间让大家自由的选择。

(3)论文内容和中国学生本科论文相比最大的区别是在于数据支撑、解决问题、应用性和完整性。提出一个实际工程问题,围绕该问题到各政府部门及企业单位寻求各种支持数据或进行相关实验,然后对数据进行详细的分析,找到解决问题的技术途径和方法。并对其进行完整的经济分析:计算其投资额、成本回收期、使用寿命、投资回收期等。有几个做的好的论文中所提出的技术感觉直接可以拿到工程中去应用,而且应用的投资风险通过论文内容也大概可以估计出来。

最后一组学生答辩,100多人的教室座无虚席,从阵势上看这组学生应该是他们心目中的"学霸"了,大家想看看"学霸"的本科精彩谢幕演出。答辩开始,果不其然,论文条理清晰、有理有据、实验数据充分、分析深入、演讲精彩纷呈,真正应了国外大家常说的一句口头禅"白人要么不学工程,要么就是学的很牛的"。演讲完毕,台下的学生们踊跃举手问问题,答辩会热烈而紧张,取得了非常好的效果,并取得了参会企业评委的大力称赞。

论文总体感觉做的细而完整,但理论方面尤其是数学功底和中国学生是不能比的。答辩学生西装革履,内心紧张而答辩却表现沉稳,尽管是团队作战,通过答辩时的论述和展现,基本上没有打酱油的现象。我所在教室答辩28人,根据个人经验,只有一个学生在吃"大锅饭"。答辩之后在台上短暂停留期间,都会有朋友上台表示拥抱和小小的祝贺,祝贺其完成论文答辩亦或为其答辩表现给于肯定,可以感受到学生对毕业论文的重视,他们愿意并积极主动地把自己学到的知识在毕业论文上充分地展现出来。

教师和学生科研——静

Regina是Saskatchewan的省会,人口仅有23万人,一年下一次雪,一次雪大约要下6~7个月,室外最低温度会达到零下30℃~40℃。走在城市的任何一条街道和马路上,给人一种安静的强烈感觉,而安静也正是科研人所崇尚的。这里的人,不管从事何种工作,脸上都会给人一种安详沉静的感觉,也许这是发达资本主义带给国民的最大福利——衣食无忧、内心平和、远离浮躁、拒绝攀比。每次走在家到学校及学校到家的路上,由外及内的安静平和感都会直触心里。具体反映到学校教师和学生的科研上：不急不躁，按部就班。如果用一个字来形容，那就是“静”。

我所在的课题组硕士、博士加上进进出出的访问学者基本上维持在10个人左右，根据导师自身的安排及学生的专业兴趣，对访问学者而言延续国内的研究领域或结合导师的研究方向选择交叉方向或开辟一个新的领域，总而言之每个人选择一个研究领域和方向。选定的方向一般较新较小，然后制定每阶段应达成的研究目标，剩下的就是“万里长跑”了。这个长跑基本上是“匀速”的，每周的例行例会相当于500米小结：上一个500米取得的成绩及下一个500米的安排。“长跑”期间，很少有外界的干扰，基本上可以按照自己的身体条件和节奏一步一步地跑下去。

不管是老师还是学生，学校都很少对科研成果有硬性的要求，从而也在很大程度上保证了科研环境的“静”。因此这里所做的科研相对而言是较为放松的，可以研究自己感兴趣的方向，尽管该方向不是那么容易出“成果”；此外，“静”也为科研者们发挥自身最大主观能动性创造了机会，并使他们的“想象力”插上翅膀，展翅翱翔。尽管如此，1周7天、1天10个小时以上泡在办公室做科研的教授学者们也大有人在，也许这得之于“静”的魔力吧！

回首“里村”近一年的日日夜夜，不甚留恋和感激。留恋于窗外皑皑白雪的宁静世界；留恋于路上偶遇陌生人，相互真诚打招呼的那一瞬；留恋于周末教堂无私奉献、陪我一起操练口语的诸多老外们；更留恋于和导师一起科研、生活的课题组及访学者们。感谢国家留学基金委和福州大学给予我的深造机会！感谢导师的谆谆教导和关心！感谢一起度过这一年难忘时光的老伙伴们。这一段留学生涯终将会成为我人生美好而珍贵的回忆！

里贾纳大学简介

里贾纳大学(University of Regina，简称：U of R)其创始于1911年时为私立教会中学，1961年成为萨省大学的分校区，1974年脱离并成为自主的公立大学。学校位于加拿大中南部萨斯喀彻温省首府，具有“阳光之城”称号的里贾纳市(Regina)，为加拿大著名的公立院校之一。里贾纳大学目前有全职教师1283人，研究生1530人，校本科生为10740人，留学生占在校学生的10%，下设10个院及25个系80个专业，学生各类社团共80多个。校园周边环境安全舒适，位于美丽的瓦斯卡纳湖(Wascana Lake)湖畔，校园环境更是优美，所提供学历被全世界承认。里贾纳大学共有3个联合学院，分别是Campion College、路德学院(Luther College)和加拿大原住民大学(First Nations University of Canada)，它们均处于里贾纳大学校园内，并都互相有着学术上的交流项目。

里贾纳大学是加拿大和中国高校开展合作交流的首批外国高校之一。在加拿大综合类大学排名中保持前十，2016年被英国《泰晤士高等教育》列入世界新兴高校(创办历史不超过50年)排名前150名的高校名单，是获此荣誉的加拿大四所高校之一。

加拿大曼尼托巴大学中加班办学简忆

/韦建刚　杨艳

韦建刚 Wei Jiangang，1971 年 3 月出生，工学博士，研究员，博士生导师。1994 年上海交通大学工业与民用建筑专业本科毕业，2002 年、2007 年获得福州大学结构工程专业硕士、博士学位，2011 年同济大学土木工程博士后流动站出站。现为福建工程学院副校长；兼任中国高等教育学会中外合作办学分会理事，福建省教育国际交流协会副秘书长，福建省闽台交流协会理事，中国土木工程学会桥梁与结构分会理事，中国钢结构协会钢混凝土组合结构分会理事，国际桥梁与结构工程协会（IABSE）会员，中国土木工程学会风工程委员会委员。

曼尼托巴大学作为加拿大顶尖研究型大学组织（U15）和加拿大高等学院联盟（AUCC）的成员，在加拿大及世界范围内享有盛名，2016/2017 年泰晤士报世界大学排名榜上曼尼托巴大学并列 401 位。曼大的工程系更是享誉全球，医学院、农学院和阿斯博商学院都是加拿大最好的学院之一，其中医学与药学在全球排名 91，商学院在全球排名第 89。其科学学院、工程学院、艺术学院、音乐学院、教育学院等 21 所学院均在北美享有极高声誉。在过去的 100 多年中，曼大在科研方面取得了显著的成绩。学校共有 98 位罗德奖得主，远超加拿大其他学府，在最近的 30 年中，曼大获得罗德奖学金的人数多于其他任何一个加拿大学校。

曼尼托巴大学联合英国牛津大学和美国华盛顿大学组成世界级的研究团队，为艾滋病研究做出巨大贡献，并帮助非洲国家防控艾滋病；曼大在北极气候变化研究方面也居世界领先地位；校友约翰·亚历山大·霍普斯是世界上第一个人工心脏起搏器的发明者，被称为“生物医学工程之父”；校友吉姆·皮尔布斯，天体物理学家，是 2005 年克拉福德奖得主；教授卡罗尔·希尔兹是普利策奖得主。

秉承“Pueris his dedit Deus scientiam”（And to these children God gave Knowledge）的校训，曼大人始终本着以发展教

育、提高人口素质为宗旨不断为社会做出贡献。曼大将秉承创新精神，致力于创造与传播知识、弘扬与传承文明、服务与引领社会，积极推动国家繁荣、社会发展和人类进步，为曼尼托巴省，加拿大乃至全世界人们创造最大的幸福。

曼尼托巴大学由加拿大曼尼托巴省政府资助，拥有 50 多座教学楼，配备现代化的设施。其中，拥有百年历史的土木工程学院是加拿大最好的学院。土木工程主要研究方向包括环境科学、土工技术、结构力学、运输与水资源工程，致力于培养掌握工程力学、流体力学、岩土力学和市政工程学科的基本理论和基本知识、具备从事土木工程的项目规划、设计、研究开发、施工及管理的能力，能在房屋建筑、地下建筑、隧道、道路、桥梁、矿井等的设计、研究、施工、教育、管理、投资、开发部门从事技术或管理工作的高级工程技术人才。曼大的土木工程专业还通过了加拿大工程认证委员会 CEAB（Canadian Engineering Accreditation Board）的认证，该认证还被除加拿大以外的七个国家所认可。

杨艳，助理研究员，福州大学加拿大曼尼托巴大学中加班办学项目负责人。

丰富多彩的校园生活

曼尼托巴大学所在的城市温尼伯市位于加拿大中部地区，是一座四季分明的城市，素有“北方芝加哥”之称。著名的红河（Red River）横穿全市。这里有大片的绿地、天然的森林和友好的市民。她还是一座充满艺术气息的现代化都市，是加拿大的“艺术表演之都”，这里有世界一流的芭蕾舞团、交响乐团，以及遍布城市的大大小小的剧院。每年，世界上最大的多文化艺术节都会在这里举行。

教学楼

坐落在这样一个充满艺术气息的城市中，曼大不仅让你在课堂上学得更多，走得更远，更会让你在课堂之外发现更多，体验更丰富。曼尼托巴大学拥有 19 座设备先进、资源丰富的图书馆以及 100 多个学生社团和休闲俱乐部、合作社工作机会、旅游交流项目以及国内外社区服务项目。曼大为学生提供了更多的联系途径，以提高学生的领导能力并且增加学生对世界的认识。

曼尼托巴大学土木工程学院

曼尼托巴大学每年会举办许多消遣性活动。大学内设有三大活动中心，均配有室内跑道、游泳池、各种球类场馆及运动设施等。最新投入使用的 Active Living Center 更是在北美地区 14 个同类设施中脱颖而出，被 NIRSA（全国校内康乐运动协会）评选为杰出运动设施奖，是 30 年来首个获得该奖项

CivilLanding-esplanaderiel

的加拿大设施。

凭借优质的教学质量，舒适的生活环境，曼尼托巴大学吸引着来自全球的梦想家、创新者和开拓者，是名副其实的“全球大学”。

福州大学土木工程专业中加合作办学项目是福州大学第一个中外合作办学项目，由福州大学与加拿大曼尼托巴大学联合举办，经中国及加拿大教育部许可2015年开始在福州大学招生（项目批准书编号MOE35CA2A20141692N）。

实验室

温尼伯

该项目旨在通过强强联合，集中两校优质师资队伍，整合丰富的教学经验，制定专门的教学计划，独立开班，以培养具有国际视野、国际交流与沟通能力的土木工程高级人才。该项目改变原有土木工程专业分3个方向培养的模式，将原来的专业基础课和专业课进行整合，按土木工程大类进行培养，为今后专业发展打下坚实、广阔的基础。培养模式既符合国际土木工程人才培养模式，也代表了我国土木工程专业教育的方向。该项目实行“3+1”或“4+0”培养模式。

“3+1”培养模式：学生前三年在福州大学修读，至少修读学分142。课程由曼尼托巴大学和福州大学教师共同授课，其中曼尼托巴大学至少承担三分之一学分和课程的教学，其余课程由福州大学教师以英语或双语（英语和汉语）授课，并以英文原版教材或中英文双语教材为主。考核合格后赴曼尼托巴大学进行最后一年的学习，取得曼尼托巴大学规定课程的学分，通过毕业设计（论文）答辩，符合曼尼托巴大学学士学位授予条件者，可获得曼尼托巴大学的学士学位证书，同时可获福州大学的本科毕业证书，符合福州大学学士学位授予条件者可获福州大学学士学位证书。

“4+0”培养模式：学生四年均在福州大学就读，需至少修读180学分，前三年课程由曼尼托巴大学和福州大学教师共同授课，其中曼尼托巴大学至少承担三分之一学分和课程的教学，其余课程由福州大学教师以英语或双语（英语和汉语）授课，并以英文原版教材或中英文双语教材为主。三年后因故未能赴曼尼托巴大学或赴曼尼托巴大学后无法在规定期限内完成学业，可按福州大学对本专业培养方案要求完成学业，即可获得福州大学本科毕业证书，符合福州大学学士学位授予条件者可授予福州大学学士学位证书。同时学生本科毕业后，GPA达到3.0的情况下可以申请曼尼托巴大学土木工程的研究生，曼尼托巴大学将优先录取该项目学生。

为扩大我院中外合作办学项目声誉和知名度，进一步推进学院教学国际化，加大优秀学生学习能力培养力度，优化学生知识结构，跟踪了解国外高校学术动态和发展趋势，提高学生学习水平能力和科研水平，增强创新意识，经学院党政联系会议决定，每届资助16名(大一和大二期间各8名)中外合作办学学生参加在加拿大曼尼托巴大学举行的异地教学课程学习。截至2017年9月我院已选送24名(其中2015级16名2016级8名)中加班学生前往曼尼托巴大学进行暑假异地课程的学习。

第一届曼尼托巴大学暑假课程学习班

第二届曼尼托巴大学暑假课程学习班

宿舍

虽然只是短短几天的课程学习，但是同学们反映确实收获颇丰。学生体会到了不同地方英语教学的不同特色，知道了一些学习英语的新方法，同时也明白了进行语言学习的真正重心应放在哪里，怎么把它运用在日常生活，怎么正确使用一门语言。专业课程的学习，以试验类课程为主，曼大先进的试验仪器及小班教学的效果，不仅让学生亲身感受到把学到的专业知识展现在一个实际结构或试验装置上，而不是一张平面的白纸上的惊喜，而且试验过程所有人都能一起参与进来一起讨论，带给了学生更多的学习兴趣和热情。

课余时间曼大安排学生参观了曼大校园、工学院的试验室，曼尼托巴省历史博物馆等文化艺术场所，一系列的参观活动使同学们充分感受了曼大的学术氛围和加拿大的风土人情，拓宽了视野，增强了对多元文化的包容能力。

通过暑期课程的学习，同学们提高了英语在实际生活中和土木工程领域内的应用能力，感受了不同教育制度下的授课和试验方法，增强了国际思维，拓展了多元文化视野，同时也坚定了助力学院国际化建设的信心和决心。

曼尼托巴大学简介

曼尼托巴大学(University of Manitoba)，简称曼大，坐落于素有“北方芝加哥”美誉的加拿大曼尼托巴省温尼伯市。曼大始建于1877年，是加拿大西部的第一所大学。主校园占地680英亩，并拥有140年的建校历史，各类专业齐全，是一所老牌的公立综合性研究型大学，是加拿大顶级大学之一，也是加拿大曼尼托巴省最著名及规模最大的大学。

加拿大多伦多大学留学记

/刘君平

刘君平，男，1977 年 8 月出生，江西安福人，工学博士，博士后，副研究员。目前就职于福州大学土木工程学院可持续与创新桥梁工程研究中心，主要研究方向为钢管混凝土拱桥、钢－混凝土组合结构桥梁、超高性能混凝土材料及工程应用。2016 年 10 月获国家留学金委青年骨干教师出国访学项目资助，在加拿大多伦多大学进行学术访问。

关于学生培养的感想

关于多伦多大学本科生的教育，首先让我惊讶的是学费之高，对于土木工科专业，加拿大本国学生每年的学费就接近 20000 加元，而国际留学生的学费则要翻一倍还多，接近 50000 加元。其次，让我感叹的是学生的学习态度和学习精神，多伦多大学的学习气氛非常好，图书馆、咖啡厅经常都是爆满的，教学楼大厅的凳子上，也都坐满了看书的学生。还经常看到学生坐在草地上、甚至是楼道地板上讨论交流问题的。深深体会到了世界一流大学的学术气氛，当你身边比你优秀的人还努力的时候，你有什么资格怠慢呢？

Co-op 项目作为加拿大高等教育的一个显著特征，在这里有必要重点介绍下其培养模式，Co-op 是 Co-operative Education 的简称，是结合学生在校学习以及相关全职工作的一种综合教育形式，半工半读，也称为“带薪实习课程”。对于成绩优秀的学生，本科一年级以后，一个学期上课，一个学期工作，共上课 8 个学期、工作 6 个学期，一年到头连轴转，顺利的话 4 年零 8 个月本科毕业。由学校组织企业来招聘，能不能找到工作看你自己的本事，要是有两个学期没有工作，Co-op 资格就会被取消。同时，Co-op 项目的工作必须与本专业相关，每个学期工作结束后都要完成一份工作报告，报告会由企业或者教授讨论，通不过就拿不到学分。由于企业普遍重视工作经历，因此，参与 Co-op 项目对学生找工作非常有帮助。

加拿大滑铁卢大学(University of Waterloo)作为Co-op项目的首创者,目前公认是做的最好的。多伦多大学也有Co-op项目,但作为一个综合研究型大学,个人感觉大多数本科生更倾向把自己定位在科研领域,更多关注学术研究,毕竟很多学生读完本科后还会继续读硕士,甚至读博,特别是主校区是以学术为导向,因此,Co-op项目在主校区的教学中分量不大,而密西沙加校区和士嘉堡校区则主要以职业为导向,尤其士嘉堡校区普遍实行Co-op项目。虽然Co-op项目对于本科学生的就业很有好处,可以满足企业招聘须有一些工作实践经验的要求,但不可避免地也会对学生的学习产生负面影响,比如对学习理论知识失去兴趣,不能安心读书等。据说,滑铁卢大学本科毕业生继续读研究生的比例就很小。

上述Co-op项目,对于我国高校土木工程的本科教育也具有参考意义。目前,我国的本科教育普遍还集中在理论知识,实践工作都是在毕业后进行,也就是学校只教理论,工程师的培养在单位。这种培养模式使得企业与毕业生之间存在一个差距,如何解决这种差距,或许可以借鉴参考Co-op项目。当然,这存在如何平衡学术与就业的问题,个人觉得,对于土木学科很强的高校,本科学生更愿意接受学术熏陶,可以将天平往学术方面倾斜,而对于土木学科比较弱的高校,学生更愿意直接就业,可以往Co-op方向倾斜。

多伦多大学圣乔治(St George)校区

结构实验室

关于教学科研的感想

教学方面,由于暂时还没参与本科生的教学听课,所以也就谈不上什么感想。但有一点与国内高校不同的是,国内高校教师基本都是学校毕业就直接到学校任教,可能会存在实践经验有所不足的情况。而这边的授课老师除全职教授外,有一部分是兼职的,来自实际生产单位。个人觉得国内高校也可以有这方面的探索,对于一些实践性很强的专业课,可以请设计院或者施工单位的工程师们来承担,以弥补实践经验方面的不足。

参与了两门硕士研究生课程的教学听课,一门是合作教授讲授的《桥梁工程》,另一门课是《钢管结构设计》,由钢管结构研究方面的学术泰斗J. A. Packer教授讲授。听课过程中深深体会到了两位教授扎实的理论功底和丰富的实践经验,受益匪浅。另一个感触很深的是,两位教授对于基本原理的讲解非常详细,对于公式的由来及推导都讲解得很透彻。

同时,两位教授在讲到某个专题时,经常会结合目前别人发表的文献进行补充和对比分析,紧跟研究现状,难能可贵。有感于教学与科研是相辅相成的,没有好的科研,研究生的教学就难以与时俱进。

科研方面,硕士、博士研究生培养的方式和国内培养没太大差别,每周教授会开一次例会,学生汇报一下研究进展或者教授就某个问题进行讲解,然后大家一起交流讨论。总的感觉,他们对于基本原理、理论的理解要求比较高一些,试验研究也是如此,基本都要求先找准问题的根本所在,然后制作构件模型研究,所试验构件模型通常不会很大比例。关于科研力量,得益于中国过去 30 年史无前例的大规模基础设施建设,以及对科研的大量投入,国内基本上都是团队在进行科研,而多伦多大学土木工程系的老师基本上一个教授做一个方向,研究力量没有国内大,如上面介绍,整个土木工程系总共才 44 个教师,虽说人少,但研究成果很多。

国际交流

在这里,还想特别介绍一下多伦多大学的暑期学生(summer student)制度。由于多大本科生的暑假时间是从 5 月到 8 月(研究生没听说有暑假的说法),时间特别长,有 4 个月。为调动本科生参与科研的兴趣,一些教授或课题组会招收本科生在暑假期间参加科研,主要参与试验研究、教授或课题组的讨论交流,由学校、学院和教授提供相关补贴。本科生对于科研并不熟悉,如有教授及其科研团队进行引导,这对于吸引学生从事科研,丰富学生的专业知识,都是大有帮助的。也建议国内的高校考虑这种形式,并且把暑期学生的招收范围扩大到几所高校联盟、甚至全国,然后由学校、学院或者科研课题组给予学生相关的一些补贴。这样,不但为学生提供了一个很好的学习机会,也为各高校、学院之间的交流创造了良好的条件。

实验室方面,由于多伦多大学土木工程与采矿是合在一起的,因此,这里的实验室主要是指结构实验室。首先感觉实验室对安全问题非常重视,实验室是封闭的,没有钥匙是进不去,任何需要进入实验室的研究和工作人员都必须经过实验室的安全培训,进入实验室必须穿戴安全设备,仪器也要求标准规范操作,整个实验室的管理非常严格。其次是整个实验室的场地并不大,但管理地井井有条,利用效率很高,这比国内一般高校的实验室场地要好很多。另外,从实验室的硬件设施说,相关的仪器设备比较齐全,但与国内土木学科好点的大学实验室相比,其试验设备也并无太多先进优越之处。

国际交流方面,作为一个移民国家,加拿大无疑是世界上最成功的,拥有世界上最多国家种类的移民。同时,多伦多大学的学生也是来自世界各地,教师一般也是毕业于世界各地高校,其本身就是国际化的大学,国际交流方面存在着天然的优势。多伦多大学土木工程系也与世界上大多数名牌大学的土木工程系有着良好的联系。

一些留学建议

从专业方面讲,中国还在进行大规模的基础设施建设,而且随着“一带一路”的推动,也会使得土木工程继续发展,学校的科研设备也不断改善。而加拿大作为一个发达国家,基础设施相对完善,且地广人稀,再进行大规模基础设施建设的可能性不大。因此,不管是学科力量、科研条件,还是实践机会,可能国内还是会好些。从科研角度考虑,多伦多大学作为一个国际知名大学,其学术氛围、研究力量及国际化视野仍是国内绝大多数高校无法比拟的。

从生活角度讲,多伦多大学主校区地理位置特别好,西南角就是唐人街的起点,西北角就是韩国城的起点,东南角是多伦多的商业中心,生活条件非常便利。同时,多伦多作为加拿大第一大城市,多伦多大学又位于市中心,因此,学校附近的房子租金很贵,租房开支会成为学费之外的最大的一笔开支,相对而言,暑假期间(5 ~8 月),学校周边的房源会比较多,而且价格也会便宜点。多伦多的物价相对还是很便宜,但交通费用和通信费用相对来说比较贵。对于家庭经济条件普通的学生来说,如果自费,个人建议还是在硕士或者博士期间留学,可以避免很大的经济压力。

结束语

撰写此文时,本人还在多伦多大学访学,虽对多伦多大学也有所了解,但时间较短,本文的写作只凭自己的直觉和感受,浮光掠影,走马看花,不免管中窥豹,顾此失彼。不妥之处,还望谅解,只期望对大家有所帮助!

多伦多大学及其土木工程系简介

多伦多大学(University of Toronto,https://www.utoronto.

ca/)起源于1827年英国乔治四世颁布的皇家宪章,是殖民时代加拿大最早建立的高等学府,它早期名为“国王学院”(King's College),直至于1849年脱离圣公会而成为非宗教大学,并改为现名。学校坐落在加拿大第一大城市多伦多,是加拿大的一所顶尖学府,也是世界范围内享有盛誉的研究型大学。受英国大学制度影响,多伦多大学是北美少数实行独立书院制的联邦制大学(类似于牛津大学),除常规架构外,多伦多大学目前下属有12所本科书院,各书院享有高度自治权。多伦多大学有3个校区,为“一主两翼”布局,其中主校区为圣乔治(St George)校区,另外两个为分校区,分别位于安太略省的密西沙加市(Mississauga)和多伦多市的士嘉宝区(Scarborough)。作为享誉国际的知名研究型大学,其近几年的国际知名大学排名位于20左右。

土木工程系位于主校区,主校区位于多伦多市中心,校园环绕安大略省政府与皇后公园,整个校园气氛和谐、雅静,使人心旷神怡。学校的各种建筑无处不充斥着丰富悠久的文化底蕴,特别是那些古老的维多利亚建筑,古老建筑与现代化的钢筋混凝土大楼和谐融洽,交相辉映。另外,学校雕塑棋布,夏天林荫夹道,花坛遍地,绿茵如毯。一踏进校园,就能感觉到一座古老而又生机勃勃的多伦多大学。土木工程系属于应用科学与工程学院(Faculty of applied science & engineering),学院始于1878年建立的“实践科学学院”,由8个系部组成,有超过240名全职、兼职技术人员,以及近240名科研人员。土木工程系有教职工44人,拥有20名全职教授,具有很强的科研实力,研究方向主要包括结构工程、交通工程与规划、环境工程、建筑工程、采矿与地质工程。

海外留学看土木之英属哥伦比亚大学(UBC)

/王素褒

王素褒,1984 年出生,浙江永康人。本科及博士(硕博连读)均毕业于华南理工大学,本科为土木工程、工商管理双专业,博士为结构工程专业。现就职于福州大学土木工程学院,主要研究方向为钢筋混凝土结构设计理论、结构抗震,于 2017 年 8 月底,作为访问学者前往加拿大温哥华的英属哥伦比亚大学(UBC)进行交流访问。

一、英属哥伦比亚大学(UBC)简介

University of British Columbia,简称 UBC,中文名字有很多种翻译:英属哥伦比亚大学、不列颠哥伦比亚大学、卑诗大学。它是加拿大著名的公立大学,与麦吉尔大学、多伦多大学一起列为加拿大大学的前三名,并与麦吉尔大学、多伦多大学、皇后大学一起组成了加拿大的常春藤联盟。

UBC 目前有两个主要校区:温哥华校区(总校区)和奥肯纳根校区,其中温哥华校区是其最大的校区,该校区所处环境优美、气候宜人,以至于成了旅游者的一个参观景点,校区三面环海,沿着海岸线有延绵的海滩,最大的就是与学校风景齐名的天体海滩(Wreck Beach),校区的另外一面则与太平洋精神森林公园(Pacific Spirit Regional Park)相邻,整个校区环境就像是安放在了画中,站在校区内靠近海滩的玫瑰花园里,可以看到那辽阔的海岸线和与之相接的湛蓝天空,让人忍不住感叹:能在这么美的校园里学习和工作,真是一种享受!

五块从祖国运来的篆刻"仁、义、礼、智、信"石头简介。

UBC 的温哥华校区占地面积很大,与国内高校不同的是:校园没有明显的界限,也没有所谓的围墙和标志性的校门。校园内还有 3 个博物馆:Pacific Museum of Earth、Beauty Biodiversity Museum 和 Museum of Anthropology,前两个博物馆挨得

很近、离土木工程系较近,第三个博物馆为著名的人类学博物馆(Museum of Anthropology),位于学校靠近海滩的一侧,据说这里收藏着整个北美大陆西北土著文化里最好的艺术和手工艺品。

CEME 楼外观

UBC 开设的专业覆盖范围很广,有人文、自然科学、医学、法学、商学等方面,具体的专业信息通过 UBC 的官网或网络信息都可以进行详细查询。在很多专业上,它的教学与科研都同样出色,因而引来了世界各地的莘莘学子前来求学,该校的学者或校友中不乏有诺贝尔奖的得主。UBC 与我们国内的多个大学有过或有着合作交流,如清华大学、武汉大学、福建农林大学等。

UBC 对亚洲文化和中华文化都给予了很大的重视,不仅开设有很多相关课程,而且还专门设有亚洲广场,广场上摆放着专门从中国山东泰山运来的五块大石,上面分别刻着仁、义、礼、智、信五个繁体字及英文简介,并另设一块石头刻字介绍这五块石头的来源和所代表的孔道精神。站在此处,看着这些,作为一名中国人,感到无比亲切,虽身处万里之外,却觉心离祖国不远。

荣誉墙

二、土木工程系简介

土木工程系位于 6250 Applied Science Lane,与工程力学系共用一栋楼,称之为 Civil & Mechanical Engineering Building (CEME),楼并不起眼,并非装饰得富丽堂皇,也非高楼大厦,却体现了土木的特色,因为这栋楼的外观直接就是混凝土的外墙,虽未做额外的装修但混凝土面平整干净,让土木人看了有一种熟悉感。

学生活动中心

土木工程系的办公区挂有办公人员、教师、科研和试验人员列表及所处办公室,并设有一面荣誉墙。办公楼旁边是一栋学生活动中心,学生在闲暇之余,可以在这里休闲放松。

在教学方面,教师与学生之间心理距离很近,课堂气氛轻松融洽,学生在课程学习过程中有问题可以随时提出疑问,并及时得到教师的答疑。教师在授课方式和考核方式上能发挥空间较大,在专业知识的传授上,重视对于基本理论的讲授,从基本知识到公式的一步步推导,循循善诱,解释得非常清楚。

在科研方面,土木工程系另外有试验场馆供学生和科研人员使用。对于试验场馆的使用,土木工程系有严格的要求,不管是学生、教师还是访问学者,相关人员都必须进行 Safety (HSE) Orientation 的在线培训,这里的 HSE,指的是 Health、Safety 和 Environment,里面除了安全出口、灭火器等一些常规安全问题的介绍之外,还从人体工学方面介绍了如何搬运重物、使用电脑用何坐姿等对健康有益的内容,并对保护环境也进行了介绍。此外,如果要进入场馆做试验,还需要与试验管理人员约时间见面以便进行仪器设备使用培训。

Tony Yang 课堂授课情况

试验馆门口

风格各异的 House

三、温哥华民用住宅结构初探

目前在温哥华看到的民用住宅主要分为两种:

(1)别墅式,独门独户,当地人称之为 House。

这类住宅多为 1、2 层的木结构,据说当地对于所建的房屋高度有限制,因隔音效果比钢筋混凝土结构差,故讲究的人家会铺上地毯。住宅的外观设计,自由发挥的空间大,沿街一路逛过去,可以看到各式各样的风格,有古堡风格、有地中海风格、有简约风格等。

各户之间的分隔不明显,一般只是立个矮篱笆,有的甚至没有篱笆、各户之间直接设置大片草坪连在了一起。注重隐私的就密布种植灌木、花草或树木,达到自然分隔和美化院落的目的。

每个住户的 House,都有前、后院,喜欢园艺的户主,在自己的门前院子里种上花草、盆栽、树木,打造自己的理想花园,后院一般是车库。如果有这样的一栋房子应该很有归属感吧。

(2) 公寓式,当地人称之为 Apartment。

这类住宅一般为多、高层。对于当地在这类住宅高度方面的要求不甚了解,与 House 基本都为木结构的状况不同,Apartment 常见为钢筋混凝土结构,施工方式有现浇也有装配式。我曾经经过一片建筑工地,出于职业兴趣,便上前隔着护栏看了个大概:所见的这个建筑工地,场地干净整洁,浇筑的构件表面平整,钢筋的弯折规整,整齐的钢筋绑扎有一种阅兵仪式的既视感,这样的工地让人看了觉得清爽。

四、温哥华市中心建筑与风景

UBC 位于温哥华市郊，校内及周边的建筑结构风格跟市中心的建筑结构风格不太相同。若要看林立的高楼和各具特色的建筑，还是要去温哥华市中心。相比于国内的城市中心，温哥华的市中心占地面积不算大，但也能看到很多不同特色的建筑结构。

著名的加拿大广场（Canada Place）是温哥华的一个地标性建筑，每天都会有如织的游人去观光留念，站在一隅远观五块白帆及旁的巨大邮轮，与周围的建筑相映成趣。

远眺温哥华加拿大广场

市中心东北角的 Gass Town，意译为煤气镇，音译为盖斯镇，它的闻名标志是一个并不算高大却古老且至今仍在运作的蒸汽钟，据说每隔 15 分钟就会从蒸汽管中发出汽笛一样的声音，到 2017 年 9 月 24 日它就四十岁了，如果在这一天去了煤气镇，还有机会吃到一块它的生日蛋糕。

漫步街头，边走边看，你会发现你所走过街道两旁的建筑都是一种独特的风景。如果有时间，你也可以学着像其他路人那样在路旁的餐馆或咖啡店，边吃午餐或下午茶边欣赏道路两侧不同风格建筑，感受一下时光和景色。

后记

我到温哥华不到月余，却通过对 UBC 学校校园和温哥华城区的初步了解，找到了一些工作上值得学习的地方、旅行上值得欣赏的美景，相信在一年的春夏秋冬时间交替中，边学、边走、边看，我会更了解它、更铭记它。这一年的访学经历，也将成为我人生中一个值得留念和记录的故事。

海外看土木——圣母大学篇

/王浩

王浩，安徽省蚌埠市人，本科毕业于西北农林科技大学，硕士毕业于中科院水保所，博士毕业于清华大学水利水电工程系水力学及河流动力学方向。读博期间，前往美国圣母大学交流访学。2017年2月就职于福州大学水利水电与港口工程系至今。

关于读博

可能每个人的父母潜意识都会对孩子寄予一些期待，希望子女去完成自己由于条件或者机遇所限，而未能完成的梦想。父亲是一名初中老师，我也承担着父亲那未能完成的大学梦，就这样上了小学、初中，考上了一所985大学。当大家觉得一切都还算顺利圆满的时候，当我即将毕业面临就业的时候，80后的我发现这个世界变化很快，我的专业所限只能去做个设备推销员。意识到现实竞争的残酷，考虑到知识就是力量，本无深造意向的我开始了回炉重造之路。硕士毕业高不成低不就，索性把博士也读了，经过考研和考博两次换方向，使得我对博士阶段的研究方向还比较感兴趣，也就这么一路走了下来。回头过往，感受这一番经历中的苦与乐，也已融入自己的血液。

关于出国

本着“小富即安”的心理，觉得自己博士也快毕业了，找个工作安身立命就可以了。对于出国，考虑远渡重洋、远离亲朋，面临新的环境、新的研究方向和不太熟悉的国外导师，内心有一种潜在的畏惧。而身边的同学和老师高屋建瓴地建议我，应该去拓宽下视野。反思自己是否是因为慢慢长大，消磨了以往的锐气，面对困难怎么就示弱了。为了证明自己，也为了“世界那么大，我也想去看看”，匆忙联系了国外导师，通过了清华大学校内二级英语考试，就匆匆地忐忑地踏上了赴美的

圣母大学建筑物群

大半年留学生活。当时我已经具备毕业条件，而出国在我看来是探寻一种体验，去经历一番。

国外的生活

在美留学期间，很荣幸师从导师 Fernado 教授，作为环境流体力学杂志的主编，其在相关领域的科学研究中具有丰富的理论和试验经验。每天早晨都会非常友好地跟我们打招呼，虽然年近六十，洪亮的声音、和蔼的笑容，看起来总感觉像个精力充沛的年轻人，我都自愧弗如。导师尽管每日都很繁忙，但总会抽出时间去阅读文献，了解学术前沿信息，始终保持战斗在科研第一线。他指导学生科研时，在开展试验之初，就已经形成了一套较为完备的思路，使科研目标明确，少走了很多弯路。而当我有遇到科研困难的时候，也总是很耐心地和我一起分析问题所在，以及如何去解决问题。

实验室所在学院

英语学习

篮球场

此外，课题组内的老师和同学来自全球各地，大约有一半是美国本土的，其他师生来自俄罗斯、印度、西班牙、意大利等国家，也都非常刻苦认真。其中有一位年迈的老师身患癌症，仍旧继续坚持科研，让我感觉到美国的强大也正是因为有一批兢兢业业的科学家在默默支撑。同时学院非常注重交流，每周都会安排外校的来自全球的专家进行从生产实践到前沿科研研究的汇报。

(1)实验室

美国开展试验强调自己动手能力，需要自己不断的尝试和思考，如何能够得到自己想要的效果。比如溶液密度、光的强度、水流速度、焦距设定等问题上都需要自己去调试，锻炼了自身独立完成工作的能力。整体看来，国外科研比较单纯简单，事务性的事很少。问题讨论也比较随意，可以边吃东西和饮料边进行交流，有时候别人的建议可以让你茅塞顿开。

忐忑迷茫地来到这个实验室，经历并克服了一些困难，最后完成了试验回国，现在回想起来，还是有些怀念这个不大的地方以及那些忙碌的时光。

(2)体育精神

去美国之前就听说美国的大学注重体育，橄榄球在美国是一项十分流行的运动项目。而圣母大学的橄榄球队爱尔兰斗士队(Fighting Irish，说的是爱尔兰人笃信天主教，又勇猛好斗不屈不挠的特质)更是具有悠久历史，在印第安纳州拥有很多粉丝。有一部电影名为《追梦赤子心》，描写的就是一个天赋平平的小伙子 Rudy，对圣母大学和橄榄球持之以恒追求的励志故事，拍摄地就是在圣母大学。有比赛的日子就是狂欢的时光，很多家庭驱车很远过来支持自己的球队。这种精神是一种凝聚力，一种信仰和执着追求之力，让我这个不太懂橄榄球的中国人，也深深地被感染到了。

(3)业余爱好

国外的生活，远离了同学和亲人，除了科研试验之外，相对还是比较枯燥的。一切顺利还好，当出现挫折和心情不佳时，最好的方法就是通过运动进行排解。乒乓球和篮球是比较容易上手的运动，不强调多高的竞技性，更在乎运动过程中所带来的休闲与放松。

此外，自认自己的中国式口语欠缺很多，报名参加了 Barbara 老师的口语培训班，老师非常的和蔼，鼓励我们主动去说去表达，气氛非常融洽。过程中也认识了很多外国的朋友，建立了跨国友谊。

小结

时光荏苒，留美时光很快结束了，期间有苦有乐。总体来说，拓宽了科研视野，丰富了自身的阅历。美国的导师与学生之间关系更加平等，学生的意见和想法可以得到极大的支持。此外国外事务性的事情较少，老师和学生可以把精力更好地放在科研攻关上，长期的集中精力可以让思维更连贯，出更好的成果。国内国外其实大体一致，希望自己在未来的道路上，继续取长补短，不断完善自我。

圣母大学简介

圣母大学(University of Notre Dame，又音译为诺特丹大学)，始建于19世纪中期，经历了一个多世纪的辉煌，享誉全美，是一所私立天主教大学、研究型大学。学校位于美国印地安纳州的南本德，本科教育稳居全美20所顶尖学府之列。2017年USNews美国大学排名，圣母大学排15名。该校拥有在职教职员工800多人，下设25个博士专业、46个硕士专业以及60多个本科专业，分为科学院、商学院、工程学院、文学院、法学院、研究生院、建筑学院7个学院。圣母大学带有浓厚的宗教和上流社会色彩，在该校历史上诞生过许多社会名流和政府官员，19万校友，275个校友俱乐部，并拥有全美高校以及遍布全球的校友网络，每年来自校友的捐赠数额与哈弗大学并列世界第二。

圣母大学更是全美“梦想大学”的第五名，仅次于哈佛大学、耶鲁大学等其他世界顶尖学府；《泰晤士高等教育》更选她为全世界天主教大学第一位。美国金融机构100强的总裁CEO中，本科毕业于圣母大学的人数占最多，雄踞全美各大学榜首。圣母大学于2006年被列为全美25所“新常春藤”名校之一。

以“生命，甘甜和希望”为校训的圣母大学，意在培养学生的社会服务意识与社会责任感，鼓励学生关心社会和服务社会。80%的学生在校期间都曾参与各种形式的社区服务活动，10%毕业生会自愿到美国或全世界较为贫瘠的地方无偿工作一年甚至多年，这使圣母大学的学生获得美国各界的认可并享有盛誉。

我的马里兰大学访学之旅

/黄新艺

黄新艺,1981 年出生,男,福建南安人,工学博士,副研究员,硕士研究生导师,2009 年 1 月获哈尔滨工业大学桥梁与隧道工程专业博士学位,2011 年进入福州大学土木工程博士后流动站从事科学研究。主要从事桥梁工程和结构工程领域的科学研究和教学工作,目前主持完成国家自然科学基金、福建省教育厅基金和福州大学人才基金项目 3 项,作为主要成员参与福建省交通科技发展项目 3 项及其他项目多项,发表相关学术论文 20 余篇,其中 EI 收录 7 篇。曾获 2011 年度福州大学"学术新人奖"。

马里兰大学帕克分校(University of Maryland, College Park,简称 UMD 或 UMCP),坐落于美国马里兰州,世界知名学府,美国著名公立研究型大学。作为一所一流研究型大学,UMD 在 2016 年 ARWU 世界大学学术排名中名列世界第 43,在 2015 - 2016 年 US NEWS 世界大学排名中位列世界第 41,2016 - 2017 年泰晤士报世界大学排名中位列世界第 67,2015 The Business Journals 美国公立大学排名中名列第 8。

大学一共孕育出 6 名诺贝尔奖获得者、10 名普利策奖获得者、49 位国家科学院院士和数十位福布莱特学者。马里兰大学为美国最优秀 10 所公立大学成员之一,同时也是美国中西部知名的十大联盟(Big Ten Conference)成员校之一。马里兰大学被誉为"公立常春藤"(Public Ivy)大学,同时也是世界一流大学象征的北美大学协会 61 个成员之一(Association of American Universities, AAU)。

马里兰大学因其卓越的教学及研究实力而享有盛誉,学校有 31 项专业名列全美前 10 名,61 项专业名列全美前 15 名,90 项专业名列全美前 25 名,尤其以犯罪学(全美第一)、商学与经济学专业(ARWU 2015 Economics/Business 世界排名第 20)、计算机科学(ARWU 2015 Computer Science 世界排名第 16)而著名。马里兰大学下设 13 个学院,其科研及教研水平在全美乃至全世界均处于领先地位,并且与美国的其他名校,如加州大学伯克利分校、加州大学洛杉矶分校、密歇根大学安娜堡分校和伊利诺伊大学香槟分校等都有合作教学的计划。

2016 年本人有幸受国家留学基金委(CSC)的资助,与 2016 年 1 月开始了我在马里兰大学帕克分校(UMCP)为期一年的访学生活。在这短暂的一年时间里,我从最开始怀着充满未知的忐忑心情经过长途飞行踏入马里兰这片美丽的土地上,带着期待的心情去探索和感知这里的一切,慢慢地熟悉了这里的一切,最后带着点滴的收获再次回到故土,回到自己原有的工作岗位,继续自己的教育生涯,此次经历让我感触良多。以下针对我个人的见闻,希望和大家分享一些感受。

校园一角

一、课堂教学的感受

在马大期间,我完整地旁听了两门课程,其一是 2016 年春季学期的硕士及博士生课程《Bridge Design and Analysis》,上课期间在导师的鼓励下还做了简短报告《Supplementary Contents on Concrete Curved bridges》,介绍了我国的曲线梁桥的设计与应用情况,与现场的师生进行了简短的交流;其二是 2016 年秋季学期的硕士及博士生课程《Soil Mechanics and Foundation Engineering》,通过这两门课的学习,对国外的教学方法、授课方式和考核办法有了一些初步的了解,结合自己的教学体会,发现还是有较大区别的。初进马里兰大学的课堂,和老师谈论后才知道,很多课程都没有固定的教科书,上课由老师发放每一节课的教学材料,学生一方面通过上课的教学初步掌握授课的内容,但要是想进一步学习或者把问题彻底搞懂,需要课后再花费更多的时间查阅老师在课堂上提供的参考书目。这从另外一个角度来说也锻炼了学生的自学能力,当然具备良好的自学能力是学生就业后为了更好地适应工作岗位所必需的。课堂的氛围很活跃也很自由,在老师讲解的过程中,学生如果遇到问题,可以随时举手示意并提出问题和讨论。老师和学生的互动也比较多,课堂上老师经常会提问学生,一来可以提高学生的注意力,二来可以考察学生学习和听课的情况。

课堂授课情况

课程的考核主要由平时成绩和期末考试成绩两部分组成,但平时成绩所占的比例很大,我想这个在一定程度上可以鼓励学生把学习的时间分解开,有助于学生更好地掌握所学的知识,这一点和国内目前许多高校对学生学习完一门课程的考核方式有较大的不同。

二、研究生的指导和科研

我的导师 Chung C. Fu 所在的专业属于土木与环境工程学院，整个学院包括环境工程、岩土工程、路面工程、工程管理、结构工程、交通工程和水资源学几个系，每个系下面再分设不同的研究方向。招收的研究生包括土木工程[含硕士研究生(M. S.)和博士研究生(Ph. D.)]，以及由高级工程教育办公室(Office of Advanced Engineering Education)授予的工程硕士(M. Eng.)和工程研究生证书(CGEN)。

傅老师主要招收硕士生(M. S.)和博士生(Ph. D.)，整个实验室的师生总数一般在 10 人左右，以博士生为主。导师对学生的指导主要采用平常不定期地和每个学生进行一对一、面对面交流，针对每个研究生的研究课题集中讨论研究过程中遇到的问题和解决办法，偶尔会召集大家坐在一起共同讨论一些共性的问题。实验室的老师和博士、硕士都具有严谨、端正的学术研究态度，研究工作通常做的很细致，因为分工明确、目标清楚，每个人的工作都能井井有条地开展。

参加国际桥梁大会

实验室的研究课题大部分来源于实际的工程问题，比如细到解决一个红绿灯支撑结构的风致振动问题、伸缩缝的损坏问题，到大结构健康监测、状态评估、桥墩的更换和桥梁的抗爆问题。有很多都是公路交通管理部门在运营过程中遇到的需要解决的问题，因此，每做完一项研究基本就是解决了一个工程问题，每个人的工程认知和经验也都会有所提高。

由于访问学者出访的时间一般只有较短的一年时间，因此，在此期间导师一般不分配实验室研究课题的研究任务给我们，而是邀请我们参加组里的一些研究问题进行讨论。除了参加讨论，以及和组里的研究生之间的交流，我更多的是和导师开展一些合作研究，比如和导师讨论我们自己感兴趣的课题、和导师合作撰写学术论文，以及参与导师的一些项目洽谈和交流活动。此外，在访学期间，导师鼓励我们平常多去参加一些大型的国际学术会议，假期的时候多到美国各地去走走看看。2016 年 6 月，我恰好赶上了在 National Harbor 举办的第 33 届国际桥梁年会，在参会听取学术报告的过程中，有幸遇到了桥梁设计大师邓文中院士，和邓老进行了一些交流并看到了老一代对年轻一代的殷切期盼，同时从他们的身上我也看到了我们国家的桥梁建设已经取得的成就，以及我们今后还需要进一步努力的方向，我们要把桥梁建设好、管理好，建设美的桥梁。这一次的学术会议，我不但听取了多个自己喜欢的报告，还看到了很多厂商展出的先进仪器设备和桥梁设计、施工、监测等所需的最新产品，内心甚是欢喜。

三、从校园的差别看文化

暑假期间，我和几位访学老师一起走访了美国的几所知名高等学府，发现了他们与中国的高等学府在格局上的差别，美国的大学基本都是开放式的校园，没有围墙或者只有低矮到你能轻易跨过的围墙，大学和周边的社区并没有明显的分隔。因为没有围墙，所以你想什么时候进就什么时候进，想什么时候出就什么时候出。可以自由地进出，加上美国的大学秀丽风景，使其成为放松心情的好去处，同时也是许多中学生为将来上大学做些准备而励志的好去处。然而，由于文化的差异，国内的大学校园普遍都有围墙，就连社区也都因为有围墙的分隔而使周边的路网变得四分五裂，但大部分人似乎都感觉“有了围墙会使大学和社区变得更加安全”。针对这一点，后面查阅了相关的资料，才发现国内关于校园围墙作用的讨论早已有之，但它或许只是一种文化根植于自身的传统和特定的产物，和中外大学是否具有开放的大学精神并无直接的联系。

美国大学见闻

以上点滴，是我在美国期间的一些内心感受，发现差别，择优而进，为自己把工作做得更好助力，为祖国的教育事业贡献自己的微薄之力！

THE FOURTH PAPER 第四篇

大洋洲留学看土木

新西兰留学简忆

/ 邹立华

邹立华,男,湖南宁乡人,博士,教授,福州大学特聘教授,博士生导师,国家一级注册结构工程师,全国建筑物鉴定与加固标准技术委员会福建分会副秘书长。发表学术论文60余篇(其中被SCI、EI检索40篇),完成工程及科研项目100余项,获省部级各类奖10余项,参编教材1部,国家专利3项。主要研究方向:高层结构设计理论、工程结构抗震、减振和振动控制。

新西兰风景如画,令人神往。2008年,我有幸作为访问学者,在奥克兰大学度过了为期一年的留学生活。

新西兰的生态环境非常优美,其各种工程活动中也非常注重生态环境的保护,崇尚自然。奥克兰是新西兰的第一大城市,也是一个国际化大都市,但整个城市没有烟囱。市区内难以找到足球场大小的平地,大部分建筑都是依地(山)势而建,同一建筑不同方向的地面常常对应建筑的不同楼层。皇后路是奥克兰市的主街道,但整个街道并不平坦,而是随地形起伏,这样可以减少场地平整时对地形地貌的改变。环保意识在新西兰深入人心,奥克兰市政府组织的大型庆典如圣诞晚会通常在奥克兰一个山谷的草地上举行,参加庆典的人数多达3万多人,许多人都脱鞋赤脚参加活动,以免损坏草地,活动结束以后,整个山谷看不到垃圾的痕迹,环保意识之强,令人叹为观止。

奥克兰大学是新西兰最著名的大学,以其优秀的教学质量和一流的留学环境而享誉世界。下设8个学院(或系),我所在的环境与土木工程专业(部)隶属于工程系。该专业学生人数较多,国际学生也很多,大部分来自亚洲。教师的国际化程度很高,他们大都来自世界各地,视野开阔,同时精通多种语言。

奥克兰大学土木工程专业本科学制为4年,教师在教学过程中极为重视学生实践能力的培养,课程成绩通常由考试成绩、平时成绩(实践性环节)和考勤等几部分组成,且实践性环节所占比重较大,所有课程成绩合格后可以获得学士学位。研究生要求非常严格,成绩优秀的本科毕业生可以获邀再读一年荣誉学士学位,特别优秀的本科毕业生可以攻读一年的研究生文凭,成绩优秀的学生随后才可以再攻读一年硕士学位。博士研究生的要求更为严格,除学位论文的要求外,攻博期间发表的学术论文要求也很高,因而,学生通常需要3~5年才能获得博士学位。土木工程专业毕业生在新西兰就业情况非常好,几乎每月都有用人单位到学校来进行招聘宣讲,并向参加的学生发放钢笔、U盘等纪念品。

奥克兰大学为教学研究型大学,学校非常重视科研工作。其教师的职称体制来自英国,通常每一学科只设教授1名,如果其不愿意退休,其他人即使学术水平再高也只能当副教授了,近似终身制。但这并不影响其他教师的科研热情,学校给所有教师,无论职称高低、职务大小,都配备一间面积几乎一样(约10平方米)的办公室,以方便其教学和科研工作。每一位从事科研的教师都有一个团队,这个团队通常是由1名或几名职称较高的骨干教师为核心,加上其硕士、博士研究生、博士后、青年老师和访问学者组成。团队通常每周都有学术活动,主要是讨论本周的科研情况。

奥克兰大学土木工程的科研工作大都结合新西兰的具体实践而展开。新西兰是地震多发区,境内地广人稀,盛产木材,其居住建筑以低层木结构为主。因此,土木工程的科研领域主要围绕木结构、装配式结构和结构抗震及减隔震等方面进行。在整个土木实验室中,有专门的木结构实验室,且占了实验室最大面积,还专门设置了木结构学科,并从德国聘来了一位木结构教授。虽然新西兰的多、高层建筑并不多,但其隔震研究在世界范围内是领先的,由新西兰学者最先提出的叠层橡胶隔震支座得到了广泛应用。2010年9月,新西兰第二大城市基督城发生了里氏7.2级的强烈地震,但并无人员伤亡发生,这与新西兰特殊的结构形式及隔震结构的广泛使用不无关系。新西兰政府对土木工程研究的资助力度是很大的,资助范围也主要集中在以上领域。我所参加的一个国家资助项目,总资助金额达600万新元(约合3000万人民币),

主要研究的是轻型装配式结构。其实就是轻质泡沫里夹置薄钢板做成各类构件,再装配成整体结构,因而又称三明治结构。这在大多数国内学者看来算不上高大上的项目,也用不了这么多经费。但新西兰人工成本高,大部分经费需支付外聘人员(博士和博士后)的工资。

对论文的追求不只是国内学者的梦想,奥克兰大学的老师有过之而无不及。发表论文数是考核教师工作的重要指标,在确定研究内容时,考虑最多的是能不能发表论文,平时谈论较多的也是论文发表情况。为激励老师发表高水平论文,各系部每月都将本部门老师发表的高水平论文贴在橱栏内。老师们在接受博士后和访问学者时,最为关心的也是能与其否合作发表论文。

这些我都能理解,唯一不能理解的是,新西兰每年培养这么多土木工程专业的毕业生做什么,因为新西兰是发达国家,各地都基本上看不到建筑工地。

奥克兰大学简介

奥克兰大学(The University of Auckland),简称奥大,世界百强名校,世界顶尖历史名校。建校于1883年,坐落于新西兰第一大城市奥克兰市,拥有7个校区,是新西兰最大的一所从事教学研究且拥有最多专业的综合性大学,综合排名全新西兰第一。奥克兰大学被誉为新西兰的"国宝级"大学,是一所世界顶尖的研究型大学,享有极高的国际声誉。

奥克兰大学位于新西兰最大的城市奥克兰市的商业中心附近,靠近海洋,气候温和宜人。奥克兰大学规模相当大,共有7个校园、3个教学点,它们分别是City Campus、Epsom Campus、Grafton Campus、North Shore Campus、Tai Tokerau Campus、Newmarket Campus、Tamaki Campus,Kawakawa、Leigh Marine Reserve、Manukau。

奥克兰大学共有8个学术学院:文学院、商学院、设计及人文科学学院、教育学院、工程学院、法学院、医学院以及自然科学学院、科学学院,除此之外,还有一个神学院。

它不仅历史悠久,而且拥有最先进的科学技术和教学方法。在校学生人数为40000余人,本科31000人,硕士8000,博士3000人,其中6000名海外留学生,来自世界100多个国家。但由于奥克兰大学在全球享有盛誉,澳新两国优秀学生纷纷前往奥克兰大学，国际学生名额十分有限，争取到录取名额比较困难，学习机会相当宝贵。此外还有近5000名教职工。奥克兰大学热烈欢迎来自世界各国的学生，接收国际学生已有40多年的历史。

作为全球著名大学，奥克兰大学提供140多个专业的学位或证书课程。奥克兰大学的各种学历都会得到国际上的认可。奥克兰大学的传统是以其在世界各地取得事业成功的毕业生而自豪。奥克兰大学是新西兰唯一一所入围21所大学联盟(Universitas 21)和环太平洋大学联盟(Association of Pacific Rim Universities)的大学。这两个组织的会员仅限于那些各学科上领先均于国际的科研型大学，而且必须得到邀请方可加入。

澳大利亚研究生教育的特色

/戴自航

澳大利亚独特而优美的自然和生态环境，温和的气候，高报酬和高福利，完善的医疗保障，平等、多元、包容、和谐的社会，使之成为海外留学和移民的首选地之一。澳大利亚各大学优厚的待遇，更是吸引着世界各国的知识精英来此安居乐业。在澳大利亚虽有社会分工的不同，但没有工作贵贱之分，收入差距也不大，国家通过税收这一杠杆来调整社会贫富之间的差距。比如说，在大学一个普通讲师的年薪8.5万澳元，税后所得约8万元（约40万元人民币），一个教授的年薪11万澳元，税后所得约9.5万元（约47.5万元人民币）。澳洲高校沿用英国的职称评价体系，一个学科的教授甚至副教授也不多，大多甚至到退休了还是讲师或高级讲师，但他们发表的国际论文并不少，在国内可能早已是教授，但由于报酬差别不大，大多不追求虚名，安于在国外当一名讲师。对于收入而言其物价相对便宜，四口之家（一家2个小孩较普遍），一年基本生活开销只需2～3万澳元，且除私立学校外，小学至中学实行免费义务教育。

据了解，目前，真正在澳洲土生土长的人绝大多数读完本科或职业院校甚至是高中毕业就找工作就业了，极少数留下继续读研究生，留下的一定是真正对科研感兴趣的人。目前，澳大利亚人口2300万左右，只有不到40所大学，但至少有7所大学排名在世界前100（2015年泰晤士世界大学QS排名有5所进入世界前50），迄今，澳大利亚已有10位以上诺贝尔奖

戴自航，男，教授，博士生导师，现就职于福州大学土木工程学院岩土工程研究所。获得国家公派出国留学基金、福建省出国留学基金和高等学校优秀学科带头人海外研修计划的资助在澳大利亚卧龙岗大学（University of Wollongong）进行了为期两年半（2013年6月～2015年12月）的访问研究。

参加语言学习后接受证书颁奖

获得者,故其高校的教育和科研是相当成功的,由此吸引着大量来自世界各地的学生(尤以中国留学生最多),也给大学带来了不菲的收入。如今,高收费的留学生教育成为澳大利亚继煤炭、铁矿石出口之后的第三大经济支柱。

本科教育

在澳大利亚,卧龙岗大学算是一所比较年经的大学,独立建校于 1975 年,目前处于 2015 年泰晤士世界大学 QS 排名的第 243 位,澳大利亚第 10 位。我听过卧龙岗大学本科生岩土方面的课程,总的感受是课堂气氛比较自由、开放、活跃,学生为了提问,可以在课堂上随时打断老师的讲课。老师如果讲课不好,包括英语发音不准或地方口音太重听不懂,学生就会大胆地向学校教学管理部门提意见,老师就有可能面临"炒鱿鱼"的危险。因此,授课老师必须认真备课,讲好每一堂课。我认识一个来自苏格兰的知名教授,有次似乎是刚上完课,他告诉我学生不喜欢听他的课,我问他为什么,他说学生不爱听他的苏格兰口音的英语(Scottish English),让人哭笑不得,他在澳大利亚定居多年了,怎奈乡音难解,这令他很苦恼。

大学图书馆

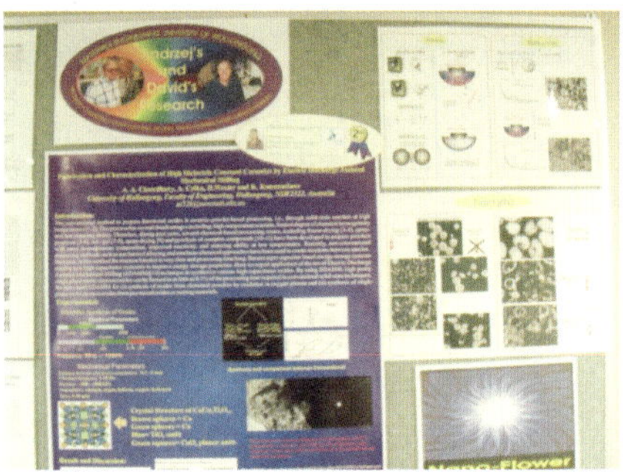

发表在 Nature 上的成果

凡涉及到有实验的课程,实验环节是很重视的,学生随时可以到实验室做课本上介绍的实验,包括普通三轴实验等,需独立完成并提交任课老师认为合格的实验报告,否则需要重做。国外学生的动手能力强不是偶然的,绝大多数澳大利亚本国学生都在社会上兼职打工,甚至从高中开始就有打工经历(本国公民 16 岁以上法定容许),课堂上经常坐着一些穿工作服的当地学生,有刚打完工来不及换装就赶来上课的,有的则是上完课后要直接去打工的(政府规定工作场所必须穿工作服),这样学生一方面可以挣点零花钱,甚至经济上不再依赖父母,更重要的是增加实际工作和动手能力。据说,在澳大利亚,一直读书,没有任何兼职经历毕业后是很难找到工作的。

对于土木工程专业即将毕业的高年级本科生各分支学科均开设了一门综合性高等专业课程,我认为这是该校本科专业教学上的一大特色,它由本分支学科上研究成果突出的老师讲授,让学生在学习了普通专业课程后接触到一些新颖和前沿性知识(在国内只有研究生才可能接触到),如《高等岩土工程课程》包括土的本构模型理论、侧向荷载桩基计算理论、土工结构抗震计算理论等均由在该方面特别擅长的老师讲授(不是以学术报告的形式),虽然不是全面介绍各方向的内容,但所讲的内容必须让学生听懂学会，并由各授课老师单独出卷考试，最后综合起来计算该课程的成绩。

科学研究

澳大利亚只有不到世界 0.3% 人口，但据资料报道，其对世界的科技贡献超过了 3% 。科研无疑是体现一个大学研究实力的重要指标，进入澳大利亚大学网站主页，新闻报道的往往是该大学某某学者做出的最新的重大研究成果介绍，当然一般是发表在如 Nature、Science 或各学科领域顶尖级别杂志上得到世界公认的成果。而不像国内高校网页上充斥的是大量琐碎的各类通知文件。

结构实验室外部

各学院往往也将最新重大研究成果制成板报的形式张贴在学院走廊内。土木、采矿与环境工程学院也将学院员工最新标志性成果以板报的形式或将发表在高影响因子的国际期刊上的论文张贴在学院走廊显要位置。

实验室建设与管理

卧龙岗大学结构及桥梁工程学科不算很强，实验室空间和硬件设施可以说远不如我校土木学院。但其岩土工程学科实力是相当强的，拥有澳大利亚研究理事会 ARC（Australian Research Council）岩土科学与工程三大重点科研基地之一的岩土技术与铁道工程中心，故其实验设备齐全先进。

实验室人员均是学校正式聘任的技术人员，有专门的培训资质证书，不只是管理仪器，各类先进仪器均配有熟悉其操作、维修、维护或保养的实验人员，有不少甚至具有博士学位，实验人员的待遇不比上课的老师差多少，但有聘任合同期（任课老师也一样，除非拿到终身教职），如果被反映不合格，就可能在下一个聘期被学校解聘。因此，实验室没有雇用临时工，涉及一些劳动强度大的体力活的实验，实验人员有责任和义务配合研究生一起完成，没有额外的报酬。实验室管理井井有条，随时进入都是干净整洁。

启示观点和建议

（1）虽然近些年来国内高校教师的待遇有所增长，但远赶不上消费水平的增长，应该让教师依靠工资收入就能过上体面的生活，先能安居，然后才能乐业，不是要靠想方设法争取来的课题经费的提成才能过上好一点的生活。在澳大利亚，教师获得的课题无论是纵向还是横向，虽然有很大一部分属于人工费，但只能是作为教师所带学生的工资，作为学生协助研究和发表论文的报酬。教师因有优厚的薪酬，根本不会也不需要考虑课题的提成，对科研感兴趣的可以安安心心做学问。如果是做理论或数值分析方面的，没有课题经费也能做出成果，我认识一位湖南籍老乡，快退休了，还是个高级讲师，没有什么课题，也没带学生，但擅长材料数值分析方面，每年能发表好几篇高影响因子的文章，也不想晋升什么职称，对他而言，科研完全是出于对自己从事的研究感兴趣。这就是像卧龙岗这样的大学，虽然其科研经费可能比不上国内很多高校，但其在国际上发表的高档次论文却超过国内绝大多数高校的原因。

(2)建议学院向卧龙岗大学一样，在学院大厅或走廊开设论文成果展示栏，可以将学院教师和研究生每年发表在国际期刊(如果不多的话，也可放宽到国内一级学报)的论文张贴展示，这不仅是对全院师生的一种激励和鞭策，也让学院教师相互有更深入的了解，还可对外公开展示学院的最新研究成果。

(3)在本科教学上，建议开设各分支学科方向的高等专业课程，由在各方向擅长有较好研究成果的老师讲授，让高年级本科生就能接触和掌握一些前沿和新颖的知识。

(4)实验室不只是强调硬件建设，更重要的是要配备擅长仪器操作和基本维护的技术人员，其待遇及职称评定和任课老师一样，这样才能将这类有专长的人员吸引到实验岗位，真正能指导需要使用仪器的学生和老师，而不是每届学生都需要从看说明书开始慢慢摸索仪器的正确使用和维护。正常工作时间，配合学生和老师完成相应的实验也是实验人员应尽的责任和义务。据我所知，近几年，岩土实验室也进了一些仪器，但一方面可能是仪器本身质量问题，另一方面可能是使用或维护不当，不少仪器没用多久就不能用了，成了一堆堆废铁，最后试样还是得拿到外单位去做。这样的状况急需改变。

澳大利亚西悉尼大学留学简忆

/余鑫

余鑫,男,主要从事钢管混凝土结构的静力、抗震、火灾下和火灾后力学性能的研究,以及新型废弃物混凝土的性能研究及其在钢管混凝土结构中的应用。

2010 年从福州大学土木工程学院结构工程专业硕士毕业后,本人于2010 年8 月至2013 年3 月在新加坡国立大学(National University of Singapore)从事研究助理的工作。随后于2013 年3 月至2017 年3 月在澳大利亚西悉尼大学 Institute for Infrastructure Engineering(简称 IIE)攻读博士学位。近七年的海外学习经历,对比当年在国内读书的经历,现对国外土木工程学科值得我们学习的地方做一些个人的总结:

一、教学

不论是新加坡国立大学,还是澳洲西悉尼大学,我都发现国外的院校把教学放在科研之前,换而言之,教学是立学科之本。虽然国内院校对教学也非常重视,但我从个人亲身经历的几个方面说下国外土木学科教学值得我们思考的地方。

(1)国外的教授更看重教学。以新加坡国立大学为例,教授每年会亲授 1 ~2 门课程,制定合理且严谨的教学计划并严格执行自己的教学任务,绝大多数教授把教学工作放在和科研工作同等重要甚至更高的地位。

(2)国外的土木工程本科教学多采用小班制,每班学生最多不超过 30 人。学生课程成绩以本课程教学中的定期小考成绩、随堂考成绩、平时作业成绩、期中期末考成绩及出勤情况等决定。每门课开始前授课教师会将本课程成绩计算权重方法告知学生,并严格执行评分标准,保证教学质量。

(3)国外本科教学中,授课教师会以助教的身份聘请自己或本专业的研究生给本科生解惑答疑,同时教师(绝大多数为教授)每周会设立固定的答疑时间,在自己办公室等候有疑惑的同学前来咨询。

二、科研

个人感受,国外的科研区别于国内科研的最大不同在于两个字:细节。我主要通过以下几个方面来谈一谈个人对此的见解。

(1)科研氛围

无论是办公资源紧张的新加坡国立大学,还是相对宽松的西悉尼大学,每一位教职人员都配备一间独立的办公室(约 $10m^2$ 左右),而大多数的博士后会给予一个相对私密的隔断空间。对于每位博士和硕士研究生,统一由学院提供一个办公位置,所用办公桌椅及电脑均有专职的 IT 管理员分配。在一定的办公区域内设置打印、扫描、复印一体机,通过网络设置共享使用,老师学生通过个人账户登入系统打印,方便管理。

西悉尼大学实验室

(2)科研成果

国外教师职称晋升主要看文章、项目和带学生的数量,文章的好坏主要看刊物的 QS 排名、影响因子和引用次数。不同于国内绝大多数高校重视第一作者或通信作者的习惯,国外高校对于发布文章中各作者的排名没有主次之分。指导教师和硕士、博士生就发文章作者次序主要取决于对文章的贡献度。

对于撰写论文,国外教授大多从此文章是否有意义,是否让同行读着有意思,是否较系统的解决了某一方面问题入手去追求发表文章的质量和引用率,而非一味地追求文章的数量。他们更看重的是 1 篇他引次数 100 次的文章而非 100 篇他引次数只有一次的文章。

(3)实验条件

无论是新加坡国立大学的实验室,还是澳洲西悉尼大学的实验室,给我的感觉就是小而精。实验室被高效且合理的管理着。所有实验设备免费向学院老师提供使用,不收取试验费。并配备专职的实验人员协助开展实验,专职人员工资由学院统一发放。同时实验室按照申请的先后顺序安排实验。接下来通过举例从以下两个方面说明:

①实验设备

相比于福州大学土木工程学院的结构实验室，西悉尼大学的实验室约有其一半左右。但其仪器设备性能高效。如试验机部分，西悉尼大学实验室就有 100t、200t、500t 和 1000t 伺服加载拉压试验机。由于西悉尼大学较重视结构火灾研究，其实验室配备多台火灾实验炉，系统地从钢材、混凝土及结构构件方面展开实验研究。对于实验室所采购的设备，学校通过此设备的使用频率及相应文章发表数量来考核学院对实验室经费的使用情况。

②实验室管理

西悉尼大学实验人员每天工作 7 个小时。其余非实验人员进入实验室要在实验员的指导下阅读实验室规章制度和注意事项，并免费配给实验专用的铁头皮靴和口罩等物。实验室管理有条不紊，各仪器及工具划分明确。所有的设备、仪器及工具使用完后一律放归划分好的储藏区域。

(4)学术交流

由于新加坡国立大学为世界名校，土木学科排名世界前三，基本每周都会有外校的专家学者受邀而来，开展学术报告。而我博士就读西悉尼大学的基础设施研究所基本每周安排一次学术活动，每次 1～2 位主讲人。报告的时间及内容会有管理人员通过邮件通知研究所所有人员。主讲人一般为校外访问学者、校内教师和在读硕博士生。除特殊情况或假期外出外，所有研究所内人员必须参加此类学术活动。

不论是新加坡国立大学还是西悉尼大学，都鼓励在校教师和在读博士生去参加国际会议等学术交流活动。学校会根据本学科给出相关学术会议活动的等级，排名 A 级的学术活动学校会资助参加。拿西悉尼大学为例，我们研究所每位博士研究生在通过开题后可出去参加两次学术会议，相关费用由研究所承担，每次预算为 5000 澳元。而教职人员每年可申请 7000 澳元的资助出去参加学术活动。对于有项目经费的导师，他们也可以通过自己的项目经费资助参加学术会议。

以上为我在国外学习期间的一点见闻，希望通过自己在国内和国外学习过程中感触到的不同点来帮我们更好地了解国外大学土木工程学科的教学科研运作和管理模式，希望国外一些好的经验可以被我们合理地借鉴。

西悉尼大学简介

西悉尼大学在过去十年中,以其优质的学习环境和提供的专业背景在国内和国际上广建声誉。大学还建立了优秀的研究领域,并同国内的企业和商业机构拥有广泛的联系。

大学分别在20多个国家与超过50所大学和高等教育机构有合作关系。在新加坡、印度、马来西亚、中国、中国台湾和香港均有海外课程和学历提供。西悉尼大学的6个校区距悉尼市中心商业区25至60公里不等。西悉尼大学有着来自世界70多个国家的3000多名留学生,攻读西悉尼大学的本科、研究生、英文以及文凭课程。

学校的教员与学生的比率适中,教学质量突出,各项福利设施完备,还有高水平的教学实践与研究,这些都使西悉尼大学成为最受学生欢迎的大学。西悉尼大学和澳大利亚当地诸多社会团体、公司也建立了长期合作关系,为学生提供就业服务。

海外留学看土木——西澳篇

/张超

张超，男，工学博士，副研究员，博士后（CurtinUniversity，Austrian），访问学者（NCREE，Taiwan），硕士研究生导师。目前，主持（或参与）的纵向科研项目共9项，其中国家自然科学基金1项，教育部博士点基金1项，福建省自然科学基金1项，教育厅重点科技项目3项，校科技发展基金3项。依托以上课题的研究，已在国内外期刊（或会议）发表学术论文二十余篇。

一、科研方面

研究项目以纵向研究为主，横向服务项目不多。对于青年教师的教师而言，除了课程授课外，主要精力也是集中于科研上。以本人所在的研究团队为例，1个正教授，4个青年讲师，2个博士后及研究生、访问学者组成。对于学术发表论文没有严格的数量上规定，但是大家的研究成果并不少。其中，团队每年发表的期刊论文为30篇左右，青年讲师平均每年有6篇以上的期刊论文发表。

课题组内部每周举行一次组会，时间3小时左右。3个人进行专题介绍，其他组内成员则简单介绍近期研究进展。课题组内的研究方面也是多样化，包括地震工程、冲击工程、爆炸工程及健康监测，还有为数不少的访问学者原有的研究方向等。因此，虽然均是以结构动力为主体，组内研究人员的具体研究方面相差也较大。所以，每个研究者的专题汇报，与其他成员的研究方向并非完全一致。但是大家还是乐于参加组会，通过其面对面的热烈讨论，积极拓宽自己的研究思路。

研究中心还经常邀请国际上知者学者来开展报告，并进行学术交流，此内容也是“Centre for Infrastructural Monitoring and Protection”中心学术活动的一部分。聆听国际大师的报告，可以让我们及时了解目前学科发展和研究的前沿。

二、教学管理

科廷大学(Curtin University)

课题组内讨论会

其职位分为以下几种:Research fellow, lecture, senior lecture, associate professor, professor。研究系列,如Research fellow也是不需要有教学工作量,全职开展科学研究工作。而不同级别的教学岗位也是需要完成不同的教学和科研指标。澳洲的国家基金相当DECRA和ARC DP,分别相当于中国的自然科学基金青年项目和面上项目。这两种属于“发现基金”(discovery)。还有另一种是澳洲自然基金是“横向联合”(ARC InternationalLinkage)。自然基金包括所有学科(理科和文科),成功率大约20%。在Curtinuniversity中,如果拿到ARC项目(相当于国家自然科学基金)时,在研究期间,可以免除上课的义务,以保证项目负责人有足够的时间投入该项目的研究中。

对于外方院校校园文化,我没有机会直接了解,但通过询问导师、实验室同事和同学,也有一些浅显的认识。这里主要对该学校的研究生学制进行简单介绍。研究生分为课程型和论文型,课程型硕士的年限较短,主要完成规定学分即可拿到学位毕业。此类学生毕业后一般进入工业界从事相关的工作,与国内的专业型硕士较为接近。另一种为论文型,不需要进行授课,只需要完成论文研究即可。此部分主要是为后来的进一步的深入研究做准备。博士则均是论文型。不用参与课程学习,只需要进行科学研究,学制3~4年。博士的申请条件为硕士毕业和本科毕业均可,本科毕业生类似于国内的硕博连读生。从近年的观察,此类学生在将来的从事的科学研究的道路上已经占了时间先机,比较容易在科研方面取得一定的成果。

每年学校都会有一个open day,即学校向公众展示学校实力的日子。因为,来参加的每个民众可能是未来的学生或家长。所以学校尽全力去向公众展示实力。由于民众的专业知识有限,又不能太深奥,所以,当天会有很多有趣的展示,既能体现科研实力,又让民众易于接受。我想这个做法对国内的学校具有借鉴意义,可以增加公众(非专业人士)对学校的认知,有利于学校的推广。

三、试验条件

相对国内高校的试验条件，这边的试验硬件条件有一定的差距。由于试验人力资源方面较紧缺，所以，试验设计就在完成试验目的的前提下尽量地简单试验。所以，从试验规模来说，一般并不是非常大。但是，虽然开展的试验规模均比较小，但是对于试验细节的设计上是十分用心的。由于试验的人力成本和时间成本均较高，因此，他们非常重视每一次的试验。在每个试验之前，都有进行详细的试验方案讨论和试验结果预测。相反，很多研究问题的解决正是在精心设计的简单试验结果中得到答案，从而对其工作机理进行系统地阐述，得到结果通常可以在高水平的国际杂志上发表。当然，这与研究的 idea 的新颖性、理论方面的深入研究有关。

学生讨论教室

测量教学

四、同行交流

在科学研究之余，通过各种途径了解澳大利亚土木工程工业界的发展现状及趋势。加入“西澳土木工程协会”及“西澳华人科学家协会(WACSA)”，通过定期参加协会活动，与澳大利亚土木工程师建立起良好的友谊，并进一步了解西澳土木行业的发展动态。

“西澳工程师协会”会员讲座

五、课余生活

珀斯与全球任何一座大城市都不相邻，被称为“世界上最孤独的城市”，却因为水岸生活方式与全澳大利亚最长的日照时间，属地中海式气候，因此，一直是最适合人居的城市。在科研闲暇之余，约上三五好友外出，享受西澳独特的阳光、空气、沙漠、海滩，便是我周末最经常的休闲方式。

尖峰石阵(珀斯北部)

科廷大学简介

科廷大学 (Curtin University) 建校于 1967 年，位于澳大利亚的西澳大利亚州首府珀斯市(Perth)，1986 年升格为大学，并重新命名为“科廷科技大学”，2010 年正式命名为科廷大学。澳大利亚科技大学联盟(ATN)成员，素有澳洲的“麻省理工”之称。它是澳大利亚西海岸规模最大的综合性大学，全澳名列榜首的科技大学，同时被澳大利亚高等教育质量认证委员会评为全国一流大学之列。科廷大学在国际上享有很高

Fremantle 海滩(珀斯西边)

的声望，是澳洲 12 所连续三年被英国《泰晤士报》评为世界 200 强大学之一。科廷大学是澳洲最早的一所为海外特别是东南亚地区的学生提供国际性教育的大学。科廷现有超过 40000 名在校生，来自本国及海外共 105 个国家，并以其充满生机与活力的学习环境而享誉全球。科廷大学是澳洲最具多元文化的大学之一，25% 的在校生是来自海外的国际学生。

科廷大学(Curtin University)的工科，特别是采矿专业是澳大利亚名列前茅的。就土木工程学科而言，NTU Ranking 给出了 2015 年澳大利亚土木工程专业排名，全澳大利亚名列第 5(http://nturanking.lis.ntu.edu.tw/DataPage/countries.aspx?query=CivilEngineer-ing&country=Australia&y=2015)。由于合作导师为科廷大学“Centre for Infrastructural Monitoring and Protection”的中心主任，因此，我的博士后研究工作大部分在此中心度过。

澳洲西悉尼大学

/王志滨

王志滨副教授，博士，2007.9～2011.3福州大学结构工程专业获工学博士学位，2013.4～2015.3清华大学土木工程系从事博士后研究，2015.3～2016.3国家公派访问澳大利亚Western Sydney University。主要从事钢管混凝土结构、FRP加固工程结构的静力、抗震和火灾下力学性能的研究。共发表41篇学术论文，其中10篇SCI检索，18篇EI检索；主持国家基金、福建省自然学科基金和福建省教育厅科研项目共6个项目；参编福建省地方规范一项；并获得福建省科学技术奖二等奖一项。担任福州大学土木工程学院国家级实验教学示范中心常务副主任。

在国家留学基金委、学校和院领导的支持下，本人于2015年3月赴澳大利亚西悉尼大学Institute for Infrastructure Engineering(简称IIE)访学，7个月的时光一晃而过。现对前期的所见所闻做如下总结。

一、科研

IIE是西悉尼大学于2012年设立的专职研究所，学校每年给予该机构300万澳元的运行资本，用于支付员工工资、部分博士生的奖学金和运营成本。下面以该所为基础分别论述西悉尼大学在科研管理和指导方面的特点：

(1)研究方向

该研究所主要包括系统工程、健康监测、工程材料和计算与模拟4个研究方向，每个方向都有一个专职教授，起到学术带头人的作用。

(2)职称结构

教师职称结构和国内不太一样，主要包括教授、副教授、高级讲师、讲师4个等级，对于短期聘任的人员一般叫"Research assistant"(研究助理)。

教师职称晋升主要看文章、项目和带学生的数量，文章的好坏主要看刊物的QS排名、影响因子和引用次数。文章中各作者的排名没有主次之分，这也不同于国内只有重视第一作者和通信作者的习惯。

(3)博士后、博士生、硕士生申请

博士后、博士生、硕士生申请均通过网络在线提交。博士后申请需要提供发表文章、参与项目、雅思成绩等材料。博士生学制是三年。硕士生分为学术型硕士和课程硕士两种。学术型硕士的科研训练较为全面,学制是两年。课程硕士学制一年,上完课提交毕业论文即可毕业,难度和含金量均较低。

博士生和硕士生需提供学位证明、成绩单、发表论文等材料。以上材料可折算成分值,用于计算排名,排名越靠前拿到奖学金的可能性越大。

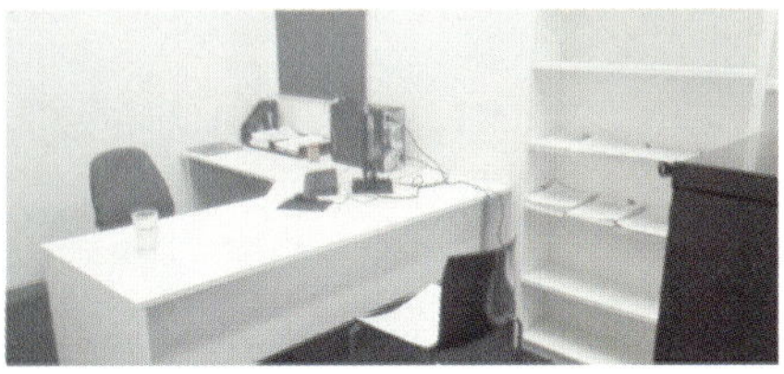
教师办公室

(4)博士后和博士生待遇

博士后拿的是讲师待遇,年收入大约8万澳元左右,税后可拿到6万澳元左右(折合人民币30万)。

博士生的待遇是一年2.5万澳元,另外发表论文较多的人还可申请1万澳元/年的名为"Topup"的优秀奖学金,合计16万人民币左右,奖学金共发放三年。有奖学金的博士生学费一般是减免;反之一年还要交1万澳元左右的学费。

硕士生一般没有奖学金,学费和博士生相同。

(5)研究条件

①办公条件:研究所为每位老师配置12m^2的独立办公室一间(内含一台电脑、办公桌、椅、书柜等)。研究所为每位博士生(或硕士生)提供一个办公位置(内含一台电脑、办公桌、椅等)。研究所配一名专职的IT管理员,负责为老师和学生配置办公仪器设备。办公室的打印、扫描、复印一体机采用网络设置为共享模式。

②实验条件

研究所设一个实验室,实验室配四名专职实验员。仪器主要包括:混凝土高温实验机、200t伺服压力机、霍普金森冲击实验机、短柱火灾实验机、吊车、一千吨压力机和多台MTS伺服加载机。实验室按照申请的先后顺序安排实验,实验免收实验费。

实验人员每天工作7个小时。其余非实验人员进入实验室要在实验员的指导下阅读实验室规章制度和注意事项,并免费配给实验专用的铁头皮靴和口罩等物。所有实验室均贴了相应的安全标识。

(6)学术交流

导师和学生一般一周固定面谈一次,有特殊需要面谈的情况可通过电子邮件和导师联系预约见面时间。

研究所每两周安排一次学术报告，每次两位主讲人，主讲人包括校外学者、校内教师和在读博士生。报告的时间和内容均提前通过邮件通知研究所所有人员。并要求教授和在读博士生在没有特殊理由的情况下都要参加。

为了扩大学校和研究所的影响力，研究所资助每位博士生参加两次国外的国际会议，每次预算为 5000 澳元，同时还可参加一次国内的学术会议。

学生办公室

此外，研究所每年 12 月举办一次全所总结大会，回顾过去一年经费使用、项目申请、论文发表情况。并提出未来一年的工作计划。

(7)毕业条件

博士生是否达到送审条件完全由导师把控，学校未规定最少 SCI 论文发表数量，但一般发表 2 篇 SCI 论文。

图书馆

论文送审采用全球送审的模式，一共送两份，完全合格后可安排学位论文答辩。

攻读博士满三年后如果还未完成学位论文，可先离校工作，待论文完成后再返校提交送审，学校未设最长毕业期限。

二、教学

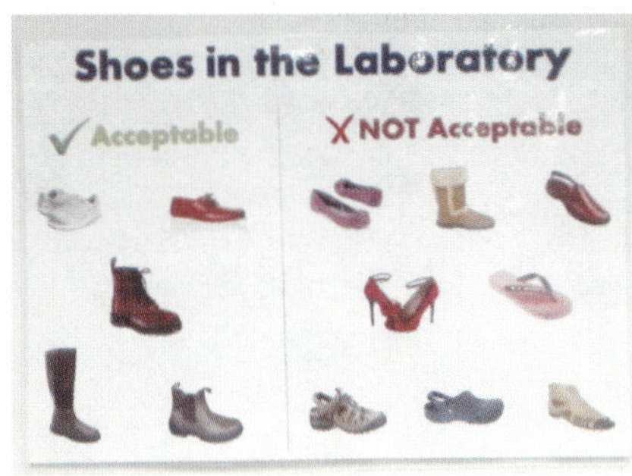

安全标识

(1)教师职责

西悉尼大学的教学理念是以学生为中心，教师和学生的联系主要通过两种方法：电子邮件和指定坐班教师指导。

并不是每位教师都需要坐班，但坐班有利于职称评审。学生在学习、生活中遇到的问题均可向老师咨询。

(2)图书馆

西悉尼大学投资上亿澳元建设了现代化的图书馆。馆内采用自助借阅和还书的方式。并设置了多样化的阅读、学习环境，如：坐、卧。此外学生还可在图书馆主页下载图书的电子版文件。

(3)公共交通

为方便教师和学生，西悉尼大学在各个校区间、校区和火车站间均安排了免费接送巴士。

以上为本人在西悉尼大学访学期间的一点见闻，期望通过有限的论述可使得土木工程专业的同学更了解澳大利亚大学的科研运作流程和管理模式，并在申请澳大利亚的学校时起到一定的指导作用。

西悉尼大学简介

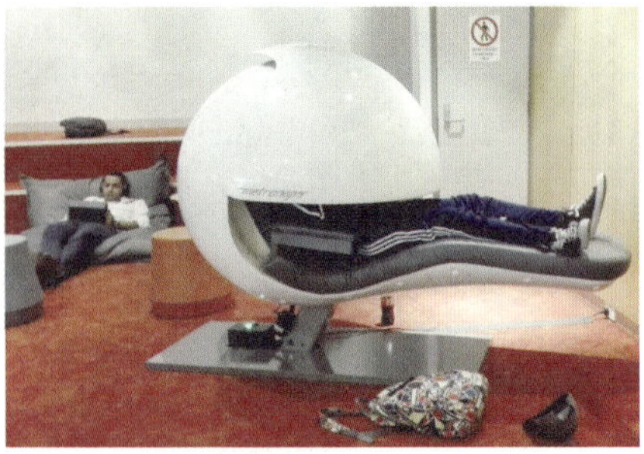

阅读环境

澳大利亚西悉尼大学(The University of Western Sydney)又名西雪梨大学,简称UWS,成立于1989年,是澳大利亚首家联合式大学,拥有全澳最大的学校网络。西悉尼大学由三部分组成:霍克斯伯里学院(Hawkesbury)、麦克阿瑟学院(Macarthur)和尼频学院(Nepean)。大学集中了三处学院的教育背景和优势,最古老的学院已有100年以上的历史。2016年USNEWS世界大学排名第507。地理位置及交通情况:位于悉尼的西部,由3个分校、6个校区组成,是澳大利亚最大的大学之一。Hawkesbury分校是从1995年开始招收学生,下属Richmond校区和Blacktown校区。所有的商业课程皆以Blacktown校区为主。Richmond校区占地约1500公顷,离悉尼市西北方63公里处,离悉尼市中心搭火车约1小时的车程。Blacktown校区位于悉尼的西北方,非常靠近Parramatta著名的商业中心,离悉尼市中心约45分钟的车程。Nepean分校的课程分别在Parramatta校区和Penrith校区教授。Parramatta校区距悉尼市区约30分钟的车程,是一个古典与现代兼具的城市。校区就在Parramatta的市中心,学生可利用公车、火车或渡轮作为交通工具。Penrith校区距悉尼市区约50分钟的车程,是一个新开发并且发展迅速的城市。Macarthur分校校址位于悉尼西南方,校区有两个,Campbelltown校区离悉尼市区约50分钟的车程,冬天平均温度在3~17℃,夏天平均温度在10~28℃;Bankstown校区离悉尼市区较近,约20分钟的车程,冬天平均温度在8~16℃,夏天平均温度在18~26℃。两个校区皆草木扶疏且环境优美。

悉尼看土木

/黄冀卓

黄冀卓，男，1978 年 11 月出生。2006 年毕业于同济大学结构工程专业，获工学博士学位；现为福州大学土木工程学院教授，硕士生导师。研究领域：半刚性钢（组合）节点、钢结构鲁棒性和抗连续倒塌分析、新型组合结构、幕墙结构、结构优化和优化算法、结构加固。

一、从著名建筑看土木

1. 悉尼歌剧院（Sydney Opera House）

悉尼歌剧院位于澳洲悉尼，是 20 世纪最具特色的建筑之一，也是世界著名的表演艺术中心、悉尼市的标志性建筑。该剧院设计者为丹麦设计师约恩・乌松，建设工作从 1959 开始，1973 年大剧院正式落成。在 2007 年 6 月 28 日这栋建筑被联合国教科文组织评为世界文化遗产。

悉尼歌剧院位于悉尼湾南部的一个人造小半岛上，其总面积为 2.2 公顷，由 588 个沉降于海平面以下 25 米的混凝土墩支撑。悉尼歌剧院是一个设计新颖的表现主义建筑，它有一系列被称为壳的大型预制混凝土构件，每一个构件都取自拥有相同半径的半球体，它们构成了剧院的屋顶。尽管悉尼歌剧院的屋顶结构通常被称为“壳”，但事实上它们在构造上严格来说并不是“壳”，而是由肋骨状的预制混凝土构件支撑的预制混凝土嵌板。整个建筑共由 2194 个这样的嵌板组成，每个重量大约是 15 吨，整个屋顶的重量为 2 万 7 千吨，它覆盖着 1056006 块由瑞士哈格纳斯（Höganäs）制造的白色光滑、带人字纹路的瓷砖。这些瓷砖具有自动清洗的性质，不过还是需要定期维护和更换。除了“壳”上的瓷砖和门厅的玻璃幕墙外，这座建筑物的外部很大一部分都覆盖了由拉娜出产的粉色花岗岩面板。重要的内部表面处理用到了由新南威尔士北部的沃科普出产的澳大利亚白桦胶合板。

2. 悉尼海港大桥(Sydney Harbor Bridge)

悉尼海港大桥号称世界第一单孔拱桥,早期悉尼的代表建筑。这座大桥从1857年设计到1932年竣工,是连接港口南北两岸的重要桥梁,和歌剧院隔海相望,与悉尼歌剧院一起构成了悉尼最知名的景色之一。它也是世界上最高的钢结构拱桥,曾是全球最宽的长跨距桥梁,直至2012年被加拿大温哥华地区的第二代曼港桥取代为止。海港大桥是悉尼三大标志建筑之一,全长1149米,大桥中央高于海平面134公尺,桥身全钢构造。由于30年代焊接技术还不发达,整个桥身全由铆钉链接,其铆钉数大约600万个,最大铆钉重量3.5公斤,能在大海上凌空架桥,至今仍属罕见。

悉尼歌剧院

海港大桥

工程师彼得·韩德森于1857年提出一座跨越海港的大桥设计图,这也是已知最早的设计图之一。在1900年也曾进行过一次竞赛,试图找到一个合适的桥梁设计方案,但没有任何一个被认为是合适的方案,也没有采取进一步的行动。第一次世界大战结束后,建设桥梁的计划再度进行。1922年,政府重启悉尼海港大桥的招标工作,并收到了26家公司的设计提案。由于拱桥的设计方案要比悬索桥的方案更为经济,而且还能提供更大的刚度来支撑大量的交通需求,因此拱桥方案被采纳。桥梁设计采用四车道,车道两旁都有两条铁路轨道和一条小路。在施工期间,共有16名工人死亡,一些工人在进行加热并插入铆钉工程时受伤,许多工人指责该工程让他们在几年以后罹患耳聋。悉尼海港大桥的总建造成本为625万澳元,直到1988年才完全付清。

3. 悉尼中央火车站(Central Station)

悉尼中央火车站是澳大利亚最大的火车站。该座车站坐落在悉尼市中心,有26个月台。悉尼中央火车站在1855年9月投入使用,此后经过多次改建迁建。目前的悉尼中央火车站是1906年改建完毕投入使用的。有着一百多年历史的悉尼中央车站,承担过一战和二战时期把澳、新军团士兵送往战场的重要历史使命。特有的铆钉钢结构屋盖系统,也是悉尼中央车站悠久历史的另一佐证。

4. 维多利亚女皇大楼(Queen Victoria Building)

维多利亚女王大厦是位于澳大利亚悉尼市中心的19世纪历史建筑,是悉尼的重要地标。这座罗曼复兴式建筑始建于1893年，于1898年落成，宽30米，长190米。这座“有着主教座堂般尺寸”的大厦的设计师是苏格兰人乔治·麦克莱(George McRae)，他在1884年移民悉尼。当时的悉尼正在大兴土木，新建房屋中没有任一风格占据多数，因此麦克莱提供了四种不同风格的设计(哥特复兴式、新文艺复兴式、安妮女王式和罗曼复兴式)供市议会选择。市议会最终选定的维多利亚时代罗曼复兴式设计反映了美国建筑师亨利·霍布森·理查德森(Henry Hobson Richardson)的风格。被选中的麦克莱设计中对立柱、圆拱的使用，及铺张的细节设计都具有“理查德森式罗曼式”的特色，这是一种在1877年到1886年之间确立的折中主义风格。

大厦最引人注目的特征是中央的圆顶，由玻璃质内层穹顶和贴铜的外层圆顶构成，外层顶部还有一座小圆顶。屋顶上还分布了大大小小的其他较小圆顶，其中长方形大厦的四角上各有一座圆顶。大厦中央部分大量采用花玻璃窗采光，包括一扇半圆形的大型“车轮”窗，图案为悉尼市的纹章。整个屋顶中央设置南北向的拱顶天窗，使得建筑内部得到大量自然光照。建筑细部的柱廊、圆拱、栏杆和圆亭等都具有细腻的维多利亚式特征。

维多利亚女皇大楼

值得一提的是，楼内新增的电梯系统通过张拉结构体系，很好地实现了既不破坏原有建筑格局，又能满足建筑使用功能的目地。

二、从国外高校管理和体制看土木

1. 试验室方面

通过了解国外高校试验室的运行机制可以发现，其很多方面都值得我们学习，主要体现在：

(1)管理制度完善且执行到位。以访学所在的西悉尼大学土木(结构)试验室为例，其制度的制定小到每一个细节，而且严格按照制度要求执行。如进入试验室，必须按照要求换成鞋头具有内衬钢板的防砸大头鞋，而且必须佩戴安全帽，否则不被允许进入试验场地。很多时候我们国内高校试验室也有制定很好的制度，但绝大多数都没有按章办事，忽略了很多看似微不足道但一旦发生后果又是非常严重的试验室安全问题。其实，这主要还是归结于管理人员责任心的缺失。

(2)运行模式高效。西悉尼大学土木(结构)试验室人员均具有很好的专业背景和专业技能，普通试验一般都是直接交付他们完成，科研人员只需提交试验方案即可，无须参与试验的前期准备和加载过程，最终结果包括试验现象记录等内容均由试验室人员提供。

2. 学术氛围方面

访学所在的 Institute of Infrastructure Engineering，除了两周一次的学术研讨会，还有每年一次的、在年底举行的学术年会。学术研讨会主要是给在学研究生，特别是博士研究生，提供一个展示研究成果和提供学术交流的平台；而学术年会则主要是以科研教职人员为汇报主讲人，全体研究生均参与的年度学术会议，同时会议还会邀请部分校外或国外的著名专家或学者做大会专题报告。通过学术研讨会和学术年会的形式，营造了浓厚的学术氛围。

在科廷大学读研究生的生活所闻

/颜学渊

颜学渊，1982年出生，男，汉族，工学博士，副教授，硕士生导师。结构抗震、结构振动控制、防灾减灾方向。2009年7月毕业于哈尔滨工业大学，至今一直在福州大学工作，2015年8月至今在澳大利亚科廷大学访问。入选"福建省高校杰出青年科研人才计划"，获2011年度福州大学"学术新人奖"。目前主持1项国家自然科学基金面上项目，1项福建省教育厅产学研项目；主持过1项国家自然科学基金，1项福建省自然科学基金；参与2项国家自然科学基金和1项福建省自然科学基金；主持或参与其他多项市级校级项目。申请并获授权国家专利5项。发表论文20余篇，EI收录一半以上。

学术及相关活动

科廷大学的校园优美，兼具了各种风格，简约、典雅、清新、休闲。校园里有大片大片的草坪，有很多很多五颜六色的花，有一直在不断跳跃的喷泉。白天只要是晴天，职工就会把懒人沙发搬到草坪上，同学们可以很惬意地往上一坐，做点什么喜欢的事；即便没有懒人沙发，你随时也都能在路边走廊看见人们席地而坐在看书。也会有各种娱乐节目上演，比如现场弹琴，还有碰碰球等，这就是科廷的休闲。办公室的外立面和内墙都不加以装修，模板一拆卸就是外立面或内前面，但是你却不会感觉不妥。

我所访问的科廷大学土木工程系在澳大利亚排名第5。课题组在郝洪教授的带领下，队伍逐步壮大，目前成员约30人，影响力不断增强。课题组在每周五都会有半天的课题组会议，每周安排三人做工作汇报，大家踊跃提问，发表不同的见解。课题组会不时请相关领域的知名专家过来做讲座，拓宽我们的知识面，内容有专业的课题研究，也有基本的文章写作。

课题组也会不时安排参观工程，上一次我们参观了一个预制结构工程和一个预制结构厂，给我的感觉是，不同于国内现在建筑的如火如荼，可能是由于这里很少发生地震，所有的建筑结构的抗震等级都较低，一般的民用建筑很多是砌体结构，也有不少是预制结构，但是都比较简单；可能也是由于地

与张超老师在一起

图书馆

校园的休闲

Tongxi Yu(Hong Kong University of Science and Technology)

广人稀，这里的建筑都是低层建筑，只有在市中心能看到高楼大厦，但是数量也是很少。我在学校的一角也看到了一栋正在施工的预制结构，工地围起来了，没能进去细看。

课题组也会时不时组织聚会，有时会在某位老师的家里，有时会在野外。有一条，就是每次聚会的时候，每个人都会带点东西，比如一瓶酒或者一盘菜。我想这大致出于两方面考虑吧，一是人员太多，这样会给组织的人减轻一些麻烦；二是出于礼貌。这到底是我们课题组的规矩呢还是老外的习惯，我没搞清楚，不管怎么样入乡随俗。

另外，对于科学研究，我觉得有一个不同。我们在国内经常能见到高大上的课题，研究对象很大，仿佛你不把课题搞得很宏大很玄乎就显不出是在做科研，就拿不到课题。貌似自己也有这个倾向。在这边我觉得他们做的很具体，比如一个碰撞问题，生活中很普遍的现象，如手机坠地、踢足球等，他们就是能在这里提炼出问题，提炼成一个圆钢圈(平面问题)、一个乒乓球(空间问题)，而且直接拿乒乓球做实验，你会这么做吗，敢这么想吗？人家做了，发了好多 SCI。这里的实验条件正在改善，但是不妨碍他们做理论数值分析。我觉得我们似乎差点什么。

科廷大学(Curtin University)建校于 1967 年，位于澳大利亚的西澳大利亚州首府珀斯市(Perth)，1986 年升格为大学，并重新命名为“科廷科技大学 ”，2010 年，正式命名为科廷大学。澳大利亚科技大学联盟(ATN)成员，素有澳洲的“麻省理工”之称。它是澳大利亚西海岸规模最大的综合性大学，全澳名列榜首的科技大学，同时被澳大利亚高等教育质量认证委员会评为全国一流大学之列。科廷大学也是国际著名高等学府之一，是澳洲 12 所连续三年被英国《泰晤士报》评为世界 200 强大学之一。科廷大学是澳洲最早的一所为海外特别是东南亚地区的学生提供国际性教育的大学。其毕业生以娴熟的技能、全面的素养和自信心强而成为竞争激烈的国际人才职场上的获胜者。科廷现有超过 40000 名在校生，来自本国及海外共 105 个国家，并以其充满生机与活力的学习环境而享誉全球。科廷大学是澳洲最具多元文化的大学之一，25%的在校生是来自海外的国际学生。

科廷大学位于西澳大利亚州的首府珀斯。珀斯是澳大利亚通往亚洲的重要门户，是离中国最近的澳大利亚首府城市。珀斯近年以其强劲的经济发展势头、美丽的自然环境以及便利的医疗卫生体系而日益成为澳洲最富有活力的国际大都市之一。珀斯优美的自然环境吸引着越来越多的人到这里旅游、工作、生活，前不久播出的《爸爸去哪儿 3》就在珀斯取景拍摄。西澳大利亚被称为世界上最孤独的城市，但却不是你所想的荒芜之地，这里拥有优质的葡萄酒庄、纯净的海滩、壮美的岩洞、参天的森林、缤纷的野花、古老的活态文化。

参观预制结构工程和工厂

阿德莱德大学留学简忆

/黄明

黄明,男,1983年7月出生,江西瑞金人,副教授,研究生导师。主要从事岩土地下工程防灾减灾、隧道工程和桩基工程等方面的教学与科研。参编教材《地下结构设计》,主持国家级课题2项,省部级课题3项,在国内外核心以上刊物发表论文40余篇,其中SCI或EI收录20余篇,授权国家专利14项,获省部级科技进步二等奖1项(第八)。

学校规模

阿德莱德大学(University of Adelaide)把传统的优势和现代艺术特色及丰富的学生生活相结合,是澳大利亚政府对大学生综合测评后推举的最优秀的四所大学之一。她坐落于南澳大利亚首府阿德莱德市中心,是澳大利亚尖端人才的发源和荟萃之地。澳大利亚一共9名诺贝尔奖获得者中,有5位来自阿德莱德大学。在校生有20088人,员工3654人,其中包括5597多来自世界各地80多个国家的留学生就读于阿德莱德大学。相关分析表明,就论文的影响力和引用数量而言,阿德莱德大学在11个研究领域中居世界前1%的优秀大学之列。

就创新和前瞻性而言,阿德莱德大学在下列领域具有显著优势:酿酒与食品、健康科学、生物科学、物理科学、信息技术与电信、环境科学和社会科学。此外,酿酒与食品、生物科技、物理科学、工程、信息技术、无线电通信、环境科学、会计与金融、社会科学专业是它的优势领域。

校园总况

阿德莱德大学位于澳大利亚南部阿德雷德市。阿德莱德大学有4个校区,大部分的学生都在主校区——North Terrace,Waite和Roseworthy校区提供位于主校区以南8公里及50公里处农业课程。Thebarton校区距离市中心以西约5公里处,是学校的主要研究中心,并与当地的工商界维持密切的联系。学校教学设施先进,图书馆拥有藏书200多万册,拥有先进的教室、计算机设备和视听系统。

北台地(North Terrace)是本科教学的主要校区,也是许多应用研究和基础研究的基地。该校区汇集着许多著名的医学研究机构,阿德莱德大学充分利用其毗邻北台地(North Terrace)文化与教育设施的优势。而且与南澳大利亚艺术馆具有非常密切的协作关系,并与之联合开设艺术史学位课程;同时它与南澳大利亚博物馆的合作经营进化生物学与生物多样性研究中心。并靠近南澳州立图书馆(State Library of South Australia)、节庆中心(Festival Centre)、艺术馆(Art Gallery)、动物园和植物园,交通方便,社交与学术氛围非常浓厚,故而倍受学生们的青睐。

阿德莱德大学具有数 100 多年历史的行政楼

Roseworthy 校区是国际著名的旱地农业和动物生产中心,它位于阿德莱德北部,占有南澳大利亚近 1600 公顷的上乘农场用地,它坐落在职能健全的商业农场之中。在该校区,学生可以实地学习旱地农作系统、牲口养殖,以及环境与自然资源管理,是世界上为数不多的这类校区之一,Roseworthy 农场为学生提供了理想的实习环境,同时也为研究生提供了优越的研究条件。校区其他设施包括:鹿场、养猪与禽类研究所、苗圃、植物园、以及现代化实验室和温室等。除此之外,还设有水产保护区、临时性沼泽地和动物公园,学生可以获得水产与澳大利亚本土动物管理方面的实践经验。拥有自己的教工住宅和学生宿舍。

阿德莱德大学校园附近的 River Torrens

阿德莱德大学研究园区(Thebarton 校区)是澳大利亚大学拥有的顶尖技术研究园区之一。园区内部有商业租户、研究中心和阿德莱德大学下属的 20 多个公司,除此之外,还汇集着澳大利亚为数众多的生物技术企业。该校区以前曾经是一所工厂的所在地,它已经发展成为最富活力的研究园区,它是阿德莱德大学与澳大利亚商业和工业界的重要纽带。阿德莱德大学的行业联络办公室就坐落在研究园区内,其职责是加强和促进行业联系。它是澳大利亚企业教育与企业孵化先进单位。该办公室负责管理毕业生创业计划(Graduate Entrepreneurial Program)。在企业孵化器内,毕业生有机会在澳大利亚最富有创新性的公司内提高自身技能。园区内的商业和工业租户都被积极鼓励参与阿德莱德大学的教育计划和联合研究活动。

Waite 校区拥有南半球最大的农业综合设施,它可为学生提供最现代的技术。这类设施包括植物研究中心,而植物研究中心内配备有先进的温室、实验室、基因资源中心、收获后冷藏室(post harvest coolrooms)和会议中心。Hickinbotham Roseworthy 酿酒科学实验室拥有一流的葡萄测试和酒类质量测试设备;而崭新的 Angove 蒸馏室(Still House)可以确保白酒和加烈酒(fortified wines)的教学与研究稳居世界前沿。另外,该校区还拥有现代化的化学、生物化学、生理学和生态研究实验室,既有小型的试验田和葡萄园,又有大型的计算机中心和 Woolhouse 图书馆。Waite 校区的一大特色是协作,在该校区,阿德莱德大学与许多研究机构和院所都有协作关系。

阿德莱德大学科研学者国际化交流密切

另外,Waite 校区还是澳大利亚在分子植物育种、葡萄栽培和澳大利亚杂草管理领域的三大协作研究中心总部所在地。除此之外,澳大利亚植物功能基因组研究中心也设在该校区,澳大利亚植物功能基因组研究中心在澳大利亚农业生物科学行业起着举足轻重的作用。

阿德莱德大学图书馆一角

科研建设

阿德莱德大学曾有 2 名教授(Sir William Henry Bragg 和 John M Coetzee)以及 3 名毕业生(William Lawrence Bragg、Sir Howard Walter Florey 和 J Robin Warren)获得过诺贝尔奖,此外阿德莱德大学还曾培养出 108 位罗德奖(Rhodes)学者,尤其是学术研究的成果更是个中翘楚。阿德雷德大学制造了世界上第一个可放入自然环境中,遗传控制的有机体,世界上第一个可视计算机芯片,世界上第一个汽车可视电话和训练了澳大利亚第一位宇航员。

阿德莱德大学博士生及访问学者的科研工作环境优越

阿德莱德大学设有 3 个全国性的专业研究中心和 12 个合作研究中心,在工业界、高等教育和政府部门对国家重大问题进行联合研究。学校在科学技术、环境、商业、社会科学、医疗和牙科等方面也有先进的专业研究中心。怀特校园内设有南半球最重要的农业研究中心。高技术、现代化的实验室和教室里安装了现代的计算机设备和国际数据网络。这些设施由一个巨大的研究与数学用的图书馆构成,它有 200 万以上的目录,强化的电子数据网和因特网址。作为澳大利亚八所名校之一,连续多年获得澳洲《优秀大学指南》的最高评级 5 星级。

教学方面

澳大利亚阿德莱德大学已经拥有130多年的岩石力学与工程(土木工程的一个重要分支)办学历史,是澳大利亚矿业教育(MEA)四大高等院校之一,是澳大利亚土木工程高等人才的主要培养院校。在阿德莱德大学土木、环境和采矿工程学院,该方向专业教师有教授2名、副教授2名、高级讲师2名、讲师1名,在岩石力学(断裂模型、破裂机制和预警系统、断裂检测使用压电传感器等)、岩石切削力学、采矿作业研究等方面的研究成果十分突出,并且该专业教师在全世界多个土木类SCI、EI期刊杂志上担任编委或审稿人,具有较高的研究水平和较广的国际影响力。教学方面,主要体现出以下优势:

(1)注重课程体系的标准化工作,通过高校教育联盟,使各个不同学校的教学质量达到统一的水平,促进了不同学校之间的教学交流。由于教育联盟有了统一标准,所以不同学校的课程可以做到无缝衔接,其所设课程也可以邀请其他高校的教授讲授,从而也使高校之间的交流更加常态化。

(2)课程内容重视实用化,在各个课程中直接为行业应用服务的内容比较丰富,也与行业联系比较紧密,更注重行业所需的各种现代化工具的应用,从而使学生能够在校期间就学会较多的比较实用的现代工程服务所需手段工具,从而提高了学生快速达到企业要求的能力。

(3)注重工程类课程的内在联系,将以前学到的专业基础理论知识能够融为一个整体,体现在设计环节中。

(4)比较重视教师的自由选择权,而不僵化的拘泥于教学计划,因此整体教学进程可以根据学生的接受程度进行调节。

在硬性指标方面,学校每个学期均开展各种小测试和期中、期末考试。阶段性测试按比例记入总成绩,保障了教学质量;各类考试的监考极其严格,通常是租用市区大型室内场地,在考试座位间距、监考人员数量和对考场制度的执行等方面,都可以看出学校对考试这一环节的严肃和认真,而一些课程的测试难度和高不及格率,更是这种严谨治学的表现。此外,阿德莱德大学在人才培养上也有研究梯队,年轻教师往往跟随老教师进行科研以及教学,其所带研究生也是和老教师联合指导学生,这就使得在研究生培养上会使得一个研究生同时有几个教师的指导,从而能有效提高研究生的质量。而对于研究生的过程管理也较严格，只有资格答辩通过了才可以正式成为博士生进行研究，大大提高了研究生后期的研究质量，也提高了对学生能力的培养。

科研方面

在科研习惯方面，阿德莱德大学强调学生的研究主体意识，注重挖掘学生的兴趣、主观能动性。导师更多的是启发者、引路人和激励者，通常采用每周一次的例会，及时掌握学生动态，及时解决所遇问题，因此研究生进步很快。科研与教学不可完全割裂，学生在科研探索中的创新和成长，也是一种教学和培养工作。此外，阿德莱德大学比较注重基础研究，许多课题来自国家项目，研究平台也比较完善，能够保证研究项目的需要，学校也会满足不同学科研究平台建设资金的需要，对相关问题的研究相对比较专注，特点在于侧重于某一问题的深入剖析并提出创新性的解决办法。此外，学校实验室各种实验器材设备都非常齐全，并且有专门的实验室管理人员和安全员，在最大程度满足教学科研实验条件基础上，尽可能使实验室的安全得到了保障。学校基本的办公科研条件齐全，每个教师都有自己的办公室以及相应研究平台，博士生也有自己的办公室以及各种学习所需要的学习辅助工具设施以及软件等，硬件和软件设施总体能满足教师和学生的科研需求。

本人导师许潮水，副教授，1993 年毕业于英国利兹大学获博士学位，目前兼任国际岩石力学学会等多个学术团体会员，其主要研究领域分布于岩石断裂力学和地质统计学等多个学科方向。导师研究成果颇丰，在国际岩土类重要期刊发表学术论文数十篇，在国际上享有一定的学术声望和地位。导师的精力主要放在科研和教学方面，目前正指导十余名博士生和硕士生开展相关课题研究。导师治学严谨，擅长从不同角度分析问题，通过每周固定的学术研讨，切实推动科研工作的进程，逐步提升研究生学术能力。

阿德莱大学简介

阿德莱德大学（The University of Adelaide）简称阿大，位于澳大利亚南部阿德莱德市，是澳大利亚历史上的第三所大学，澳大利亚常春藤名校联盟“八大名校”之一，被评为澳洲五星级大学。自 1874 年创校以来，阿德莱德大学一直位居澳大利亚顶尖大学之列。截至2008年,阿德莱德大学培养出3个诺贝尔奖为澳洲最多,和108个罗德奖的获得者。新加坡两任总统毕业于此校。阿德莱德大学现有16447名学生,国际生比例为28%,其中包括来自88个国家的4604名国际学生,分别就读于阿德莱德大学"北特里斯""罗斯沃斯""怀特""费巴顿"4个校区。近年来一直是世界百强大学,位于世界大学1%范围之内。阿德莱德大学制造了世界上第一个可放入自然环境中,遗传控制的有机体,发明了世界上第一个可视计算机芯片,研制了世界上第一个汽车可视电话,训练了澳大利亚第一位宇航员。2017年QS世界大学排名第125名;2016年QS世界大学排名第113名;2015年QS世界大学排名第100名;2010年QS世界大学排名第103名;2011年QS世界大学排名第91名;2013年QS世界大学排名第102名。

一个多世纪以来,阿德莱德大学的教师,科研人员和毕业生为学校做出了突出的贡献。涉及领域包括科学、医学、工程、法律、社会科学和艺术表演等方面。阿德莱德大学有着优良的传统,创新和高质量的科研以及优秀的教学都为学生的学习提供保证。该校发展国际化并且进一步提升师资力量,同时也创造更多的企业化机会。

海外看土木——半个地球的距离

/许莉

许莉，女，福建福州人，工学博士、副教授，1998 年 8 月至今，在福州大学土木工程学院从事教学和科研等工作。2008 年当选为中国土木工程学会混凝土及预应力混凝土分会建筑工程无损检测技术专业委员会委员；2010 年入选福建省建设厅专家库；2016 年起担任 BIM 实验室副主任，参与全院 BIM 课程设置、案例库的完善及实验室平台建设等的筹建工作；2017 年由学院专业课骨干教师访学项目资助派往澳大利亚悉尼大学访学一年。

前记

作为南半球面积最大，经济、教育、医疗等水平最发达的国家，澳大利亚是一个蕴含着多民族文化的移民国家。澳大利亚一词来自于拉丁文“Terraaustralis”，原意是南方的大陆。自英国移民踏上这片美丽的土地之日起，已先后有来自世界 120 个国家、140 个民族的移民到澳大利亚生活和定居。

悉尼，作为澳大利亚第一大城市，位于澳大利亚的东南沿岸，是澳大利亚的经济、文化、政治和旅游中心。在悉尼，既能感受到国际一流大都市的现代感，又能体会到历史文化老城的厚重感。悉尼拥有傲视全球的风景线，被誉为“全球最美丽的城市”之一，并多次被联合国评为全球最适宜人类居住的城市之一。

校园生活

澳大利亚高校一般一年有两个入学季，一个在 2 月，一个在 7 月。悉尼大学每年都会在主楼礼堂举行两次盛大的入学典礼。同时会开放活动周，随处可见的校园志愿者会帮助学校新生熟悉校园环境和学校设施。这段时间各个学生组织还会在主楼附近进行迎新生活动，为学生会和各个社团纳入新鲜血液。

悉尼大学的本科及硕士类课程很多都是以 Lecture + Tutorial 的形式授课的。这样能使得学生更加充分的掌握和理解教师所讲授的内容，并及时进行充分的练习。而对于研究型硕士生和博士生,采取双导师制,即一位主导师加一位副导师的形式,没有课程和学分的要求,而是给研究型学生更多时间和空间进行自我学习、提升和自主探究。每一个年度,学校会对全体研究型硕士生和博士生进行科研进度的审核,以保证学校的科研质量。

学校还为本科生、硕士生以及研究型硕士、博士生开设了各方面的 Workshop 课程,以小班授课的形式,包括初级语法、高级语法、论文写作技巧、演讲技巧及小语种等课程。

土木工程系

悉尼大学土木工程系于 1885 年成立至今,现有 40 余名教职工,1600 多名本科生,500 多个硕士课程类学生以及 100 多个研究类硕士博士生。

悉尼大学主楼

悉尼大学土木工程专业本科是为期 3 年的全日制学科,旨在培养学生成为领域专业的工程师,包括水坝、桥梁、管道、公路和建筑工程的设计和施工,运输系统设计、水和气的供应,港口、机场和铁路的设计和管理等。本专业课程涉及了流体工程、地质工程和结构工程等专业课程和 12 周的实际行业实践,本专业在最后一年还为学生提供大量的专业选修课程。

土木工程系的研究型硕士、博士生基本集中在土木工程系楼的 3 个研究室里,每个人有一个固定的座位,多数学生与导师进行一周一次或两周一次的常规例会。研究室里很多学生都兼职做一到两门课程的助教,除了上 tutorial 之外还需要批改作业、测验试卷以及监考。有些学生把大多数精力倾注在了实验室,深夜或是周末在实验室秉灯夜读的学生也不在少数。

学院主要分为 4 个研究方向,分别是结构、岩土、流体和项目管理。学院设立结构工程研究中心、悉尼地质力学和采矿材料研究中心以及风浪和流体研究中心。

虽然土木学院的硕士、博士们来自不同国家不同民族,但是毫不影响彼此交流沟通,成为朋友。这些学生们定期会组织一些集体活动,比如徒步、海边烧烤等。学院也会为学生们组织定期的 BBQ,来促进不同专业不同民族的学生彼此交流。来自天南海北的学生聚在了南半球的这个国家,一起分享着彼此祖国的不同文化,交流着不同文化下年轻人的喜怒哀乐。

结构工程实验室

悉尼大学土木工程学院有3个实验室，分别是结构工程实验室、流体实验室和岩土实验室。

结构实验室主要涉及钢结构(冷弯型钢结构、钢管混凝土结构、不锈钢结构和铝结构等)、组合结构、玻璃结构、结构可靠度分析以及计算力学方面的实验。

法学院楼

悉尼大学入学典礼

研究室集体活动

土木工程学院实验室

旅行中的土木

作为一个土木人，我对悉尼的建筑风格和建筑结构很感兴趣。澳大利亚人通常所讲的房子叫House，即我们常说的别墅。而我们所说的房子一般是指单元楼里的套房，澳大利亚人称作Unit。澳大利亚大部分人都是购买House居住。

随着城市化进程的加速，房子问题越来越成为社会的热点。像悉尼这样的国际大都市聚集了相对优势的各种资源，对于个人来说，也蕴含着更多的工作机会和发展机遇，所以越来越多的人涌进大城市，也使得房子供不应求，房价越来越高。澳大利亚通过将城市的道路交通不断向外延伸，进而用城市松散化的方式来缓解城市中心的拥挤。这样，方便了城市边缘地带的交通，鼓励更多人从市中心搬到小城小镇居住，高涨的房价也得以缓解。

在悉尼，除了老居民和打工者住在市中心区域以外，大多数人的住房都远离市中心，悉尼的北区和西区都有大片的别墅区，别墅区配套设施也建得比较完善。因此，在澳大利亚，老百姓买房子并不往市中心挤，而是选择远离市中心，住在相对房价便宜且环境更好的小城小镇里。

澳大利亚的房子建在平地上的不多，大部分房子建在山冈或丘陵地带。澳大利亚人建房很少用水泥和钢筋，房屋整体框架大多是木结构，用砖头围砌外墙，用木板分隔内墙，对于人体健康和人们的生活都有益。大部分房子比较低矮，只建一两层。低矮的房屋有利于冬天取暖，同时也更加节能环保。澳大利亚的房子虽然建筑风格都差不多，但是几乎很难在同一条街区看到两栋外观一模一样的房子。

除了常见的特色民居外，作为澳大利亚最大的城市，悉尼也有着许多享誉国际的特色建筑。

后记

通过这一年的留学，我品味着这座城市的历史、文化及生活气息。我深深感受到这里多元的风土人情和民族文化，感受到半个地球距离以外的人文气息和异域风情，也感受到国际大都市的先进和完善……那些景致、那些美好都一一珍藏！这将激励着我不停地学习，不停地探索而努力成为一名有国际化视野的合格土木人！

悉尼 House

悉尼大学简介

悉尼大学(The University of Sydney)始建于1850年，是全澳大利亚、大洋洲和南半球第一所大学，坐落于南半球金融贸易与旅游中心——澳大利亚新南威尔士州首府悉尼。作为一所世界顶尖研究型大学，悉尼大学是世界大学联盟、环太平洋大学联盟、澳大利亚八校联盟的成员，同时是环太平洋大学联盟与亚太国际贸易教育暨研究联盟的成员。这一百六十多年来，悉尼大学秉持着拉丁文箴言“Sidere mens eadem mutato”的校训，即“繁星纵变　智慧永恒”，为社会培养了一系列重要人物，其毕业生牢牢掌控着澳大利亚政治与经济命脉，校友包括七位诺贝尔奖或克拉福德奖得主、八位澳大利亚总理、联合国大会主席、世界银行总裁、国际法院院长等知名政商界人士。

悉尼塔

悉尼大学设有：农业与环境学院、建筑学院、文学院、牙医学院、商学院、教育及社会工作学院、工程及信息技术学院、艺术学院、健康科学院、法学院、医学院、药剂学院、科学院等。学校设有从专科到博士学位的各种课程并可授予学士、硕士以及博士学位。学生人数最多的5个学院依次为：文科及社会科学学院、商学院、科学院、工程及信息科技学院、健康科学学院。悉尼大学医学院、法学院和工程及信息技术学院为悉尼大学的强项专业，其中位于Camperdown校区的法学院新楼荣获了2009年度澳大利亚国家建筑大奖。

圣玛丽大教堂

悉尼大学的图书馆同样别具特色。作为南半球最大的大学图书馆，悉尼大学的Fisher图书馆拥有馆藏印刷型文献500多万册以及54000余种电子期刊，满足了悉尼大学师生学习以及科研方面的信息和资源需求。此外，图书馆还有四种特藏，分别是课程资料文库、东亚文库、珍本图书文库和音像资料库，收藏了大量的教学材料、文献资料和影像资料。该图书馆是由悉尼大学毕业生于20世纪60年代设计，并获得澳大利亚和英国两项建筑大奖。

悉尼大学的土木工程系隶属于工程及信息技术学院，位于悉尼大学 Darlington 校区。工程及信息技术学院成立于1920年，是澳大利亚的第一所工学院，也是国际上极具影响力的著名工学院。

THE FIFTH PAPER 第五篇

东亚留学看土木

海外留学看土木

GLIMPSES OF
CIVIL ENGINEERING EDUCATIION
IN TEH WORLD

台湾土木工程教育

/蒋子平

蒋子平，2000.9～2004.6 台湾中央大学土木工程学研究所，获工学博士学位。1997.9～1999.6 台湾成功大学土木工程学研究所，获工学硕士学位。1994.9～1997.6 台湾淡江大学土木工程学系，获学士学位。主要从事大数据与深度学习算法在智能交通系统、道路工程无损检测与工程管理上的应用。发表论文 30 余篇。

观察、比较与选择，贯穿每一个人的生命历程。观察目前人类社会的需要，比较个体、群体、技术与环境的差异，选择研究题目、方法与技术路线。这一切的活动反映了科研工作者的最终成果与价值，也带来如何增进我们观察、比较与选择能力的问题。个人认为上述问题的关键因素很多，其中一项是视野，每个人的思维模型其实非常局现在自身的经历，若能有机会在不同环境、价值观与文化中洗练，会有增进视野，加强观察、比较与选择能力的可能性。

土木两字，以传统书法由右到左的书写习惯下，土木就成了杜字。因此，中央大学土木工程学系的师生一般会说自己是中央杜家人。

缘起

与学生聊天时，常常会被问到为什么念博士？我经常回答的是苦笑一声后说：因为不喜欢业界的环境，没有放弃念了 6 年土木的勇气，又不喜欢坐办公室，加上儿时的几个愿望中是希望能有个博士学位。再者，我观察许多长辈与大我 10 岁以上的人的工作环境，发觉高校教师可能是一个我喜欢的工作。加上在美国受挫的经历，所以就去念书了。

土木系主要有三大教育目标及各自三项子目标。目标 1 除了基本学科知识与技能的养成与训练外，更着重于培养学生跨领域知识、人文素养及终身自我学习能力。目标 2 主要在构建学生未来的工作能力，除人际沟通与各种不同的表达能力外，更加强团队合作与领导统御能力。目标3着重在启发创新能力以掌握土木多元发展及专业变革，并培养具有国际观、永续发展与造福人类的能力。本系三项教育目标与学生毕业时应具备核心能力如下所示：

(1)传授专业知识：强化科技基础教育及人文熏陶，建立终身自我学习能力。熟悉实验方法、落实分析与设计训练。整合跨领域知识，兼具工程及管理之素养。

(2)培养工作能力：具有人际沟通、专业表达与撰写能力。塑造优良工作态度与工程伦理。培育团队合作与领导统御能力。

(3)启发创新能力：具备国际观、永续发展理念与服务社会的热忱。掌握土木专业变革与多元发展能力。厚植研发、创新与造福人类的能力。

中大大门

玄武湖

大学部学生毕业时所应具备的核心能力：

核心能力一：运用数学、科学及工程知识。

核心能力二：执行工程实务。

核心能力三：设计、执行实验及分析。

核心能力四：土木工程设计及监造。

核心能力五：计划管理、人际沟通、专业表达与撰写。

核心能力六：团队合作与整合。

核心能力七：主动发掘、分析及解决问题。

核心能力八：国际观、吸收新知以及自我学习。

核心能力九：工程技术与生态环境互动。

核心能力十：工程伦理并善尽社会责任，且具有人文素养及服务人群的精神。

研究所学生毕业时所应具备的核心能力：

核心能力一：土木工程专业知识。

核心能力二：策划及执行专题研究。

核心能力三：撰写专业论文。

核心能力四：研发创新及独立解决问题。

核心能力五：跨领域协调整合。

核心能力六：国际观及永续发展理念。

核心能力七：领导、管理及规划。

核心能力八：终身自我学习成长。

课程与学习

毕业十一年后，再来翻翻自己的成绩单，感觉在校成绩与社会成绩真的很不一样。

在台湾中央大学,学生(特别是研究生)被鼓励与要求去修其他学校或本校其他学院的课程。以我为例,除了土木系的必修课程外,每周一次早上开车去台大修人工智能,去管理学院与资管系修供应链管理与创业相关课程,是一种颇有趣的经验。也发现不同的学习环境、不同的师生,的确会刺激自己的创意,能想一些平常不会想,也想不到的问题。

在个别课程中,受欢迎的教授关注的不是既有知识的传递,看课本或教材被认为是你自己的事,上课大多时间是学生说老师听,或是老师直接出问题,学生自己分组,在被要求的时间内提报告,并上台说明。我曾经在2001年修过一个有趣的课程,教师同时在桃园、上海与加州三地不同大学开同一门课,要求每一位学生用视讯上课,并分组讨论。几个教师的有趣口头禅是:你说的很好,但在某某处有改进的空间。解决问题的人,才是未来社会需要的人。你没有熬夜爆肝过,未来如何跟同事聊爆肝经验。

土木系正门立牌

多样性

同一个实验室的同学,通常都在相同的压力下成长,但每个人解压的方法都不一样,有人喜欢唱歌,有人喜欢喝酒,有人爱吃美食。由于校外的商店街是近乎24小时都会有人,加上学校有许多外籍生带动的消费力量,产生许多特别的好地方,如爵士酒吧等。

我认识一位喜欢叼烟斗,抽烟丝,喜欢打着领巾的老派研究生,喜欢午后扛着素描架,对着校园内的美丽风景(人)指指点点。学校中有一帆风顺的天才,也有经过磕磕绊绊工作历程后再来念书的一般人。在与这些具备多样性的一群人聊人生的过程中,会不知不觉地扩充了自己的视野,在不同的价值观与人生历程中,反思与确认自己的价值观。

从科学理论来说,物种的多样性(biodiversity)是生物多样性的关键,它既体现了生物之间及环境之间的复杂关系,又体现了生物资源的丰富性。达尔文有个有趣的论点是:为了种族的永续需求,族群中必然需要一些另类与奇异的个体,去为族群展开与群体不一样的历程。

小结

观察、比较与选择,贯穿每一个人的生命历程,当然也包括我自己。很高兴这两年来到福州工作,观察到了许多前所未想的问题,比较许多工程实践与文化的差异,与选择许多不同的研究方向。

台湾中央大学土木工程系简介

自1971年复系,先后于1981年8月成立硕士班及1985年8月成立博士班,并于1991年大学部增班,及1999年时再增加硕士在职专班。目前本系专任教师26位,合聘教师19位,兼任教师17位,共计62位。

配合21世纪土木工程不断地更新进步,各领域教学在桥梁震动、桩基量测、地盘改良、铺面材料、水泥微观性质、风洞试验、交通运输、营建管理等主题方面已具有相当发展。所开授课程,包含了土木相关学术专业理论课程,同时为强调理论与实务并重的特色,尚有结构实验、岩石与土壤力学实验、沥青材料实验、水泥物化实验、流体力学实验、交通控制实验、测量实习等相关实务领域的课程。

中央大学1915年创建于南京,大陆时期为东南的学术重镇。1962年在台复校,历经50多年发展,为国内少数历史悠久、校景优美、校风淳朴、校誉优良之顶尖研究型大学。

中坜双连坡上的中大,占地广达62公顷,环境清幽,闹中取静,是一个适合求学、生活和研究的好地方。目前学生人数约1.2万人,大学生与研究生比例约1:1。培育的在台毕业校友约6万多人。

目前设有文、理、工、管理、信息电机、地球科学、客家、生医理工,共8所学院,22个学系(含理学院不分系学士班)和54个研究所。同时设有8个校属研究中心、1个联合研究中心和总教学中心,是一所科学、人文荟萃的综合大学。

中央大学近年来学术表现亮丽,获选台湾教育主管部门5年500亿迈向顶尖大学计划,历次考评执行成果均优,为台湾高教界进步幅度最大、速度最快的大学之一。国际的评比上,中大持续进步。在上海交通大学公布的世界大学排名、美国新闻与世界报道全球最佳大学排名,均名列全球前五百大。在英国高等教育调查公司QS的前200名亚洲最佳大学,也跻身其中。

香港理工大学的学与教

/陈昭晖

陈昭晖,2003 年毕业于华侨大学获机械工程专业学士学位,2006 年毕业于浙江大学获力学专业硕士学位,2011 年毕业于香港理工大学获土木及结构工程专业博士学位,2011 年—2014 年于香港任职工程师。现为福州大学土木工程学院助理研究员,主要研究领域为结构振动控制、结构健康监测、智能材料与结构。在国内外学术期刊和会议上发表论文 20 余篇。

在香港,学习土木工程专业的本科生大多数选择毕业后就进入职场工作,少数对学术研究感兴趣的学生会选择在港或出国继续深造。进入职场的学生在工作后,若发现所学本科知识不足时,会有针对性地申请全职式或者兼职式的授课型硕士课程继续充电,这类课程以修读专业课程为主,最后获得的学位为 Master of Science(MSc.)。因此,专业课程教学对于本科和授课型硕士学生来说尤其重要。教学采用全英文授课,无指定或固定教材,教师制作 PPT 讲义(Lecture Notes),并提供相关的参考书和文献资料供查阅自学。在专业课的授课过程中,教师都比较重视基本概念和理论的理解,也会根据相关学科的进展或者本人研究工作的进展更新讲义的内容,以及时地反映新理论和新技术,更有利于保证讲授知识的先进性和实用性。课后教师会布置作业、写小论文、Project 等,独立或者自由组合小组的形式完成,对于 Project 一般不会提供标准答案,都会增加一些难度让学生去合作讨论思考、编写程序、查阅资料等来解决问题,从而培养学生独立思考、创新思维、解决问题、与人沟通协作的能力。香港学生很热衷于小组讨论的形式,在校园内随处可见,因此形成了他们很好的团队合作精神(Teamwork)。所有这些专业、实用的知识和能力的培养旨在为业界培育和输送多面发展的专业人才,发挥其所学服务于社会。

香港理工大学与内地及海外国家或地区 200 多所知名大

学成立了交换生计划,并为参加交流计划的学生提供相应的经济资助,用以体验不同文化、学习多样知识、拓阔视野及增加他们在全球化经济环境中的竞争力。同时,理大也为内地和海外学生提供到港学习和交流的机会,保持双向互动联系,互通有无。此外,理大注重实用教育和课堂理论学习相结合,因此,在香港首推将实习(校企协作教育 Work-Integrated Education)作为大学必修项目,积极和本地企业、海外和内地企业建立校企协作联系网络为学生提供不同的实习机会,汲取相关工作经验。

香港理工大学曾经建筑

香港理工大学现今状态

科研

在学术研究方面,理大提供了哲学硕士(或称学术型硕士,Master of Philosophy,MPhil)和哲学博士(Doctor of Philosophy,PhD)学位的继续深造课程。全职式 MPhil 学制为 2 年。视有否硕士学位,全职式 PhD 学制为 3 年或 4 年。兼职式 MPhil 和 PhD 的学习年限则翻一倍。这类课程的生源主要来自内地、香港和海外,其中内地学生占较大比例,可以申请特区政府/学校奖学金或由导师项目资助。

MPhil 和 PhD 学习着重学术研究,因此,对于课程的学习要求不高,MPhil 需完成 9 个学分,PhD 需完成 15(3/6 年制)或 22(4/8 年制)个学分,对修读过硕士学位的学生可提出相关硕士课程的转学分和免修申请。课程的选择通常比较灵活,可以跨学院学习,并根据研究课题的需要,经与导师商量确定后修读。课程学习正常在第一学年可以完成,期间还需遵循导师的指导要求开始前期课题研究,包括研究课题选定、国际研究现状的综述、前期的理论推导、模拟计算或试验验证等,为一年后的 Confirmation of Registration(注册资格确认考核)做准备。Confirmation of Registration 是一项正式的评估流程,类似内地高校的研究生开题,需要把前期的课题研究工作成果写成报告并做 PPT 汇报以供评估考核,参加汇报会的除了导师还需正式邀请相关方向的教师进行考核。所不同的是,只有合格通过 Confirmation,才算正式成为 MPhil/PhD candidate,否则将会被取消继续学习的资格。

理大土木工程专业的博士课题任务都比较重,平均工作强度大都是每天 10 小时以上,在办公室或者实验室进行理论方法创新研究、数值模拟计算、开展试验研究,同时需要定期开组会进行研究工作汇报和接受指导建议,以期争取尽快做出成果发表学术论文。同时，每年需要提交给学校 Research Office 一份年度进展报告，以对学习研究进展进行审核和监督。学校也鼓励学生多进行国际学术交流活动，并给予相应的费用资助。最后的研究成果汇总编写成博士论文，交由导师审阅修改，并通知 Research Office 安排答辩程序。学院会组成一个答辩委员会（Board of Examination，BoE），BoE 主席由教师轮流担任，其他委员由本港外校的教授和香港境外的大学教授组成。修改后的论文需通过 BoE 主席同意后才送其他委员进行评审，评审合格才进行正式答辩，通过者将在当年的年度毕业典礼上授予博士学位，答辩未通过的会被要求进行论文内容修改再定时间重新评审和答辩。整个论文评审和答辩过程是公正严谨的，确保博士研究成果的质量和声誉。

理大在土木工程领域的研究经费常年充足，除了来自学校教育资助委员会的拨款外，也向特区政府和业界筹募研究资助，以支援研究工作，保障科研实力的提升。因此，理大土木在两个客观的科研表现指标——论文平均引用次数及衡量科研生产力和影响力的 H－指数（H－index）——均位居全球之首。在致力于科研创新、造就国际科研引领力的同时，理大土木也善用理大深圳产学研基地，与内地建立和保持紧密的联系网络，寻求研究合作和知识转移的机会，开展符合国家发展战略的研究。例如，笔者在理大学习期间参与研发广州塔采用的“大型结构诊断与预测系统”，以及中国高速铁路的列车振动控制和监测项目。

课余学习

结构工程实验室

理大的结构工程实验室拥有完备和先进的实验设施，有利于开展实验教学和试验研究工作。实验室设有专门的管理员和实验技术人员，他们大都是土木、机械、电子专业出身，经过专业实验室技术训练，并已在实验室服务多年，具有丰富的试验操作经验，而且很友善和耐心。学生进行试验前，需做好详细的实验方案，并与实验室管理员协调实验设备的状态，管理员会分配一个技术人员辅助试验。因此，学生只需设计好试件图纸交由技术人员购置材料和加工制作，他们了解细节对于试验的重要性，因此加工出来的试件质量很高。实验室内非常重视试验过程的安全性，尤其对于大型实验设备和试验构件的安装架设，是不允许学生独自操作的，须由技术人员来完成。实验室有严格的工作时间限制，因此，如果想在非工作时间进行试验需要做出申请，得到导师和管理员的批准，才可进入实验室。这是和国内高校实验室情况的不同之处，也因此有时难免觉得过于受保护，缺少实际动手能力的锻炼，有利有弊。

校友的力量

理大至今已培育了逾350000名毕业生，数目庞大的校友被理大视为重要的资产之一。学校对于每一届毕业生都会做好毕业后的联系信息记录，并邀请他们加入校友会。在理大，除了大学校友联会外，几乎每个系也有自己的本地校友会。校友们也都热衷于反哺回馈母校，其中不乏各界的成功人士。笔者在理大期间曾担任土木工程系校友会的常务秘书，对于校友情怀深有感受。校友会每个月会组织举办各类活动，令在校学生积极参与进行交流互动，比如，邀请在业界的师兄师姐们返校做关于工程技术、学习、就业等各个方面的讲座，进行校友和在校生的联谊指导学生的学习和就业等，利用校友的关系组织学生到工程施工现场参观学习等。每次活动的反应都很热烈，达到了很好的效果。校友会为校友和母校搭建了紧密联系的桥梁，通过为在校学生传输业界信息和指引发展方向做出贡献和服务。

总结

总体上，理大的教育和科研注重与业界和社会需求的结合，强调创新性和实用性，尤其对于土木工程实践性比较强的学科。通过科研成果的发展促进教学质量的提升。在保持科研成果的国际先进性的同时，不忘关注和切合国家策略性的发展方向。致力于发展密切联系的校友网络，并善于利用，亦能起到推动教育和科研发展的作用。

香港理工大学简介

香港理工大学（The Hong Kong Polytechnic University）的历史可追溯至1937年由香港官立高级工业学院（Government Trade School）成立开始，该学院是香港第一所由政府资助、提供专上程度工科教育的院校，最早提供航海无线电操作、机械工程及建筑工程等课程。香港理工大学主校园位于香港红磡、毗邻香港维多利亚港，占地约9.46万平方米。进入香港理工大学可真实感受到“麻雀虽小，五脏俱全”，课室、办公室、实验室、图书馆、演讲厅、综艺馆、电脑中心、剧院、体育设施、餐厅、书店、银行、诊所等一应俱全，提供了完善的学习、工作及休闲设施。理大现有全职教职人员3600多名，注册学生总人数3万多人，拥有8个学院和28个学系，提供220多项课程，包括研究型硕士、博士学位，授课型硕士学位、学士学位和非学位课程。经过70多年的发展，理大始终秉承"開物成務，勵學利民"(To learn and to apply, for the benefit of mankind)的校训，旨在成为一所在专业教育、应用研究及伙伴协作方面表现卓越的大学。在2015年QS亚洲大学排行榜中排名第27位，在英国泰晤士报(Times Higher Education)公布的2015年全球百强年轻大学排行榜中排名第23位，在U.S. News and World Report公布的2015年全球最佳大学排行榜中以工程学研究学科位列全球第9及全香港第一。其中，建设及环境学院的土木及结构工程在2014年台湾大学报告中排名第6位，在2015年QS世界大学分科排行榜中排名第11位。

在香港求学的几点感受

/张笑华

张笑华,1999—2006 年在福州大学完成学士和硕士学位课程,之后在福州大学管理学院工作两年。之后在香港理工大学近 6 年的时间中做过半年的 Research Assistant,然后约 4 年的博士生,再 1 年左右的 Research Associate。于 2013 年 11 月回福州大学土木工程学院工作。

香港理工大学成立于 1937 年,是香港历史最悠久的大学之一。在 2014 年 QS 亚洲大学排名中,香港理工大学位居亚洲第 27 位,香港第 5 位。而根据 2015 年《美国新闻与世界报道》,香港理工大学在工程学列的排名中位列全球大学第 9 位,全港第 1 位。土木工程专业在香港理工大学建校之初,就已经设立,是香港理工大学除了酒店管理专业之外的另外一个名牌专业。根据 2015 年 QS 世界大学土木工程专业的排名,香港理工大学的土木工程专业排名全球第 15 位。

香港理工大学的土木工程专业设立在土木与环境工程系。该系原名是土木与结构工程系,后于 2012 年 9 月更名为土木与环境工程系。该系的宗旨是:提供高质量的应用型课程以培养未来的专业人士,来满足香港和大陆未来的基础设施建设和可持续性发展需要,通过科研和咨询来推进科学技术发展和促进技术生产化。该系设置的人才培养课程有:研究生项目、课程硕士项目、本科生项目以及副学士学位项目。下面将分别从教员制度、研究生教育、科研经费、科研交流和实验室管理等方面介绍我所了解的香港理工大学土木与环境工程系的情况。

教员制度

香港理工大学的教职员职称设立有:Chair Professor、Professor、Associate Professor、Assistant Professor、Teaching Fellow、

Instructor。其中 Teaching Fellow 和 Instructor 的主要工作是教学,科研压力不大,当然薪水也没有其他上述职员高。从 Assistant Professor (AP)到 Chair Professor 的教职员,除了教学外,另外一个主要工作就是科研。他们都很勤奋、努力地工作,基本上可以说是 no Saturday, no Sunday and no holiday。除对自身要求严格外,对学生的要求也是很严格的,基本可以用 tough 来形容,当然也有 nice 的时候。他们除了带博士生、硕士生外,还得申请各种 funding。其中 AP 的压力是最大的,因为他们还没有拿到 tenure(终身)职位,也就是我们说的铁饭碗。他们要在入职后大约第六年的时间里,接受学校是否给予终身教职的考核,通过之后,评上了 Associate Professor,也就端上了铁饭碗。但在评上 Associate Professor 之前,必须是付出辛苦的劳动。一般开始工作的第一年,AP 们的教学工作压力很大,有的学生会很挑剔(在香港,学生的权力还是很大的)地评价他们的教学,会导致系主任拿着你的 teaching evaluation 还要跟你谈话(每门课快结束的时候,学生办公室会派职员来教室请学生填写匿名或者实名的对该门课程教师的评价,此时教师必须回避)。这每次的教学评价,会在将来学校评审是否给你终身职称的时候,作为评判标准之一。前面 2 ~ 3 年过后,教学方面熟练了,也就可以腾出更多时间作科研。因为发文章和拿 funding 也是职称晋升的重要标准。当然,即使评上了 Associate Professor,之后的压力也是有的,而且这里的大部分教师都是拼命三郎。香港理工的土木能有今天的成就,与这些教师们的辛苦努力是分不开的。

香港理工大学

香港理工大学轻型结构实验室

研究生教育

研究生奖学金来源有三类:

1. 香港政府奖学金。该奖学金由香港政府提供,目的是在全球范围内招收优秀学生来港学习,为他们提供为期三年的奖学金。在这三年期间,奖学金获得者可免缴学费,每月可获得 HK $20000 奖学金,并且每年有 HK $10000 用于参加各类学术交流活动。

2. 学校奖学金。该奖学金由香港理工大学提供,为期三年。奖学金获得者,每月可获得 HK $13500,三年期间共有 HK $15000 可用于参加各类学术交流活动。奖学金获得者必须缴纳每年 HK $42000 学费。

3. 来自导师 funding 的奖学金。该奖学金由导师的科研项目经费提供，为期三年。奖学金获得者，每月可获得 HK $ 13500，但必须缴纳每年 HK $ 42000 学费。参加各类学术交流活动的经费可由导师调配支出。这类奖学金的获得者，除了完成自己的博士论文外，还必须承担提供该奖学金的项目对应的科研工作。

以上三类奖学金的申请，都必须要有符合要求的托福或者雅思成绩，并提供申请者在本科阶段或者硕士阶段的 GPA 成绩。目前，香港理工大学的要求是：托福 575 分（paper-based test，写作要求 4 分以上）或 90 分（Internet-based test，写作要求 23 分以上）；雅思 6.5 分（写作要求 6.0 分以上）

科研经费

2013—2014 年度，香港理工共有 2928 项超过 13 亿港元的在研项目。其中，建设及环境工程学院（土木系所在院）的研究项目数占全校的 19%，金额占全校的 23%（理大统计年鉴 http://www.polyu.edu.hk/dpoffice/polyu_in_figures.php）。项目经费可来源于香港政府教育部门，香港政府单位（如路政署、医管局等），也可以来源于企业单位。

与我们大陆很不同的一点，香港高校的科研项目，不管是横向课题还是纵向课题，经费中的大部分可以用来聘请人员以完成该项目。职位可以是 Research Fellow、Research Associate 和 Research Assistant，三者的级别由高到低，薪金也不同。聘请的这些研究人员，都必须踏踏实实地为完成该项目努力工作。

科研交流

香港理工的学术氛围浓厚，经常会有各种学术交流的报告。在土木系，就经常可以听到结构领域有关工程材料、结构动力、结构控制、智能材料等方面的来自世界各地的专家学者的学术报告。例如，在结构领域，就曾在那听过：T. T. Soong、A. Mufti、J. Brownjohn、B. F. Spencer、J. P. Lynch、H. Hao, A、Kareem、A. K. Agrawal、Y. Fujino、钟万勰院士等知名学者的讲座，每次都获益匪浅。在每次讲座中，最后的提问互动环节是最能体现学术氛围。这里的讲座结束后，该互动环节基本上都很热烈，不管是教师还是学生，都会积极地提问，与来宾交流。我最喜欢的环节是教师与来宾的互动，这里的教师总是能提出很切中主题的问题，随着来宾的解答，一层一层地拨开，让我对来宾的讲座内容更深一步的理解。在这样的学术氛围中，对科研越来越热爱，视野也越来越开阔。

实验室管理

土木实验室占地面积总会比其他学科的实验室要大，这与我们的行业有关。在香港这样寸土寸金的地方，想要一个很大面积的实验室，这不太可能。因此，他们的实验室面积利用率很高，实验室里面的设备和场地安排的井井有条，整洁有序。

实验室由专门的 Technical staff 管理，这些 Technical staff 都是在编人员。各种仪器设备的操作，会有相应的 Technical staff 帮忙，遇到一些特殊仪器，上面会标明：必须由专业人士操作。所有的实验都会有相应的 Technical staff 协助完成。令我印象深刻的是，大部分的 Technical staff 都是技术全面，各种切割机、焊机、吊车等都会操作。你要制作框架，只需交给他们图纸，几天后他们就能交给你所要的框架。曾经我们需要制作一个能模拟冲击力的力锤，我们组的 Research Fellow 画好图纸后，他们在几天内就制作好了力锤，让我们的实验得以顺利进行。

从应用型的大学看土木工程科研成果转化为实践教学资源

/苏家战

苏家战,男,福建晋江人,博士,助理研究员。2003年就读于福州大学土木工程学院的土木工程专业,于2007年获得学士学位,后继续于福州大学土木工程学院攻读桥梁与隧道工程专业的硕士学位,师从时任土木工程学院院长陈宝春教授。2010年获得前往香港理工大学继续深造的机会。在香港理工大学(Hong Kong Polytechnic University)土木与环境工程学系进行为期一年半的RA(Research Assistant)工作经历,师从结构健康监测专家夏勇教授(Prof. Yong Xia)。随后正式进入攻读博士阶段,并于2015年9月获得博士学位。2016年1月入职福州大学土木工程学院(母校),先后在Siberc中心和先进土木工程材料中心担任助理研究员。主要研究方向为超高性能混凝土制备与工程应用、新型材料及组合结构、超高层建筑温度效应、结构健康监测。

香港理工大学(PolyU)的历史可追溯至1937年,由香港官立高级工业学院成立开始,是香港第一所由政府资助、提供专上程度工科教育的院校。学院于1947年改名为香港工业专门学院,提供全日制及兼读制课程。1972年香港理工学院(理工)正式成立,1994年正式正名为"香港理工大学"。PolyU处于香港的中心地带,砖红色是Poly U建筑主色调,从红磡地铁站出来,经过长长的天桥,一幢幢砖红色的建筑颇为引人注目。很多建筑是以捐赠者命名,例如:李嘉诚楼、李兆基楼、何鸿燊楼……另外PolyU很惹眼的一栋建筑"赛马会创新楼",是不久前辞世的伊拉克裔英国女建筑师扎哈·哈迪德(Zaha Hadid)在香港的设计项目。大楼以无缝流线的崭新设计营造了"创意和跨领域的环境",从不同角度看,创新楼形态各异,可谓"横看成岭侧成峰"。

在香港比较有声望的大学有:港大、中文大学、科技大学、城市大学、和PolyU。论传统,港大和中文大学为先;论科研,科大重金堆砌,非常有雄心,成为世界年轻大学的标杆;论进步,城市大学进步最快;论应用,则PolyU最为优势,PolyU是一所非常重视学生实践体验的大学,学校每年都会在暑假安排学生在香港、内地以及海外进行实践培训,同时也提供了丰富的义工活动让学生去参加。在香港这个注重实力的城市里,在校学生的每一天就如同在社会中行走，不仅能学到知识，也能学到经验与技巧。因此PolyU被称为是一所学了就要用而且要转化为经济效益的实用性大学，与工商界合作紧密，关注社会和国家的实际需要。

经过80年的历程，PolyU在《2018年QS世界大学排名》中，首次进入百强，排名世界第95位。其中有两个学科打入世界十强，一个是排名世界第三的酒店与休闲管理，这大概与PolyU斥资13亿元设立五星级酒店（唯港荟）用于教学研究的"任性"行为有直接关系。另一个是排名世界第十的土木结构工程。同时，土木工程学科在2016年上海交大世界大学学术排名中位列第3位。此外，PolyU的土木工程高被引学者人数全球居首。

近十年来，PolyU在大型结构健康监测系统的设计、实施、升级、运营管理；监测软件开发；监测数据分析与处理；以及结构健康状态评估等方面开展了大量的研究，并取得巨大的成就。PolyU的大型结构诊断与预测系统综合利用了传感、通信、信号处理、数据管理、系统识别及结构分析等领域的技术，为大型结构提供了一套包括结构施工监控、结构健康监测、结构震动控制以及结构维修管理的全面服务，实现了贯穿结构全寿命期的健康监测。不仅可以尽早发现随时间累积的结构退化和损伤以避免灾难性的结构破坏，它还可以在不可预见性灾难发生后的第一时间评估结构安全。该系统适用于大型建筑物，如大跨度桥梁、超高层建筑等工程项目，并已应用于多项大型基建上，包括香港的青马大桥和昂船洲大桥等，以及内地的广州电视塔、上海中心大厦和苏通大桥等。此外，建立了精密智能铁路监测网络，利用先进光纤光栅传感器，把机械应变转换成反射光波长的变化，已应用于香港铁路公司，借以监测路轨与车厢的安全。

我与导师（夏勇教授）

政府为便于市民和游客前往观光，在青衣西北部设立青屿干线访客中心及观景台。访客中心设有专题介绍有关建造青屿干线的一些相关数据，包括大桥数据模型、施工过程照片及展览版。在登上观景台步道旁，耸立着最能象征大桥精神的两座纪念物——迴绕缆绳用高塔及主缆截取下来的节段断面。在观景台上可以较近距离或高角度远眺青马大桥，足可见识它恢宏气势；从观景台另一端，可以观赏黄色缆线汀九大桥，肩负着疏通香港岛到新界之间交通，鲜艳黄在白天抢走不少青马大桥的风采，且事实上汀九大桥也比较上相。此外，青马大桥的桥梁监测控制分析和管理中心安装有 2 台工作站：用于数据存储、备份和分析，以及用于实时处理和显示结果。通过参观控制分析和管理中心，可以非常直观的对结构承载力、运营状态和耐久能力进行评价。随着内地的桥梁建设发展，我国在一些重大工程上也类似设有观景台，诸如苏通大桥、杭州湾大桥、港珠澳大桥等。

在我即将博士毕业的 2015 年，PolyU 为了将新建的 Z 楼（土木与环境工程学系所在地）与主校区连接起来，设计并开始建造一座人行天桥，寄予改善主校区与 Z 楼之间的通行条件（目前仅依靠一条简易的隧道连接，下雨容易积水）。然而，PolyU 在建设该人行天桥时，赋予它另外一个使命，即在人行桥上安装一套结构状态监测系统，作为教学和学术研究交流的试验平台。对于一座跨度 70m 的人行天桥，花费几百万元安装这套监测系统，简直又是一个“有钱就任性”的写照。这套监测系统有一个特点是，在桥面上放置多个液晶显示屏，可以实时直观显示天桥的大气环境状况、风荷载、行人交通、桥梁变形、桥梁振动以及构件温度和应力水平等数据。学校将结构健康监测研究成果转化为教学资源，在自己的校园设立了一个集中展示的场所。学习土木工程专业的学生，每次步行在通往自己学院的天桥，都能有非凡的感受。可以想象，在强台风来临时，一群学生站在显示屏前感受桥梁与大自然的密切联系，该是一种美好的体验。

理大新建人行天桥

PolyU 独特的文化底蕴、国际化的育人思路都给我留下了深刻的印象。作为商业之都的香港，是一个需要内心很丰富而且可以享受孤独的生活地方。如果你很容易感到寂寞、无聊和无趣，那么香港可能不太适合你。在香港做科研，需要通过论文的发表来获得研究群体的认识和认可，学术论文成果的发表不是‘很重要’，而是‘最重要的’。无论什么级别的教授，在学院的地位都是由 paper 的数量和质量来衡量的，这也很契合香港这个商业社会的量化管理。

“1 小时”的距离

/蔡枫

蔡枫,1986 年出生,福建莆田人,本硕毕业于同济大学水利工程系,本科为港口、航道与海岸工程专业,硕士为港口海岸及近海工程方向。于 2010 年借同济大学与日本名古屋工业大学合作项目的东风,东渡日本进行博士研究学习,河流水动力方向。现就职于福州大学水利水电与港口工程系。

前记

日本与中国有着地缘上的一衣带水,也传承着中国的部分优秀文化、建筑内涵,两国有着不少共通的内涵体系,但由于历史发展的原因,两国之间也存在繁多种种的距离。这个距离是一个小时,这是时间、空间上的距离,也是科学技术、经济文化上的差异。用时间体会这一个小时的距离,这是五年多前我决定申请同济大学和名古屋工业大学的合作项目去日本读博士的目的,这种距离感需要细细品尝。东渡日本留学,不仅是为了一段学习经历,亦是为了一段生活体会。现在想来,总觉匆忙,匆忙地从同济毕业,当月就去名古屋,匆忙地渡过三年的留学时光,匆忙地从名工大毕业,当月又来到了福州大学,在这段匆忙的时光里,我感受,我错过,像电影《岁月神偷》中,正是平凡的岁月惊艳了时光。回国后,海外看土木给我契机静静整理那段感受一小时距离的日子,那些景那些事那些人。学习勉强吗?日本学校入学一般是 4 月份,都会举行盛大的入学典礼。但我作为十月入学的学生,参加的入学仪式规模小,只有我们来自同济大学和北京化工大学的六位学生参加,但各种流程一点也不含糊。但在毕业时,我却遗憾地错过了我的学位授予仪式。我就读博士课程时,学习主要是由导师进行,入学初指导研究方向的确认,然后根据研究方向制定相关的课程进行讲授,没有特别的学分需要,但从我后一届开始,增加有关国际会议发表或国外交流的学分要求。

学校国际交流课为每个留学生配个学生 Tutor，以指导初到日本时的事务处理及生活适应，我的 Tutor 是个非常漂亮的日本女孩笹井綾乃（Sasai Ayano），也是我所在研究室的硕士研究生一年级学生。后面了解到，对那些学习上有问题，如经常旷课的学生，学校教务也会配个 Tutor 去监督指导其学习。国际交流课每年都会为留学生举办各式旅行或交流活动，增进对日本的了解，特别是每年的校长招待会。招待会由日本企业赞助，校长亲自致辞，除美食之外更有各国留学生的表演秀。

日语中的学习是勉強する，但学习勉不勉强是跟每个研究室行事风格有很大关系，这跟国内也是一样的。我所在研究室算是轻松，也就定期进行学习研讨活动（Zemi），讲授一些知识技术，交流最近研究动向，没有很严格的作息制度。因为日本学生很多在外有打工，平时基本将近中午到研究室，下午五六点离开，但是临近毕业阶段，同学们还是很拼的。临近汇报那几天，清早一开门，地上经常横竖睡着几个学生，到了提交毕业论文后面一两个月，几乎天天如此，当然仅限男子，女同志是万万不敢这样的，顶多趴在桌上小睡。某合成有机化学研究室制度相比是相当严格的，每天早上定时点名，当然学生更是非常努力，半夜实验是常态，某个日本博士同学基本就住在实验室。当年在同济，那位为了通宵在教研室，与保安斗智斗勇、躲避红外感应报警装置的师兄应该是非常羡慕的。而我们楼上的建筑教研室行事特立独行，学生昼伏夜出，教研室的 Zemi 是安排在午夜进行，建筑果然是艺术，深夜最有灵感。

名古屋工业大学 2 号馆

河川研究室

我在日本的博士生导师是富永晃宏教授，因此，我所在的河川研究室又称为富永研究室，另外研究室还有个助教庄建治朗老师以及实验室技术人员尾澤敏行。河川研究室主要进行河流生态的改善、城市内涝防治、历史水文学等相关研究。其中河流生态改善是我博士研究的方向，这也是我们研究室的研究重点。相比中国，日本没有大江大河，也较少大型水力发电设施，对河流的研究更侧重河流生态建设，这在每年的日本水利学会上有所体现。研究室新生加入后，每年的 5 月 27 日前后都会定期组织学生去实地观测考察，去庄内川和矢田川几个固定地点（如丁坝区）测量流速、水位，不仅是帮助新生增加对河川工学的认识实习，同时也对一些河川改善工程进行跟踪观察。这点非常值得我将来去学习，人类活动对河流生态的影响、河流改善工程的成效都需要长期观察实践，耐心与恒心也是学术研究中必不可少的。

研究室每年都有丰富的活动，春天有花见、迎新，夏天有 zemi 旅行，冬天有忘年会和毕业谢恩会。而我们富永老师爱喝点酒，除了这些每年例行活动，有时还会列个名目在研究室里聚餐，喝喝小酒，聊聊天。某次聚餐正值元宵，我还特地煮了汤圆，也让他们感受了中国的传统节日。在这些活动中与日本学生进行交流。虽然很多人说出国不讨论政治和宗教，但在我们研究室，这两点却是避不开的话题。研究室高峰时有四位留学生，有趣的是，除了我，另外三位都是信奉伊斯兰教的（来自印尼、阿富汗、埃及），所以在跟他们的交流中，了解了不少有趣的伊斯兰教文化，而我们还有个共同话题——骂美国。MONA 桑是埃及过来交流半年的女教师，这半年也是埃及政局变动最复杂时期，因此我们经常谈论政治问题，从她眼泪中能深刻感受到她对祖国的那份深浓、纯粹的爱。人在国外更能有那份爱国的热忱，这也从老中国留学生讲述北京奥运火炬在名古屋传递时那些跟某组织成员惊险的争夺故事可见一斑。在日本期间，中日争端问题热烈，研究室虽偶有提及，但富永老师觉得这都是上面的意思，不要太在意。为国家坚持立场是正常的，立场不同并不代表一定对立，爱国的人在国外才能更受尊重。令人开心的是，Mona 桑告诉我，我让她对中国产生更多的好感。交流才能破除偏见，活水生态才是健康的。

每年暑假研究室都会进行两天一夜的 Zemi 旅行。名古屋本身的旅游资源不多，但是地处日本中部，周边旅游景点众多，因此每次的 Zemi 旅行都是自驾游模式，这也给我们的旅行带来较高的自由度。我们研究室的 Zemi 旅行与其他研究室不同的是，在确定旅行地点后，总会纳入一两个周边与专业相关的工程作为实践考察项目。这些工程项目的安排完全由学生进行，而且参观也非常受工程相关工作人员的欢迎，感觉到他们对于普及国民的基础工程知识的热情很高，而且项目介绍宣传路边就可以看到。这与在福大出去安排学生工程实习经常还要靠教师私人关系，而且屡屡受挫不同。前几天土木群里讨论新闻记者不知箱梁，以为工程偷工减料，在批评记者无知不求解的同时，也应反思工程知识的普及方面是不是

名古屋工业大学 24 号馆（社会工学主教学楼）

名古屋工业大学的 SIRI－－メイちゃん（韩梅梅）

名古屋工业大学入学典礼与毕业典礼

留学生交流旅行

也不够呢,项目工程对社会的开放度是不是也不够呢?不仅是在土木工程领域,其他领域也需要整个媒体业界反思。在看到重大灾难新闻的时候,我希望能从中了解更多背景知识以及防范自救措施,但只有极少数媒体能让我如愿。而日本电视台在播报一些重大时事的同时,融入很多的知识普及,细细点点,连我日语水平极差的人也看得津津有味。

校长招待会

研究室聚餐会

Zemi 旅行——大型分洪人工河渠

河川实验室

河川研究室与海岸研究室共用一个多功能实验室和一个水文水质分析实验室。多功能实验室有明渠水槽、波流水槽和小型港池,并配备有适用于明渠水槽和波流水槽的两套粒子图像测速系统,以及其他各类常用室内室外实验器材。研究室注重现场观测实验,所以室外器材的配备也比较丰富。同时一些简单的金工机器也能满足学生动手制造或改装简单实验器材的需要,若有复杂或大型的模型需要,除了向商家订购外,学校的机械实验室内机床也可供使用。实验室的技术人员尾澤敏行具备电工、木工、机床操作等多方面能力,他非常注重细节,经常把精确度挂在嘴边。日本人对待实验的态度很认真,循规蹈矩。在学校岩土方向任教的一位中国人老师——张锋老师就提到过,他尽量让日本学生做实验,因为他们会老实地按步骤进行,实验结果可信度高,但是中国学生成也聪明,败也聪明,实验时会找方法简化某些步骤。但中国人也有非常注重实验细节的,有个朋友是上海有机所毕业,在名工大进行博士后研究,他的实验操作非常漂亮,日本人也是相当佩服的,而他的专注力让人觉得这才是科研人。

旅行中的土木

每个土木人在多年的专业训练后,旅行中就会对那些土木相关的景色有了一定敏感度,喜欢把相机对准那些土木细节,我也不例外,在旅行中也能体会土木。岐阜县白川乡最著名的"合掌造",是日本传统乡村的建筑。"合掌建筑"指的是将两个建材合并成叉手三角形状且用稻草芦苇来铺屋顶,而木结构以麻绳联结。从外面看,两边的屋顶像是一本打开的书一样,这也是因应白川地区雪茫的自然条件而发展出来的,能充分承受雪荷载作用,但建造时要考虑朝向,以适应风荷载和光照的需要。我们去的时候正值冬季,白雪皑皑,好一副水墨山水画。

日本古老的传统民居多是以木材加草这样材料建筑的结构,我在京都岚山、伊势神宫中均有所见。其中伊势神宫是用于供奉天照大神的宫殿,未到之前,一直想象的是如国内那些宫殿般壮观大气,真正见到那三间木结构房屋时,心中甚是失落(供奉天照大神的皇大神宫不允许拍照,配图为神宫中其他建筑),但在林间信步,周边尽是参天古树,抛去嘈杂,这种建筑与景色的相得益彰,别是另一番风味。日本人旅游是非常喜欢去自然风光的地方,在宁静中接受心灵的洗涤,而伊势神宫就是个来朝圣的地方。“皇大神宫”每二十年都要迁宫,重筑宫殿,这让古老的建筑工艺得以传承。不仅在伊势神宫,日本现在很多古老的建筑工艺仍然保存着,古老并不代表着过时、无用,这些古老的工艺中仍有不少值得现代土木建筑借鉴的东西。而这也是土木人应该思考的。

多功能实验室内部

众所周知,日本是地震高发地区,建筑抗震设计要求高,而名古屋位于日本中部地区,周边对其影响最大的周期性大地震是东海大地震,距离上次发生已有一百多年,未来发生的概率非常大,其影响范围囊括日本首都及中部地区,若发生将造成超巨大的损失。初到日本时,国际交流课就组织去地震体验馆参观,了解相关知识,留学生交流会馆也作相关演习。地震后,手机上马上就能收到官方的推送信息,而在日本 yahoo 网站上也马上能看到各地的震感情况。在 2011 年的“3・11”地震后,出于东海大地震的担忧,学校更是在教学楼里加装一套报警系统。在日本三年,经历过大大小小的地震数十次,从未看到日本同志们仓皇逃出建筑物,顶多拿出手机看看官方推送的地震信息,讨论一番,而我也从开始的高度紧张到后来的处之泰然,家里也备好地震应急背包放在顺手处。2011 年 3 月 9 日在东京大学参加水利学会,“3・11”大地震的 7.2 级前震时,大会场除了一阵短暂讨论声就过去了,台上讲演未有暂停。日本人对于地震的淡定,是出于长期高频率地震环境下的习惯,也是对日本建筑物抗震能力的信任。日本学校在地震时要作为避难场所,所以学校的建筑物一定是高于普通建筑物的。日本现在不仅存有很多古老的木结构建筑物,而且新建住宅不少也是采用木质结构,木结构自重小、具有一定变形能力,抗震优势明显,我在参观地震体验馆时,更是看到现代木结构房屋在基础部分采用一些缓存阻尼装置来抵消地震破坏能量,达到“以柔克刚”的效果。而我国地幅辽

伊势神宫中建筑(非供奉天照大神的正殿)

阔,也有不少地震高发地区,一方面是考虑房屋改造问题,增加抗震等级,另一方面其实我们很多建筑的抗震等级能满足需要,但是建筑过程中一些豆腐渣行为,让民众产生不信任感,地震时能不跑?“小震不坏,大震不倒”就是为了让建筑物不成为地震时坟墓,同时成为能让人信任的建筑物。

位于京都府西北部的日本海宫津湾内的天桥立是日本著名的三景之一。天桥立两侧均为海水,但其本身是个长条形的沙洲,上面生长着茂密的松树,在南段,通过人口挖掘形成一条人工河道供行船,而人工河道上设置可水平旋转的机械桥以便同行。天桥立的形成是源于 1.5 万年前海平面迅速上升后,在潮汐的作用下,在水下逐渐形成沙脊,后海平面又下降,5000 年前水下沙脊露出水面形成沙洲。由于江户后期,野田川流域森林滥伐严重,陆相沙供给增加,天桥立沙洲迅速发展。天桥立的后期生长得益于来自野田川的陆相沙及外海来的海相沙。据维基百科介绍,16 世纪的画作上天桥立尚未接合,由此可知现在的天桥立不仅仅是自然的作品,它也是人类活动的产物。

在日本三年,大多就在中部地区活动,没游过冲绳的海,未闻北海道的薰衣草香,但我最遗憾是没能走熊野古道以及登顶富士山。熊野古道是个朝圣之道,我想去与信仰无关,只想感受一份静谧。2012 年首次登富士山却在八合五勺被不足的装备和糟糕的天气给顶回去,沿途无风景,满眼黑色火山石,看到朋友登顶后的照片,那张脸就是最好的风景,我也想成为风景。

后记

“1 小时”的距离,很短,我们与日本虽然在很多经济技术上有差距,但也不是不可逾越的鸿沟,我们一直在努力追赶着那一个小时的阳光。但是中国土木不少已经在世界处于领先地位,不敢妄自菲薄,但也要努力奋进。我们是时代的产物,随波逐流,我们用独特的视角关注着土木的发展。

日本名古屋工业大学简介

日本名古屋工业大学位于日本名古屋市,是一所以理工科为主的日本国立大学。自 1905 年 3 月 28 日名古屋高等工业学校(名古屋工业大学前身)创立至今,日本名古屋工业大学已有 110 年的历史。名古屋工业大学是日本中部地区历史最为悠久的理工类院校，同时由于地缘上关系，为丰田、日产、花王、三菱重工等国际知名企业广泛输送着大量工科人才。名古屋工业大学秉持着“ものづくり？ひとづくり？未来づくり”的校训，即“创造事物、创造人才、创造未来”，为社会培养适合需求的高素质人才。名古屋工业大学本科设有都市社会工学、生命物质工学、环境材料工学、机械工学、电气电子工学、情报工学、建筑设计工学。研究生设有社会工学、物质工学、机能工学、情报工学、产业战略工学、未来材料创成工学、创成模拟工学、纳米医学（名古屋市立大学合作）专攻。其中与土木工程相关的为都市社会工学和社会工学专攻。大学内24号馆为社会工学（含土木工程）的主要教学楼，楼后为水利实验室和岩土实验室，地下岩土专业在18号馆。学校正门处有个名工大的SIRI，日文名是メイちゃん（小名），我们叫她“韩梅梅”，她是由学校自主开发出用于向访客介绍名工大的3D人工智能。

爱知工业大学留学简忆

/袁辉辉

袁辉辉,男,1985年10月出生,工学博士。2007年清华大学结构工程专业本科毕业,2010年国内某985高校防灾减灾及防护工程专业硕士研究生毕业,2013年日本爱知工业大学生产建设工程专业博士研究生毕业。主要从事桥梁工程动力特性以及钢-混凝土组合桥墩抗震减震性能等方面的研究工作。

爱知工业大学(Aichi Institute of Technology,为方便叙述以下简称"爱工大")的前身是创建于1912年的名古屋电气学校,1959年正式开设大学教育,是一所以工学为主的私立大学。目前共有3个校区:八草校区、本山校区以及自由丘校区,其本部是位于爱知县丰田市八草町的八草校区。

爱工大的教学分为学部(本科)和大学院(研究生)两部分。作为一所私立大学,爱工大的专业并不像公立大学那样面面俱到,其学部就只分为工学部(细分为:电气学科、应用化学科、机械学科、土木工学科和建筑学科)、经营学部(经营学科)和情报科学部(情报科学科);大学院分为工学研究科和经营情报科学研究科,每个研究科分两阶段学习——博士前期(硕士研究生)和博士后期(博士研究生)课程。其中,工学部和工学研究科是爱工大的基础与强项。

爱工大自1971年首任校长后藤钾二访问中国,与周恩来总理会谈"乒乓外交"以来,长期与中国保持着国际交流,为中日帮交正常化及中日人民友好做出了突出的贡献。1980年12月,与位于南京市的南京工学院缔结姐妹学校合作关系,一直频繁地开展着交流活动,三十多年来,两校的交流和合作不断得到加强和深化。交流的主要内容包括:开展教师间的相互交流与特别授课,开展共同研究,开展学生间的相互交流,实施联合学位项目等。

目前，爱工大还与扬州大学、韩国海洋大学、西班牙卡塔罗尼亚工科大学、美国肯德基大学、法国巴黎第六大学等学校建立了广泛的合作关系。

看土木之“管”中窥豹

2007年我开始在东南大学土木工程学院师从李爱群教授攻读防灾减灾及防护工程专业的硕士学位。正是借着两校交流的契机，2009年10月爱知工业大学的青木徹彦教授与党纪博士来国内某985高校访问并做了关于结构抗震试验前沿研究的主题报告，当时我脑子里就冒出了去日本留学的想法。通过与他们的当面交流以及之后多封电子邮件的沟通，最终我在2010年5月飞往日本，跟随青木先生攻读博士学位。在爱知工业大学留学攻读博士学位的三年半时间里，我的研究方向主要是钢管混凝土桥墩的抗震性能研究。因此，借着这回“海外留学看土木”约稿的宝贵机会，我想结合自己的所见所闻，从“管”中试着窥视一下日本土木界的一角，以此与大家交流共享。

本部教学楼

「ものづくり」

爱工大从建校以来一直以「ものづくり」即“造物”作为教育的原点，对学生的培养方针为「一握りのエリートでなく、企業の第一線で活躍する技術者の育成」，即“不以屈指可数的精英为目标，而是为广大企业培养活跃在生产第一线的技术工作者”，一直致力于培养同时兼备扎实的专业知识，完美的人格和勇于挑战精神的优秀人才。该校毕业生的高就业率已经成为传统，受到社会各界的好评。上述内容不是泛泛而谈，从在爱工大学习开始，我就数次被日本学生和教授们强悍的动手造物能力震撼。

八草校区校园景色

爱工大每年秋季都会举行工科展，在本部AIT Plaza大楼里会展示工学部各学科学生的作品。这些作品并不是徒有其表，方程式赛车模型就参加过多次国内大赛并获得不俗名次，双足式机器人也参加了多次国际比赛。就是因为有这些凝结着工科学生智慧与汗水的作品，每年工科展都吸引了大批周围县市的青少年来参观，有着良好的反响。

我所在的耐震実験センター(抗震实验中心)是日本国内大学中最大的实验室，每年的大部分时间都充斥着实验。而这些实验的各项工作，从试件设计、试件制作、反力架与试件的吊装、试验操作几乎都是由学生来完成。

就以我博士期间开展的部分填充钢管混凝土桥墩的抗震性能试验研究为例，试件是由我参照日本规范进行设计，青木先生进行审核；试件外部钢管是交付给外面工厂加工制作；内填混凝土的浇筑、试件的吊装、打磨、贴片、焊接等均由我和课题组其他学生一起完成；试验（包括拟静力试验和拟动力试验）加载设备的操作由我负责，所采用的软件是由党纪博士自己编程开发。通过学生们自己的协作分工，我们完成了一大批试件的实验，取得了丰硕的学术成果，在国际权威刊物上发表了多篇文章。这三年多的实验研究过程，让我懂得了自己动手参与全过程和自己只分析数据撰写论文有显著的不同，当完成实验那一刻，纵使身体疲累，但精神上是十分满足的。

青木徹彦教授与党纪博士

实验中心的加载装置大部分都是由青木先生根据不同实验的要求，自己发明设计制作的。青木先生还有许多其他充满了奇思妙想的设计发明，限于篇幅，就不在这里列举了。

方程式赛车模型

青木先生不仅勤于思考，善于发明创造，他还乐于自己动手。我攻读博士学位第三年时，青木先生正值古稀之年，偶尔在实验室里还能见到他穿着工作服，操作吊车进行试件吊装，爬上三四米高的试件自己拿扳手拧螺栓。回国前夕我与爱人受老先生的邀请到他家做客，到他家后才发现那段时间老先生还在忙着自己搭建壁炉。大概正是由于青木先生喜欢自己动手造物，在作品完成的那一刻都会让人充满成就感和幸福感，他的精力十分旺盛，一点也不显老，就仿佛是个年轻人。他在钻研学术取得丰厚的学术成果之外，业余爱好也十分丰富，每周都安排有高尔夫球、网球、小提琴、书法、中国话等活动的练习。作为学生，正是被老先生这种乐于造物的精神所感染，我回国后选择了在实验室的岗位，就是希望将来不只是成为埋头钻研、纯粹的脑力劳动者，还能像他那样动手造物。

双足式机器人

包容与开放

某日在公园里碰到了一对情侣，要是在国内，多半围观群众会骂一句“有病”，作为中国留学生的我们当然十分惊奇，纷纷拿出手机拍照，而当我们拍摄完毕环顾四周时，却发现周围的日本人熟视无睹，而被拍摄的那对情侣也镇定自若地漫步交谈；在观看日本的电视综艺节目时，经常能见到不少性取向不同的嘉宾充满自信地在节目中夸夸其谈，以其坦然直率的态度受到很多观众的喜爱；这两年还有一位 60 多岁有水手服异装癖的大叔在日本网络上爆红，受到不少人的追捧。当一个社会允许这些与常态不一样的人的存在,或许这才是一个包容而开放的社会。我不仅在生活中感受到了日本人这种对非常态情况的包容与理解,在跟随青木先生学习的时候也有一些切身体会。

每个学期,青木先生所在的构造研究室都要定期举行学部生和院生的研究进展报告会。每位学生都要准备好演示文件和纸质文件,在汇报完毕后,所有的老师和学生都可以针对讲演过程中的问题或者印刷文件中的错误进行提问,不管是多么小的问题,例如用语不当、页码错页、标点符号出错、参考文献格式等问题,只要其他人指出来,汇报的学生都会虚心接受,当场记录好所有问题,并在会后进行修改。初到日本时由于语言不通,我有几次提了些问题,而台上的学生不是很明白还一直表示抱歉,会后那些学生不会因为我的语言水平而对我视而不见,总是会私下找我用写汉字的方式问清楚。

机器人竞走比赛

铁人与服务型机器人

抗震实验中心

每年秋季,青木先生都要求教研室的院生投稿参加日本土木协会举办的全国大会,他认为如果不参加这种全国性的会议,只局限于爱工大这个小圈子,别人就不知道爱工大在做些什么研究,而爱工大的学生也不懂得现在的研究进展,这样是没有前途的。每次参加大会时,青木先生都会针对演讲者的汇报提出很多问题,有些问题十分尖锐。我记得有一次在京都大学参加一个会议,演讲者是宇佐美勉教授(Prof. Usami),日本乃至世界都十分著名的桥梁专家,针对演讲内容青木先生提了一两个尖锐的问题,也许是宇佐美教授的回答不是很令青木先生满意,青木先生甚至说他的回答很愚蠢,笑骂不已。后来我才了解到,其实宇佐美教授是青木先生的学长,两人的私交关系很好,但在学术上如果发现了对方有什么差错,可不会顾及情面,有什么说什么,不影响私下的关系。

对于中国留学生,青木先生要求我们进行会议论文或者发表时尽量使用日文,他认为如果不使用日语我们就无法深入理解日本人的思维,日本人也无法清楚我们的意图。在留学日本三年半的时间里,我先后参加了3次全国大会和2次地震工学研究发表会。全国大会分别是在北海道(2010年)、四国松山(2011年)和名古屋(2012年)举办,而地震工学研究发表会(2012年和2013年)均在东京大学举办,除了10年那次全国大会由于刚到日本没多久无法用日语进行写作,只是去旁听外,其余的会议我均用日语投稿并进行发表。但青木先生也很理解中国留学生对论文的需求，他鼓励我们多投国际权威期刊。他年轻时在加拿大当博士后，英语很好，每次我们将稿件发给他进行修改时，拿回来的稿件上密密麻麻地布满了各种修改意见，大到文章立意、结构，小到英文用词、标点符号，他总是翔实仔细地提出意见。

实验室工作人员

爱工大的抗震实验中心由于设备先进，经常会有外部企业进行委托实验，也就是国内所说的横向项目。这些项目不只是包括常规结构或构件的实验，如阻尼器的滞回实验、隔震橡胶支座的疲劳实验，还有各种其他产品的实验，如美术馆雕像、电气设备、水道管、屋檐、广播塔、墓碑的振动台实验等。另外，爱工大每年暑假都有一个 Open Campus 的活动，附近的居民可以带着自己的孩子来到学校见学参观，学校会发放免费的餐券并举办各种活动。抗震实验中心这时候都会开放振动台，并在振动台上搭建固定的扶手等，只要有人来，就需要操作进行加载，方便民众体验实际地震动。

跨越新干线的名古屋高速 4 号东海线

细致与条理

由于与众多高校有合作关系，爱工大的抗震实验中心经常会接待来自中国、韩国等高校的参观团。每回参观完毕后，我们总能听到来自他们的赞扬声：“你们的实验室真整齐干净！”这其实都要归功于青木先生对实验中心的合理规划、工作人员和学生们日常的管理与维护，下面做些简单的介绍。

实验中心的加载平台内除了振动台区、作动器放置区、门式反力架放置区比较固定外，其余的空间可根据不同实验的需求规划使用，既可进行简单的钢筋混凝土梁的静力加载实验，也可同时进行复杂的双向拟动力实验。实验室平台四周划分为了不同的功能区域，如常用工具区域（手套、各种型号的扳手、螺丝刀）、高强螺栓区域、大型工具设备区域（切割机、钻孔机、压力机等）、实验仪器控制柜区域、休憩区域等。以高强螺栓区域为例，不同型号不同规格的螺栓和螺母收纳至不同的盒子里，盒子外贴上标签，整齐地摆放在架子上，一旦实验有需要，就可以快速地查找到相应的高强螺栓。

实验室非实验区域设有一个办公室，配备有两名常驻工作人员，一位是经验丰富的技术人员，负责机器设备的维修、操作，大型试件的吊装，加载装置的切割焊接等；一位是文职人员，负责文档资料的编辑整理，日常卫生的打扫等。办公室里收集归纳了历年来的实验资料和各种仪器设备的使用说明手册,方便实验人员调阅查看。各种小型仪器,如应变采集仪、位移计、加速度传感器等,还有各种型号、不同长度的连接线、转换接口,都分门别类的整理到透明的收纳箱中,实验人员可以根据不同需求登记使用。

在实验室工作,安全永远是放在第一位的。实验室的技术人员会把历年来发生的安全事故做成事故案例书,每一次事故的时间地点、原因、危害情况以及处理措施都会详细记录,通常还会绘制漫画简图形象说明,并将典型案例制成 A4 大小的说明书挂在大型仪器的周围,提醒后来者注意安全。同时,每年新学期开始时,实验中心都会安排一次安全使用说明会,现场教导学生使用吊车、切割机、打磨机等仪器设备和需要注意的安全事项。对于在抗震实验中心进行试验研究的学部生和院生,实验中心会提供一套工作服和一双工作靴,由实验中心负责出资 70%,剩余的 30% 由学生自负。一套性能良好的工作套装对从事实验研究起着不可轻视的作用。以工作靴为例,其有厚实的绝缘底座和垫了钢板的鞋头,就是尽可能减少因为触电和重物落下导致实验人员受伤的概率。

根据实际情况设置不同形式的桥墩

日本人的细致与条理不只是体现在实验室的管理上,在实际工程中也令人称道。2011 年 6 月我有幸在已故的前野裕文先生的带领下,与几位学部生一起参加了名古屋高速 4 号东海线的现场见学会。这次见学让我见识到了真正的日式施工,感触颇深。

防声防风幕布

日本的施工现场很干净,仪器材料摆放整齐。日本许多工程完成后,现场找不到废料垃圾。施工设施齐全,防护措施完备,现场焊接人员的防护设置十分到位。施工人员的整体素质较高,操作规范,虽然数量少,但施工质量很高,施工速度也快。同时,很重视环境保护,尽量采取可能措施减少施工导致的对周围居民的影响。他们会在施工结构外布置防音幕布,不只是为了减少施工的噪声,更重要的是防风,以免风中的水汽影响焊接质量。就是有着这些细节上面面俱到的考虑,日本工程结构的使用年限往往较长,耐久性好。

结语

留学日本 3 年半,给我印象最深的是日本工学教育注重对学生动手能力的培养,以「ものづくり」为支柱,包容开放的文化精神为内涵,再加上日本人严谨细致的工作态度,这些因素造就了日本土木届的国际地位、培养了一位位享誉全球的专家学者。对于日本这个国家，中国人有着复杂的情感，但这并不妨碍我们去学习他们的优点，借鉴他们先进的施工技术和成熟的管理经验。

福建的民族英雄林则徐有一副自勉联："海纳百川，有容乃大；壁立千仞，无欲则刚。"其中，"海纳百川，有容乃大"的寓意就是要像大海能容纳无数江河水一样的胸襟宽广，以容纳和融合来形成超常大气。如果我没有走出国门去往日本留学，近距离接触日本土木届，我估计还是井底之蛙，眼光只局限在一隅。世界很大，我们需要去看一看。

日本长崎大学攻博经历

/吴学震

吴学震，1988年出生，日本长崎大学岩土工程博士毕业。

在国家公派出国留学基金委资助下，2014年10月我和妻子来到日本长崎大学开始了为期三年的读博生涯。如今已完成博士论文答辩，即将结束在日本的生活，而后到福州大学工作，特此记述在日本三年的留学经历和感想。

长崎印象

众所周知，长崎是一个曾经被原子弹轰炸过的城市，到长崎之前我最好奇的莫过于原子弹爆炸遗迹是什么样？长崎人目前对此的心态又如何？到长崎后发现，原子弹爆炸遗址已经被建成了和平公园，除了照片上看到的爆炸惨状以外，完全不见了曾经的伤痕。公园里的雕像、树木、喷泉，到处体现着长崎人对和平的渴望，在他们心里早已不见了往日的冤仇。每当日本政府有扩军、修改和平宪法方面的行动，长崎人总是最早走上街头抗议。放开过去的悲伤，积极迎接未来的生活，为了和平做出自己的努力，或许也有值得我们学习的地方。

长崎是一个美丽的海滨城市，四季气候宜人，没有酷暑，没有严寒，春天和秋天的时间非常长，每一个来到这里的人都会喜欢上这里的生活。长崎海滨公园是我最喜欢的地方，曾经有无数个周末在此度过。长崎市实际是一个小城市，没有东京、大阪那样的繁华和匆忙，但多了一份热情和温馨，虽然没有太多的高楼大厦，但是干净的街道让人耳目一新。长崎人的善良更让我感触良多，由于我的粗心大意，三年期间钱包丢了两次，手机丢了三次，每次都能顺利找回，长崎人的基本素质可见一斑。

长崎大学一览

长崎大学（Nagasaki University）前身始于1857年荷兰海军军医学校，至今已有150年的历史，是日本历史上最悠久的大学之一。1945年受到原子弹轰炸，在校师生全部殉难，后综合长崎县多所大学成立了现在的长崎大学。

长崎和平公园

长崎大学下设学部，包括工学部、医学部、教育学部、水产学部等共计10余个学部。我所在的土木工程系属于工学部，该学部除我所在的系外还有机械工程与自动化系、电子与计算机工程系、材料与化学工程系等。土木工程系的隧道与地下工程研究领域是该校最具特色和最有影响力的学科之一。实验室拥有日本最早的大型离心机振动台，在日本的边坡和隧道抗震领域做出了重要贡献。

日本岩石力学研究进展

日本位于太平洋造山带中，因此地形险峻，地质构造复杂，火山运动和地裂频繁，是一个火山多、地震频繁、地质条件差的岛国。在岩石力学领域，日本是一个起步较晚但是发展较快的国家，经过几十年的快速发展，日本在传统的岩石力学分析方法与施工技术方面日臻成熟，研究重点逐渐转向新兴热点领域。本节将从地下油气储存等5个热点问题介绍日本在岩石力学领域的研究现状。

长崎大学校园一角

（1）原油及LPG地下储存

石油和LPG（液化石油气）分别占日本能源供给的40%和19%。自20世纪70年代发生石油危机以来，为了确保能源安全，日本加快了能源储存的步伐。目前，已经建成并且正在运营的石油地下储备基地有3个，分别为久慈基地、菊间基地和串木野基地；LPG地下储备基地（储量超过85万t）有2个，分别为波方基地和仓敷基地。日本的石油和LPG地下储藏基地多采用人工水封方式进行存储，只有串木野基地采用自然水封和部分人工水封相结合的方式进行储存。经过二十多年的运营发现，将石油和LPG储存于地下具有很高的安全性。比如，当2011年3月11日发生东北地方太平洋冲地震时，地上的储存设置基本都遭受到了不同程度的破坏，但是久慈基地等地下储存设施却完好无损，验证了地下储存方式在应对地震、海啸等自然灾害方面的优越性。石油和LPG的地下储存充分利用了地下空间的特性，比如耐震性、恒温恒湿性、地表环境友好性和隔离性等特点，未来的研究将扩展到天然气（LNG）、二甲醚（DME）、氢气（H2）等的地下储存。

（2）核废料的地下储存

核电站运行过程中产生的核废料具有极强烈的放射性，危害人类健康和地球环境。如何安全、永久地储存核废料是开发利用核电的重要课题之一。在日本，高放射性废弃液和固化玻璃体统称高放射性废弃物（中国称核废料），其中，固化玻璃体是为了冷却放射性核素的衰变热而将其封存的装置，其封存要求深于地下 300m。日本分别于 1996 年在岐阜县瑞浪市、2001 年在北海道幌延町进行深地层永久储存设施建设，其中瑞浪设计深度 1000m，2013 年 9 月开挖到 500m，幌延设计深度 500m，2013 年 9 月开挖到 350m。今后将陆续进行注浆等施工措施对周边地质环境影响的“施工措施影响评估试验”和研究地质环境中物质移动的“物质移动试验”，另外，也将进行低碱性混凝土材料研发和人工隔离屏障、大深度竖井的开挖技术等研究。

参加国际学术会议

（3）天然气水合物开采

天然气水合物又称可燃冰，是一种天然的绿色能源。其特点是储量丰富、热值高、无污染，被认为是将代替石油、煤等传统能源的新型能源之一。在能源稀缺和环境问题更加严峻的今天，加强对天然气水合物等的研究和大规模开采对缓解能源危机、改善人类居住环境具有重要的战略意义。日本于 2001 年启动了天然气水合物开发国家计划，委托国内石油公司实施（共计 16 年），每年投入约 50 亿日元进行开发研究，并已于 2013 年实现了实验性开采。由于可燃冰存在于海底 300 ~ 4000m 深的海底沉积物中，其开采存在很大的困难。目前通常采用的方法是将水合物分解再回收游离的气体，但目前提出的开采方法基本上还是概念性的，相关研究尚处于试验阶段。同时开采过程中可能伴随的甲烷释放造成的温室效应、可能形成的海底滑坡、对海底环境的破坏等问题也对可燃冰的大规模开采制造了重重障碍。

（4）地下发电站

日本的地下发电站主要包括常规水力发电站、火力发电站、核能发电站和抽水蓄能发电站。1937 年日本建立首座常规水力发电站，1950 年开始大规模建设，1960 年以来抽水蓄能发电站逐渐兴起。在此期间地下发电站的规模逐渐大型化，在建设初期，空洞高度 20 m，横截面 300 m^2，1970 年以后，空洞高度达到 40 ~ 50 m，横截面积 1400 m^2。但是，由于电力供应饱和，自 2000 年开始，地下发电站的建设数量大幅减少。2011 福岛核泄漏事故发生后，核电站的建设几近停滞，抽水蓄能电站的建设也随之停止。预计将来的发展主要集中在施工机械化和电子化方面，以及不同地质条件下设计、施工技术经验的积累。目前，地下发电站空洞形状主要有蘑菇形、鸡蛋形和弹头形三种。蘑菇形洞顶适用于地质条件较差、围岩承载能力弱的情况，在发展早期一般采用这种形状。鸡蛋型空洞可以减缓地应力集中程度，适用于大埋深、高地应力的情况。弹头形适用于地质条件较好的情况，可以充分利用洞内空间，减少开掘量。

边坡治理现场研究

(5) 地热开发

作为世界著名的火山国，日本拥有丰富的地热资源。自 1966 年第一座地热发电站（松川地热发电所）投产以来，年发电量逐步增加，2000 年时最高达到 3500GWh，之后新建电站急剧减少，发电量趋于稳定。自 2011 年福岛核泄漏事故发生后，日本开始再次重视地热的优势，地热开发迎来新的阶段。日本的地热资源分布于，从北海道开始到东北部、中部以及九州的大部分区域。2011 年，根据环境省的评估结果，可用于蒸汽发电的储存于 150℃ 以上的地热水中的能量达到 2357 万 kW（30 年间），考虑避开国立公园以及低效益区域，可利用的地热能为 355 万 kW，而目前的装机容量只有 55 万 kW，还有较大发展空间。根据储存方式，常见的地热能可以分为水热型和干热岩型两种。水热型是指地下水在多孔性或裂隙较多的岩层中吸收地热，其所储集的热水及蒸汽，经适当提引后可为经济型替代能源，即现今最常见的开发方式。干热岩型是指浅藏在地壳表层的熔岩或尚未冷却的岩体，可以人工方法造成裂隙破碎带，再钻孔注入冷水使其加热成蒸汽和热水后将热量引出，其开发方式尚在研究中。

隧道衬砌健康诊断

实验室研究工作

我的导师蒋宇静教授就是土木工程系主任。蒋宇静教授主持研制了世界第一台岩石节理恒定法向刚度数控剪切试验装备，首次实现了人机交互快速反馈伺服控制，突破了恒定法向刚度控制技术瓶颈，为工程岩体的定量评价提供了科学依据。提出的试验方法已成为国际岩石力学学会岩石节理剪切试验标准(ISRM Suggested Methods),作为主流方法被国内外岩石力学界广泛采用。原国际岩石力学学会主席、英国皇家工程院 J. A. Hudson 院士评价:“蒋宇静研发的恒定刚度剪切试验装备真实反映了工程岩体的剪切破坏机理,在岩石力学领域具有里程碑意义。”

蒋宇静教授还发明了可视化岩石节理剪切渗流耦合试验装备,突破了大位移剪切渗流试验中水密封的技术瓶颈,实现了恒定法向刚度条件下非完整岩体水力耦合试验功能,揭示了剪切作用下节理内非达西流的形成机理。这些试验装备在日本京都大学、韩国首尔国立大学、意大利都灵理工大学等多所国际知名科研机构获得推广应用。

另外,在隧道变形破坏分析方法、隧道衬砌健康诊断技术、边坡治理技术等方面,蒋宇静教授也作出了突出贡献。原国际隧道协会(ITA)主席、国际著名期刊《Tunnelling and Underground Space Technology》主编 R. Sterling 教授在其研究过程中参考了蒋宇静教授建立的围岩稳定控制理论和方法,并作评价“蒋宇静教授在岩石力学与隧道工程领域做出了杰出贡献……,所提出的锚杆支护设计理论和方法被广泛引用”。

我的研究经历

留学期间,在导师的带领下,我参与了多个现场工程项目,包括两个边坡治理项目、两个隧道支护设计优化项目,以及一个隧道衬砌健康诊断项目。隧道衬砌健康诊断项目也是我博士毕业论文的一部分,在蒋老师带领下我们开发了一种基于常时微动技术的隧道衬砌健康诊断技术,该技术通过对衬砌的振动检测即可得到隧道衬砌的整体刚度,进而分析隧道的完整性和健康状态。该课题入选了日本科学技术与创新委员会(CSTI)在 2013 年启动的跨部门战略创新推行计划(SIP)中的“基础设施维护、修缮与管理”研发项目。

在项目参与过程中,我真正体会到了日本工程技术人员严谨的工作作风。另外,日本的政府人员和企业人员对高校教授非常的尊重,记得有一次长崎县长(日本的县比市要高一级,相当于国内的省)与蒋老师一同视察边坡治理现场,对蒋老师深鞠躬感谢的场景让我感触颇深。

读博期间,蒋老师还非常注重学生的国际学术经历,三年间安排我参加了第八届亚洲岩石力学大会、第十三届国际岩石力学大会、第十四届日本岩石力学大会。会上，与岩体非连续变形分析方法（DDA）创始人石根华教授，国际著名期刊 International Journal of Rock Mechanics and Mining Sciences 主编 Robert Zimmerman 教授，香港大学岳中琦教授、日本岩石力学学会主席清水则一教授等人的交流让我受益匪浅。

三年的博士生涯一晃而过，但在长崎大学的这段时期是我人生当中最值得记忆的时刻，她带给我的不仅仅是美好的回忆，还有那深深的感动和前行的动力。

长崎大学简介

长崎大学（ながさきだいがく，Nagasaki University）位于长崎县长崎市的日本国立大学、旧六所医科官立大学之一。1949 年由长崎医科大学、长崎医科大学附属药学专门部、长崎经济专门学校（二战前为长崎高等商业学校）、长崎师范学校、长崎青年师范学校、长崎高等学校合并而成。日本历史最悠久的公立医学校，医学部前身长崎医科大学在 1945 年 8 月 9 日受到原子弹轰炸。

日本长崎大学留学记

/王渠

长崎大学(ながさきだいがく,Nagasaki University)位于长崎县长崎市的日本国立大学、旧六所医科官立大学之一。1949 年由长崎医科大学、长崎医科大学附属药学专门部、长崎经济专门学校(二战前为长崎高等商业学校)、长崎师范学校、长崎青年师范学校、长崎高等学校合并而成,是日本历史最悠久的公立医学校。目前,长崎大学拥有 8 个学部 4 个大学院,分为文教校区、片渊校区及坂本校区 3 部分。我所在的工学部,于 1966 年成立,由机械工学科、电气电子工学科、情报工学科、构造工学科、社会环境开发学科和化学物质工学科组成。所属的社会环境开发学科现有 4 个研究室(地盘环境研究室、土木构造研究室、水环境研究室、宇宙技术与计划研究室),教授 5 名、副教授 3 名、助手 4 名。每年培养本科生 50 余名,硕士、博士 30 余名,其中留学生的比例接近 15%。

王渠,男,1989 年 8 月出生,福建福州人,工学博士。2011 年毕业于福州大学土木工程专业,获工学学士学位;2014 年毕业于福州大学建筑与土木工程专业,获工程硕士学位;2017 年毕业于日本长崎大学生产系统工程专业,获工学博士学位。2017 年 6 月入职福州大学土木工程学院,主要进行钢结构桥梁、组合结构桥梁、节点疲劳特性方面的研究。

长崎大学与福州大学联系交流频繁,中日韩大学间合作培养水环境技术人才项目五年间选派了四名我院学生攻读硕士学位。

受中国国家留学基金委(CSC)建设高水平公派研究生项目的资助,本人已于2014 年4 月至2017 年3 月在长崎大学攻读博士学位。在此记录下自己的心得体会,但愿能带给读者一丝启迪和思考。

重视实践

长崎大学工学部重视实践教学,强调实践应用的重要性。

在读期间，本人所在的土木构造研究室一直积极努力为学生创造实践机会，多次组织学生参加工地实践，研究中心、工厂实习等实践活动，如：日本土木钢构造研究会新日铁住金（株）八幡制铁所、熊本木山川大桥维修项目、日本 Public Works Research Institute 研究中心、日本 SHO-BOND Technical Research Institute 研究中心、冲绳许田高架桥维修项目和长崎女神大桥改造项目等。诸多的实践活动让学生更早的体验实际工程，走出教室，走出课本，使所学知识立体化。

长崎大学

同时本科生和硕士生的毕业论文研究也多从实际工程出发，以工程为背景，如：生月大桥、万关桥、福岛大桥等，进行深入立体的研究，使得论文研究更具现实指导意义，同时也具有一定的社会价值，更重要的是让学生得到了更全面的思维训练，能够多维度的思考问题，分析问题，解决问题，而不仅仅停留在理论分析的层面。

重视交流

工学研究楼

长崎大学工学部在重视实践的同时，也更加注重学术交流。留学三年共参加日本国内学术会议数十次，如：土木学会西部支部、土木学会全国大会、钢构造论文年会等；国际会议两次，分别为：韩国仁川 *Proceeding of the* 2015 *World Congress on Advances in Structural Engineering and Mechanics* 和波兰弗罗茨瓦夫 Proceedings of the 8th International Conference on Arch Bridges。

研究室诸位老师鼓励学生参加各种学术会议，并会对参会的论文进行细致入微的指导，在老师的指导过程中，锻炼了学生的思维，同时参会的经历，增长了学生的见识，拓展眼界和视野，特别是国际的学术交流，也让学生体验了多样的文化交流，意义深远。

同学合照

重视多维发展

研究室中团队气氛良好，一般一个月组织一次聚会，老师同学坐在一起喝酒聊天；暑期还组织露营活动，大家一起动手准备烧烤，放烟火等，拉近了师生的距离。每年定期举办棒球赛、足球赛，拉近了同其他研究室的距离。

回首长崎三年的学习生活，有过最初的困惑迷茫，但如今更多的是留恋和感激。初到日本，陌生的环境、陌生的人群，一切的陌生，加诸语言障碍，这座城市尤感冰冷，思家念友的情怀更为浓烈。是导师的关怀照拂、中国留学生的热心帮助，得以快速融入异国他乡的生活，有了新的朋友圈，慢慢地感受到这座城市的温暖，也得以快速地进入了学习的状态。

如今毕业归国，内心无比激动，但也有一丝的酸楚。离开了三年学习的城市和同窗，不免有些留恋和感伤。留恋这座纯洁质朴的小城，虽没有东京的都市感，没有快节奏、大人流，但却充满静谧和谐；留恋满城彬彬有礼的异国人，无论国籍、无论语言，面对面的微笑和谦让，充满温暖；留恋同赴日本求学中国同窗情，他们的存在让我感受到家的温馨，三年时间收获了真挚的友谊；更留恋于导师毫无保留的谆谆教诲，在导师的指导下才得以迅速成长，顺利毕业回国。感谢国家留学基金委给予我的深造机会！感谢导师的教导和关心！感谢一起度过这三年难忘时光的同学。这一段留学生涯终将会成为我人生美好而珍贵的回忆！

Young Pioneer——朝气蓬勃的新加坡南洋理工大学

/赵国宇

赵国宇,男,福州大学土木工程学院工程管理专业讲师,主讲课程为工程合同管理、建设法规、PPP实务等课程;兼职律师,主要从事工程合同体系的建立、风险防范、纠纷处理以及PPP项目的前期咨询等。于2017年8月底,获得福州大学土木工程学院的出国访学资助,赴新加坡南洋理工大学访问学习一年。

新加坡南洋理工大学(Nanyang Technological University,简称"NTU",以下简称:"南大")坐落于新加坡的西海岸。如乘坐地铁前往,需搭乘东西线地铁到达Pioneer站。虽然并不清楚此站名的由来,但以此站名作为新加坡南洋理工大学的到达标志,我认为却是十分合适的。

一、青年先锋——新加坡南洋理工大学

新加坡南洋理工大学于1991年建校,作为其前身的南洋大学于1955年建校。经历短短26年的发展,新加坡南洋理工大学已经成为亚洲乃至世界级的一流大学。

在2018年QS世界大学排名中,南大位列世界第11名,亚洲第1名;在2014—2017年,南大连续4年被评为世界年轻大学排名第1名;南大共有19个专业排名在全世界大学的前20位,其中包括土木与环境学院等6个分院在内的工学院拥有16000名学生以及2000名教职员工,在2016—2017年QS世界各工学院排名中名列第6名,亚洲第2名。

除了辉煌的专业领域业绩之外,新加坡南洋理工大学因其出色的校园建设和得天独厚的自然环境,被评为世界十大最美丽大学。

在未来的学校管理工作中，南大的理念是借助现有的优势，在可持续发展、环球亚洲、安全社群、健康社会和未来学习五个方面，打造成一所卓越的环球大学。南大称之为2020策略。

（1）以工科为主，兼容并包

新加坡南洋理工大学是一所科研密集型大学，也是世界最大的工程大学之一。工程学院占大学院系的三分之二，持续成为南大的一大优势。除了隶属工程学院的六个本科工程学系外，南大还设有商学院、理科学院、人文、艺术与社会科学院等四大学院，为3万3千名本科生和研究生提供全方位的跨学科教育。

南大前身——南洋大学的校门

除上述各学院之外，南大还设有两所研究中心、一所国立教育学院以及70多所研究中心。

两所国立研究中心分别为：新加坡地球观测与研究所和新加坡环境生物工程中心。该两所研究中心既和土木与环境学院相关联，同时保持独立。致力于展开与自然灾害及水源和环境可持续发展相关的研究。

南大的地标性建筑——The Hive

南大的商学院是亚洲第一，同时也是世界一流的商学院（南洋商学院，NBS）。其工商管理硕士课程荣登全球MBA百强排行榜，是亚洲仅有的三所同时获得欧洲质量发展体系及美国国际管理教育联合会两项国际认证的商学院之一

在科研经费方面，南大在2016年获得科研经费已经达到了5年前的6倍。自2005年起，仅仅环境绿化研究项目获得的科研经费已超过新币8.5亿元(换算为人民币约42.5亿元)。

（2）多元化培养全球精英

南大在新加坡设有两个校区。主校区是占地200公顷、坐落在新加坡西南部的南大云南园校区，设有18个学生宿舍，为学生提供丰富多彩的住校生活。

艺术设计与媒体中心

在教学方面，南大的学术与科研课程致力于将教学与实践相结合，全方位全球教育塑造明日精英。这一理念获得各大知名企业及行业领袖的认同，如宝马、劳斯莱斯、法国泰利斯集团、洛克希德·马丁和德国博世集团都与南大联合成立研究室。这些企业为南大提供丰厚的科研资金，与南大建立长期稳定的合作伙伴关系，并为南大学生提供在全球知名企业机构的实习机会。除此之外，多项课程都与海外顶尖大学联合承办，增进学生的国际视野。

土木与环境工程学院办公区

土木学院学生设计作品

土木学院学生获得新加坡建设部荣誉

土木学院学生获得新加坡教育部荣誉

除了提供双学位课程和双主修课程外，南大还设有精英课程，即博雅英才工程和博雅英才通识课程，为学生提供多元化的通识教育，包括校园住宿及海外浸濡机会，让学生根据其兴趣选择丰富的主修和选修课程，增广见闻、积累知识。

对科学和工程充满热忱的杰出学生还可以参加“杨振宁精英计划”，这项计划旨在为全球顶尖研究院输送优异学员，进而培养21世纪引领全球发展的科技精英人才。

要在瞬息万变的全球化时代出类拔萃，毕业生们除了应当具有扎实的知识和较强社交能力外，还应当善于融入不同的文化。南大通过灵活性和全方位的教育、充满活力的校园生活、提供各种领导机会的平台以及开拓学生的国际视野，培养具备全面素质的新生代领袖。

南大毕业生广受世界范围内的雇主青睐，每一届的毕业生都具有高就业率。

(3)广泛的国际交流

南大在世界范围内具有广泛的国际关系网及国际合作项目，这已成为南大与全球紧密相连的重要标志。南大通过与各地优秀学府机构建立战略联盟，携手开展跨国项目。

主要合作伙伴包括：麻省理工学院、斯坦福大学、康奈尔大学、加州理工学院、华盛顿大学、卡耐基梅隆大学、北京大学、上海交通大学、早稻田大学、印度理工学院、剑桥大学、伦敦大学帝国学院，以及瑞士联邦高等工业学院。

在北京中关村和上海张江高科技园区设立的办公室，也进一步推动了南大在中国的教育交流活动，为学生和校友提供一个开拓事业的有效平台。

目前在南大，每10名学生当中就有8名学生到海外的高等学府修读相关科目、参加交流活动或国际竞赛等。南大的合作伙伴和国际联盟不断增加，尤其值得一提的是，近年来，南大与福州大学的合作日益紧密，双方各层面频繁互访。2017年5月，南大副校长余明华教授到访福大，两校正式签署战略合作协议，标志着两校的合作进入新的历史阶段。

(4)在南大的学习和生活

新加坡与中国距离较近，且没有时差。作为世界闻名的花园城市，南大更是花园中的花园，宁静怡人，非常适合进行学术研究。

此外，南大非常提倡教师与学生以及学生之间的互动交流，甚至在图书馆里学习的人也可以进行交流，不必保持安静。

二、土木与环境工程学院

南大的工学院是亚洲乃至世界上最大的工学院之一，下属6个分院。土木与环境工程学院（School of Civil and Environmental Engineering，简称"CEE"，以下简称："土木学院"）即为其中之一。

土木学院是南大的前身——南洋大学的最初的三大工程院系之一，成立于1982年，当时被称为土木与结构工程学院（CSE）。

与外导陈建铭教授

与福大校友陈晓东教授

2002年，由于对环境工程专业不断取得重大成就，学校为加强对环境工程专业的重视，将土木与结构工程学院更名为土木与环境工程学院。

此后，环境工程学士学位课程于2003年开始招生。2004年，土木学院又开设了海事专业的学士学位课程。其中土木工程与环境工程均为传统学科。海事研究课程是为了迎接海运业的新挑战，可以为学生提供航运、商业和管理以及航海科学和技术方面的必要专业知识。

（1）土木学院的愿景与职能

土木学院致力于成为一个可持续发展的建筑与环境行业的领导者，并致力于培养学生成为负责任的领导者，使他们能够在职业和社区中发挥最大潜能。

同时，为教师提供良好的教育环境和可持续发展研究的大学环境，并促进土木和环境工程和海事专业的知识。

具体来说，土木学院的主要培养方向及主要职能是培训专业的土木和环境工程师，并在重要的土木和环境工程领域促进知识的发展。

（2）土木学院的师资及设备

土木学院在软硬件方面都有先进的设施，定期提供专业的教育和技术支持的环境，与海外大学进行研究和开发和合作。

这所学校配备了一支国际教师队伍（以华人为主），他们在教学、科研和职业经验方面都具有较强实力。包括专业教师62名，其中教授16名、副教授38名、高级讲师及讲师8名，其中多名教师被任命为世界知名工程委员会的理事。除了教授本科和研究生课程,专业教师们还积极与工业组织的研究合作,提供工程咨询、会议、研讨会和短期课程。

在硬件设备方面,土木学院设有 6 个实验室,以进一步促进专业培训、研究和技术转让方面的专业化。包括:①环境科学与工程实验室(Central Environmental Science and Engineering Laboratory);②环境实验室(Environment Laboratory);③岩土、交通与地理空间实验室(Transport and Geospatial Laboratory);④水力学实验室(Hydraulics Laboratory);⑤信息技术实验室(ITSC Laboratory);⑥防护工程与建筑科技实验室(Protective Engineering and Construction Technology Laboratory)。

土木学院结构技术实验室

(3)独立研究中心

除上述学院内组织机构和实验室外,在南大校内还设有 6 个以土木学院专业为支撑的独立研究中心,包括:①基础设施系统研究中心(Centre for Infrastructure Systems);②可利用空间研究中心(Centre for Usable Space);③海事研究中心(Maritime Research Centre);④地下空间中心(Centre for Underground Space);⑤工业基础设施创新中心(Industrial Infrastructure Innovation Centre);⑥防护技术研究中心(Protective Technology Research Centre)。

除课堂教学外,土木学院通过上述软硬件条件,开展实验室会议、设计项目、实践培训、工业访问和研讨会等方式举办的讲座和教程,使学生掌握其研究领域的原则和实践方面的知识。

闽台高校联合人才培养

/张挺

张挺，男，汉族，1977年9月生，福建寿宁人，教授，工学博士，现为福州大学土木工程学院副院长，教育部高等学校水利类专业教学指导委员会委员，福建省水利学会常务理事、福建省水利厅科学技术专家委员会委员、福建省水利学会青年学术及宣传普及工作委员会主任委员。主要研究方向为：①环境水力学及河流动力学；②河道防洪减灾研究；③水工港工建筑物流固耦合研究；④泄洪消能水利特性研究；⑤近海及航道工程。

一、闽台高校联合培养人才项目背景

为了推进全国海洋经济发展建设、打造海洋经济强省，依托福州大学以工为主、理工结合的学科优势，于2012年6月以筹建方式成立了福州大学海洋学院。

福州大学海洋学院为深入推进闽台高校交流与合作、探索海峡两岸联合培养人才的新模式。该项目依托学校优质的教学资源，并配备了专门工作人员，负责落实项目建设的具体事项，如教学管理、学生管理、招生就业以及对台联络、办理赴台等方面的事务。

作为国家教育体制改革试点项目，该项目实施"校校企"闽台高校联合培养的模式，由福州大学、台湾合作高校、台资企业三方联合制定专业人才培养方案，联合组建教学团队，联合开展专业、课程、教材等教学资源库建设，联合开展实训基地建设，联合培养高素质应用型人才。透过引进台湾合作高校的优质教学资源和办学经验，重点培养我省海洋产业急需的海洋工程及海洋科学领域高级人才。

台湾海洋大学校园鸟瞰图

二、福州大学与台湾海洋大学移地教学

近年来中国大陆地区的土木水利工程建设蓬勃发展，为增进两岸学生交流学习，在土木工程学院张挺副院长与台湾海洋大学河海工学院李光敦院长直接指导下，从2014年到

台湾海洋大学河海工程学系学生暑期移地教学活动开幕式

台湾海洋大学河海工程学系师生参观水口水电站

台湾海洋大学河海工程学系师生参观平潭金井码头施工现场

台湾海洋大学学生做学术报告

2017 年每年春季由福州大学与台湾海洋大学共同安排举行台湾海洋大学河海工程学系学生暑期移地教学活动，主要包括水利水电、桥梁、结构等工程专业讲座与工程参访研习的活动，增强学生对于水利水电等工程的视野与兴趣，促进两岸学生与教师交流。移地教学活动，台湾海洋大学每次参与学生 20 余人，每期 8 天，第一日报到，第二日到第三日工程专业讲座(主要由土木工程学院教师讲课)，第四日到第五日工程参访(包括参观水口水电站、闽江防洪堤、平潭金井码头、福州城区高水高排东线项目、土木工程学院实验馆等)，第六日举办学生专题报告与海报竞赛，第七日为台湾海洋大学学生与大陆学生自由交流活动，第八日回程。课程规划约 36 小时，共计 2 学分。

4 年来的移地教学活动，大陆学生积极参加与台湾海洋大学学生联合召开的学术交流会，包括学术报告和展板交流等；土木工程学院学生积极参加融入，真情付出，表现出学生良好的精神风貌，赢得台湾海洋大学师生的好评，促进了两岸学生的交流，增进了两岸学生的友谊。从开始的本科生交流、再到后来的研究生交流、老师之间的交流，给两岸师生带来了生机与活力，也取得了丰硕的成果。

三、福州大学与台湾海洋大学学生学术交流

每年福州大学学生与台湾海洋大学学生联合召开学术交流会，包括学术报告和展板交流等。学术报告会一般在一个上午，主持人由学生亲自担当，评委由于双方老师与学生共同组成。福州大学与台湾海洋大学各出 5 名学生，总共 10 名学生，就他们感兴趣的科研问题做学术报告，内容涉及水文水资源、水工结构、岩土工程、港口与海岸工程、风暴潮、BIM 技术、数值模拟等方面的内容，每人报告时间约 12 分钟、剩下 3 分钟为问答和简评时间。展板交流一般安排在下午，台湾海洋大学每位学生均根据自己研究的课题制作出一副展板，福州大学学生主要根据自己曾经做过的 SRTP 项目或竞赛项目制作出 10 幅左右展板，所有展板全部集中在土木工程学院多功能厅展出，展板制作人站在展板旁边对大家提出的问题进行解释，所有参观的人员均可以对展板内容进行打分。最后，学生根据评分的结果，对上午的学术报告和下午展板分别评出奖项，由双方老师分别给学生颁发奖状和奖品，两岸学生之间

还会互相赠送小型纪念品。从 2014 年到 2017 年已经完成了四届学术交流会，每届交流会均搞得有声有色，同学们从中也学到一些课本上学不到的东西，不但增强了学生对科研的兴趣，也增进了两岸学生的深厚情谊。

四、海峡两岸水资源开发与河川管理技术研讨会

近年来因城市的快速发展，引起供水需求愈加迫切，气候变迁导致涝旱不均，从而凸显了新水源开发的重要性。此外，大城市因工商业高度发展，洪灾将造成巨大经济损失；人口聚居所造成的河川水质恶化，也是河川管理所需面对的重大议题。2016 年 10 月，福州大学土木学院、海洋学院、台湾海洋大学和福建省水利学会共同举办 2016 海峡两岸水资源开发与河川管理技术研讨会，研讨会旨在为参与人员提供一套完整的水资源开发与河川管理技术，共邀请 6 位专家学者进行为期 1 天的学术讲座，主要议题包括：福建省水灾害防治技术、流域防洪水文水理分析系统、水库堰坝址可行性规划分析系统、都市下水道溢淹预警系统、河道污染整治以及生态水利技术等六大项目。

布鲁诺院长参观学生展板

苏燕老师为台湾海洋大学展板交流学生颁奖

李光敦院长为福州大学学术报告学生颁奖

参加此次研讨会的水利工程技术人员和学生有 100 余位，研讨会通过搭建学习与交流平台，促进海峡两岸水利工程建设人员和管理人员针对水资源开发与河川管理方面的技术进行深入探讨和提高。课程讲座透过理论讲解，并辅以案例分析说明，以利于参与人员能够掌握要点，并确实了解水资源开发与河川管理技术之重点。同时，此次研讨会还促进了两岸水利工程技术人员的交流，增进了两岸水利工程技术人员的友谊，取得了丰硕的成果。

台湾海洋大学简介

台湾海洋大学（National Taiwan Ocean University，NTOU），简称台湾海大、海大，其前身是创立于 1953 年的台湾省立海事专科学校，学校坐落于台湾基隆市，近年连续获得台湾教育主管部门“迈向顶尖大学计划”5 年 500 亿补助（新台币）。是“台北联合大学系统”成员之一。是台湾地区航运与海洋相关领域之最高学府，占地 30 余公顷，与和平岛及碧砂渔港等景点相临。现有 7 个学院、18 个学系、12 个独立研究所、26 个硕士班及 19 个博士班。2012 年，英国泰晤士报高等教育（Times

Higher Education)特刊公布2011—2012年世界大学前400大排名,进榜位列351～400名之间。2015年,英国泰晤士(Times)高等教育专刊亚洲100大排名,进榜位列72名。

台湾海洋大学工学院简介

台湾海洋大学工学院设置有系统工程暨造船学系(含硕士班、博士班)、河海工程学系(含硕士班、博士班)、机械与机电工程学系(含硕士班、博士班)及材料工程研究所(含硕士班、博士班),并且设有机电整合与控制学程、纳微米科技学程、造船学程与材料工程与科学学程,使本院甚至其他学院学生可以依据社会需求,选择适当学程以提升毕业后就业品质。

工学院除培育一般综合大学的工学人才之外,有关海洋工程的研究是学院很重要之特色。与海洋有关的研究内容主要包含船舶设计与建造、海洋相关系统工程的整合、港湾工程与管理、海岸空间之开发与保护、船舶导航与通信、海洋探测用具及仪器之设计、水下流体动力及噪声之研究以及海洋防蚀材料之开发。诸如扩展通信、噪声防制、水资源利用、防灾以及水下噪声侦测等相关的研究,以期使本学院的发展能结合社会与国家需求,研士班招收部分在职进修研究生,以提供工程机构优秀在职人员的在职训练进修机会。

THE SIXTH PAPER 第六篇

土木工程学科建设对标分析

国内外高校土木工程学科建设对标分析

/谷音　胡昌斌

一、对标设计

时值当前国家建设“双一流”和高水平大学的新时期，结合福州大学的属性和地理位置，考虑土木工程学科特点，通过国内和国际调研，选取了4所学校分别进行学科对标。

国外：南洋理工大学土木工程和环境工程学院，荷兰的代尔夫特理工大学土木与环境学院。

国内：某985高校土木工程学院，国内某211高校大学的材料学院。

通过对比四所高校，从学科排名、人才队伍、学科研究、人才培养、平台建设和社会服务不同方面论述四所高校学科的优势。

二、对标分析

1. 学科排名对比

(1)ARWU排名

上海交通大学世界一流大学研究中心研究发布的世界大学学生排名(ARWU)：ARWU采用6个客观指标对世界大学进行排名，包括校友和教职工获得诺贝尔奖和菲尔兹奖章的数量，汤森路透(Thomson Reuters)所选的高引用研究人员的数量,发表在《自然与科学》杂志上的文章数量,科学引文索引—扩展和社会科学引文索引的文章数量,以及大学的人均成绩。每年 ARWU 对超过 1200 所大学进行排名,并发布其中的前 500 所最佳大学,四所大学的排名见表 1。

ARWU 排 名 表 1

大　　学	大学世界排名(等级范围)	土木专业世界排名
新加坡南洋理工大学	101～150	14
荷兰代尔夫特大学	150～200	26
某 985 高校土木工程学院	201～300	31

(2)QS 世界大学排名

国际高等教育研究机构 Quacquarelli Symonds 发布的 QS 世界大学排名:QS 世界大学综合排名运用 6 方面的具体指数衡量世界大学,这 6 个指数和他们所占的权重分别是:学术领域的同行评价(Academic Peer Review),占 40%;全球雇主评价(Global Employer Review),占 10%;单位教职的论文引用数(Citations per faculty),占 20%;教师/学生比例(Faculty student ratio),占 20%;国际学生比例(International Student Ratio),占 5%;国际教师比例(International Faculty Ratio),占 5%,四所大学的排名见表 2。

QS 排 名 表 2

大　　学	大学世界排名(等级范围)	土木专业世界排名
新加坡南洋理工大学	11	18
荷兰代尔夫特大学	54	5
某 985 高校土木工程学院	501～550	151～200

(3)THE 世界大学排名

《泰晤士高等教育》(Times Higher Education)发布的 THE 世界大学排名:英国《泰晤士高等教育》(THE)2017 世界大学声誉排名是基于 2017 年 1 月至 3 月的调查,收集了来自 137 个国家、10566 份全球顶尖学者的答复,调查他们心中科研、教学最厉害的大学,然后根据科研:教学 =2:1 的权重得出这份榜单。其调查结果在努力平衡了各学科所占比例的同时,也尽量在国家/地区的学者调查上作出权衡,保证尽可能多的国家/地区学者参与其中,使得调查结果更加公正可靠,四所大学的排名见表 3。

THE 排 名　　　　表3

大　　学	大学世界排名(等级范围)	土木专业世界排名
新加坡南洋理工大学	54	29
荷兰代尔夫特大学	59	19
某985高校土木工程学院	501~600	100名以后

从表1~表3的学校和学科排名中可以看出,南洋理工大学和代尔夫特理工大学属于世界一流高校和一流学科。

2. 人才队伍对标

通过对比发现人才队伍有以下区别:

(1)著名大学土木工程学科规模基本都小于国内高校,专职教师总人数一般不会超过50人,但人均成果产出量高于国内高校,人均高水平科研当量数国内国外比为1:4~1:10。

南洋理工大学为华语地方高校,但其土木工程学科成为世界一流,值得借鉴。新加坡南洋理工土木工程学科的先进性主要体现在许多教授为世界著名工程杂志的编委,许多人在其研究领域取得了成就并获奖。在国外,通常被聘为终身教授较为困难,是一种荣誉,其终身教授与国内的国家级人才基本相当,可认为其学科的每一个研究方向都具有国家级人才,如南洋理工具有7所研究中心,其带头人在其研究领域都是顶尖专业人才,可认为其有7位国家级人才相匹配。主要成员中教授、副教授及研究员等18人左右,近年来发表SCI及EI等论文280篇左右,虽然总体人员不多,但产出比超出福大较多。

(2)学科根据教授研究方向建立相应研究中心,每位教授都具有较大影响力和较多的成果。

荷兰代尔夫特理工的土木工程学科具有顶级的国际影响力,国外著名大学都是根据著名教授的研究方向进行发展,每位教授团队的贡献与国内系所相当,学科根据教授研究方向建立相应研究中心,每位教授都有较大影响力和较多成果。如著名的混凝土研究团队,是混凝土最早的研究中心,目前由Hordijk教授主持了一个由10名工作人员和6名博士生组成的小组,具有世界级的影响力。

(3)国内一流土木工程学科建设相比国外明显规模大,有一流的人才和一流的团队及平台。人才构建主要通过强力的组织,集中成果、集成项目、定向培养、梯次突破。本土化的"211"高校也能够建造一流学科,特征为以高端文章发表为突破点，以点带面进行国家级项目和高端人才突破。

3.科学研究

通过对比科学研究发现：

(1)地方高校强调区域性的顶级研究(立命)，强调基础、前沿交叉学科的研究(具有高影响力)，进行一流科学研究的突破。

南洋理工大学土木工程与环境学院分为三个部分：环境和水资源工程、基础设施系统和海事研究、工程力学。南洋理工学院的研究领域主要包含了沿海和近海工程，计算力学，建设管理工程，生物与环境技术，环境化学与材料，岩土工程，海事研究，膜科学与技术，防护工程与地震工程，结构工程与材料工程，可持续城市水环境，交通工程与规划，其中环境科学和工程学是该大学卓越的核心领域之一。

根据其地理环境和发展需要，土木工程学科主要包含以下研究方向：

①基础设施项目风险管理与项目融资研究。

②土地复垦是新加坡的主要建设活动之一也是该校研究热点之一。

③地下空间开发是新加坡未来空间发展的一种选择。

④热带土壤工程：学校拥有先进的非饱和土力学实验室，研究热带残积土的形成过程和特征。

⑤海运物流的研究主要集中在规划高效率、低成本的货物运输的过程中，着重于海运货物运输的方法和应用问题。

⑥在计算力学研究大跨度钢筋混凝土结构材料的失效模式，扩展有限元方法的使用，在地下隧道和岩土工程领域的离散变形分析和流形方法。

⑦在动力学和地震工程，项目包括高层建筑和桥梁的瞬态负载响应，远程大苏门答腊岛地震的影响，新加坡的基础设施、条件评估和公路桥梁结构健康监测。高强度钢结构的研究，高强度钢大跨度桥梁结构的极限承载力和疲劳性能。

⑧海洋工程研究是跨学科与管接头灶、浮动结构动力学、深水系泊/立管、海洋流体力学、安全和破解海洋结构风险评估和远程应力监测系统的CNG气瓶安全储存在高压罐。

⑨保护技术的研究，考虑爆炸或爆炸荷载对结构构件，基础民防避难所，地下设施，地上结构和多层建筑物的柱下去除

场景倒塌等动力反应。消防工程的研究主要集中在对结构的影响,包括火灾实验测试,数值验证机制描述的物理行为的建议。对高强钢筋混凝土柱、钢柱、组合柱、钢梁、梁柱节点及次构件进行火灾试验。

⑩结构健康监测包括建模、信号分析、使用智能传感器,如压电陶瓷传感器和光纤传感器的各种监测系统损伤的诊断和预后。

(2)对于世界一流的土木工程学科建设,强调工程学的技术特征的发挥,一改理科的重机理揭示,重理论构建,十分重视工程设计、新技术的发明和引领,通过设计发明对旧模式进行颠覆,获得一流学科的地位和引领作用。

代尔夫特理工大学的结构工程系以科学、设计和工程为基础,侧重于土木基础设施的整体结构设计和建筑结构设计。主要发展有助于社会主题的课题,如耐久性和可持续性,新的、可持续的或自我修复材料及其在结构中的应用。包含学科有工程管理、结构力学、建筑工程。注重创新的土木工程结构和高性能材料。科学工作与国际科学界的最高水平靠近,走在技术创新和挑战的前沿。主要研究方向包括计算力学、结构动力学、波动力学、混凝土结构、混凝土结构、建筑工程、木结构与木材技术、材料与环境、实验力学、耐久性、可持续发展、资源回收及路面工程,其中钢筋混凝土和预应力混凝土研究课题组已成为国家和国际知名集团,参与和编制了欧洲规范。在土木工程几个不同方向的科学研究中具有国际顶级影响力。

(3)国内一流土木工程学科主要通过科技组团和科技攻关支持国家战略,支持关键重大工程,获得国内和国际的影响,兼顾高端论文的发表,取得国内一流土木工程学科的地位和影响。对于地方“211”高校,集中力量攻关尺度较小的关键工程技术和材料,在资源受到限制条件下通过提高关键性、通过材料小尺度的表现、通过国际杂志论文发表,获得一流学科的影响。

4. 平台建设

(1)从国际一流学科的对比来看,十分重视交叉学科和基础性学科的平台建设,让不同领域的教师方便开展协同和合作研究,通过触发学科交叉产生原始性和前沿性创新成果。同时,国外重视在全球化视野下挑选迫切的科技需求和科技问题来进行科研平台的建设，引领国际需求，解决国际关键问题。

南洋理工大学的土木工程学科根据不同发展方向设立了7个主要研究中心，与国内的平台建设类似。7个研究中心如下：

①基础设施系统中心。2006年6月1日在学校内成立。它是先进的工程研究中心合并(CACS)，运输研究中心(CTS)和岩土工程研究中心(GRC)。

②可用空间中心。可用空间中心研究是宜居城市发展和管理的世界领先者。领导开发创新的解决方案和技术，创造新的空间，管理可持续的城市中心和特大城市的现有空间和基础设施。

③海事研究中心。建设新加坡地下空间利用最大化的新技术，基于Web的三维地理数据建模和管理系统(gem2s)，地理环境流动监测站(gem3)，为人工珊瑚礁产生表面钙化生物地球化学，通过新发现的地质构造的改进表征减轻施工风险。

④防护技术研究中心(PTRC)。一个跨学科研究中心。由国防部签订谅解备忘录(MOU)与新加坡南洋理工大学(NTU)成立于1998年9月29日，主要由新加坡南洋理工大学和国防部资助。

⑤南洋地下空间中心(ncus)。成立于2011年12月。对于视觉科学领导新加坡的地下深发展努力使国家计划的关键资源的使用(空间、材料和环境三维)。这是一个重大的创新挑战，在其他世界城市还没有完全实现。

⑥工业基础设施创新中心。该中心是在新加坡发展的可持续性的承诺，并与JTC台大的战略目标与实现可持续发展的卓越研究。

⑦巨灾风险管理研究所(ICRM)。亚洲和世界少数中心首次建立综合风险管理研究所。该研究所将重点关注巨灾引发的保险/再保险风险、主权风险、社会风险和一些非传统风险。它将在南洋理工大学新一轮的综合研究工作和地球可持续发展战略构想中发挥领导作用。

南洋理工大学土木工程学科7所研究中心的研究方向都代表了在该领域的前沿，研究主要集中在新材料，环境以及与新加坡发展相关的热点问题。代尔夫特理工大学与南洋理工大学较为相似，由各教授领导建立不同的平台和中心，各平台以教授的研究为主。

（2）国内以服务国家战略为主，组建大型协同中心和国家工程中心为主，在前沿性、基础性和交叉性方面和国际一流还有一定距离。

5. 人才培养

（1）在人才培养方面，国外人才培养有质量保证体系，学生有质量保障，变异性不大。发达国家不同高校之间学生的培养有共通性。学校论文水平之间的差别体现在选题方面。

（2）国外高校的人才培养主要是教授 + 博士后 + 技师 + 博士生的建制进行培养，国内主要是以学术带头人 + 青年教师 + 少量博士生 + 大量硕士生的模式进行培养。大多数国外的土木工程学科规模明显小于国内高校，同时国外以项目经费作为依据，动态控制确定博士后、技师和博士生的人数，通常没有固定的博士生招生人数，由于博士所有费用都由导师承担，一方面可以挑选最优的生源，同时可以提出明确的要求，人均论文产出比大于国内。

（3）国内一流土木工程对导师和博士生的论文明显要求高，主要通过提高博士生导师的要求，动态考核，提高博士生的毕业要求，提高奖助学的条件和资金来提高人才培养质量和产出。

6. 社会服务

（1）社会服务方面，地方高校注重前沿学科发展同时，也重视与重大工程研发，与政府发展规划结合紧密，其研究影响政府及周围国家的重大决策。以设计发明为导向引起颠覆性的创新的一流土木工程的学科，往往在社会服务和技术开发方面都更具有成熟的产学研成套发展程序。

以南洋理工大学为例，注重前沿学科发展同时，也重视与重大工程研发，与政府发展规划结合紧密，其研究影响政府及周围国家的重大决策。但与南洋理工不同，代尔夫特理工大学在社会服务和技术开发方面都更具有成熟的产学研成套发展程序，代尔夫特理工大学所属混凝土集团的成功发展就是代表。

（2）国内一流土木工程高校注重国家战略和关键工程，区域产业化经济的发展和支持。

三、结语

通过对标可以看到国内外高校的土木工程学科建设各有

特色，通过对标可以找到很多的需要学习和改进方向。

总体对比可以看到，要建设一流高校和建设一流学科，在人才、团队、平台建设和重大项目，前沿研究、科研选题、高引论文和标志性成果方面需要高度重视。特别是要做一流的事情，要有一流的选题，同时还要因地制宜地找出自己的潜在特色、抓准定位。

福州大学怡山校区宿舍楼

要以培养一流的人才为使命，研究生培养方面，博士研究生的培养要求、产出，导师的要求和研究水准与国际化程度需要进一步加强。研究生的国际化交流，研究生的国际化来源，国际合作联合培养需要进一步加强。

学科平台和实验平台、人才管理，需要向国际一流平台学习其在人员、资金、场地和管理方面的运营模式。需要以关键问题和需求为导向，积极规划、建设、引导与支持新兴学术平台、前沿科技创新平台。

福州大学图书馆

在研究方面，在重视基础理论研究的基础上，也要重视工程设计创新和应用产品创新，进一步加强基础理论、材料学、电子信息等方面的学科交叉研究和技术储备。

仍然需要进一步与国家和区域的重特大工程及社会实际需求接轨，与国家战略和区域经济发展接轨，加强产学研协同和产业化方面的协同组织和研究。

福州大学旗山校园

福州大学简介

福州大学是国家"双一流"建设高校、国家"211 工程"重点建设大学，福建省人民政府与国家教育部共建高校。创建于 1958 年，现已发展成为一所以工为主、理工结合，理、工、经、管、文、法、艺等多学科协调发展的重点大学。

福州大学旗山校友楼

学校拥有福州旗山、怡山、铜盘和厦门集美、鼓浪屿以及泉州泉港、晋江等多个校区，占地 7000 余亩。办学主体位于旗山校区，学校设有 19 个以全日制本科生和研究生培养为主的学院以及 1 个独立学院。现有国家"双一流"建设学科群 1 个、国家重点学科 1 个、国家重点(培育)学科 1 个、省级优势学科创新平台 5 个、省级特色重点学科 6 个、省级重点学科 26 个；化学、工程学和材料科学 3 个学科进入国际 ESI 学科排名前 1%。共有博士后流动站 11 个，一级学科博士点 11 个、二级学科博士点 2 个(不含一级学科覆盖)，一级学科硕士点 39 个、二级学科硕士点4个(不含一级学科覆盖)、专业学位授权点12个(其中工程硕士专业学位授权点含22个工程领域),本科专业82个。

学校现有教职工3183人,专任教师2056人。学校现有普通本一批学生24000余人,各类博、硕士研究生10500余人。建校以来,已为国家培养了全日制博硕士研究生、本专科毕业生21余万人。学校现有1个国家级大学科技园,12个国家级、119个省部级科技创新平台,其中:1个国家重点实验室,8个国家级工程研究中心,3个国家国际科技合作基地,3个教育部重点实验室,1个教育部工程研究中心。

学校确立了走区域特色创业型强校之路的办学理念,正朝着创建具有若干世界一流学科的创业型国际知名高水平大学的宏伟目标大步迈进,努力为国家和区域经济社会发展作出更大的贡献。

福州大学土木工程学科介绍

福州大学“土木工程”学科创建于1959年,现为福建省双一流高峰建设学科,有专职教学科研人员135名,其中国家级人才3名,省部级人才15名,具有博士学历的教师近110名。有“土木工程学科”博士后科研流动站、一级学科博士点、硕士点以及“建筑与土木工程”专业学位点,2个国家级平台和5个省部级平台。学科建有国内一流的实验平台,学科实验室总面积超过1.7万m^2,拥有模拟地震振动台三台阵系统、MTS电液伺服加载系统、20000kN电液伺服压剪实验机系统等先进的大型仪器设备,是“土建类”国家级实验教学示范中心和“建筑与土木”全国工程专业研究生联合培养示范基地。

(2018年3月数据)

怡山校区西禅寺

福州大学图书馆

福州大学旗山校区教学区喷泉

旗山校区行政南楼

福州大学土木学院行政楼

编者后记——开展国际化交流，促一流学科建设

/胡昌斌

经过两年筹备，在福州大学土木工程学院五十多位老师的鼎力支持下，终于编纂完成了这本文集，地区来源分布欧洲、美洲、大洋洲、东亚十多个国家和地区、四十六所高校。文章作者们从自身经历出发，重点介绍了海外留学有关经历、国外大学土木工程学科的组织和建设模式、土木工程专业教育和科学研究的情况等，其中有很多极具见地的认识、思考和信息，其丰富性和多维性也极大地弥补了个人视野限制的不足。

当前，我国正在开展一流大学和一流学科的“双一流”建设，一流学科对应建设的“关键性学术指标”和“对教师的要求”相比以往发生了显著变化。教师和学科评价需要服从国际通行技术指标、国际学术排名和学术竞争。同时强调要发表国际SCI检索期刊论文，参与和组织国际学术交流活动，强调国际合作，这些都与高等教育、高校国际化建设有密切的联系。

一流学科建设意味着“升级”，需要坚决撬动和打破以往内在旧有习惯，需要从学科个人和学术组织上不断地由内而外的变化以及出现本质的变化，研究模式有转变和有跳跃的进步。一流学科建设需要一系列制度和要素地调整、配套和跟进，需要改革，需要对应调整支撑学科一系列“上下游”的基础条件和政策。通过这本文集的组织编纂学习，让我对于不同国家和地区的大学教育和研究模式有了进一步认识和感

受，也深感国际化工作对一流学科建设重要且潜在的理论价值和促进意义。以下结合国际化高校的办学比较，重点对如何开展土木工程一流学科建设，简述相关的心得体会，以供交流。

(1)一流学科建设意味着全球化视野、国际化标准，研究一流的问题

一流学科建设首先意味着要有国际化视野和人类责任，要为人类知识的增量做贡献。这就需要对本专业的国际学术界影响、特色、关键人物、主流和经典文献，以及学科全球面貌有完整的认识。

教师和学科评价需要服从国际通行技术指标、国际学术排名和学术竞争。近二十年来，全球化和互联网一下子把国与国、科技与科技、技术与技术、高校和高校的竞争短兵相接了。网络的出现和出国，直接带来校内校外信息的共通，大学的教育和科研逐步出现了“大专业”“大大学”的现象，虽然属于不同的大学，但几乎所有大学同专业的同行都互相认识，每天通过网络可以互相讨论问题和学习，也直接造成很多东西的信息透明和全球竞争。如果不能做到知识的原创、及时更新和占据优势，就很容易会形成无助和焦虑。

一流学科建设，关键是要做一流的问题。对于土木工程学科来讲，未来土木工程的广阔前景关键在于要突破狭义的土木工程专业认识，一定要与社会发展接轨、与国家发展战略及区域发展接轨，Civil 的本质是民生、资源和社会发展。要始终重点攻关民生、资源和社会发展的关键性问题和瓶颈问题。

土木工程四个发展的层次如下：

一是土木的“工程”特征，主要是要为国家和地方“破局”，有什么重大布局需求，就可以立即上马土木工程解决相关的关键问题和技术需求，破除社会发展的瓶颈问题。

二是土木的“资源与环境”特征，主要是土木建设需要资源影响环境，如何做到耐久和可持续，如何做好既有土木工程结构的维护和安全，也是土木工程接下来的重大问题，在资源和环境两者之间，资源为先。

三是土木工程的“时代科技”特征，土木本质是技术，时代的、科学技术的发展必然推动土木工程技术的发展，土木工程必需不断地做好自我更新，否则就会出局。

四是土木工程的“社会性”特征，土木工程本质是服务社

会服务人，当前我国土木工程的服务水平，土木结构设计，规划和社会思考，人文和美学的水平还很落后，如何进一步提升土木工程的服务水平，提升结构设计的建筑规划、美学和人文水平，还有巨大的工作要做。

做一流的问题、全球性质的科技合作和原始性创新是一流学科建设的必须。我个人以为，土木工程学科的发展战略应该是“土木工程行业 +”，要一直做到“专业开放”。既要守住本身传统的“土木工程行业基本问题、关键技术研究”，又要不断地吸收最新的时代科技进展和新的需求，要有全球视野与人类责任，关心民生、资源和社会发展，要与社会发展接轨、与国家发展战略与区域发展接轨，要始终重点攻关民生、资源和社会发展的关键性问题和瓶颈问题。

（2）营造国际化多元、一流人才的培育培养模式

原始性认识、理论和技术的出现及创新是一流学科、一流人才的典型特征，这期间的关键又在于一流人才的培育。

鲁迅先生很早就说过，天才要有天才的土壤。我个人认为培养一流的土木工程人才可以分两类：一是开创和领导型的人才。这样的学校类似于哈佛大学，出来的学生以社会发展为己任，能够很敏锐地把握当前社会发展对土木工程技术的新需求，并有很强的自主创新和领导能力。二是具有扎实技能的高质量工科人才。这样的学校类似于麻省理工，国内诸如传统扎实的工程理工类大学。这样的学校，对学生毕业要有明确的工程知识技能要求和严格的考核保障机制，学生毕业要以达到高质量的特定技能为判据。

行行出状元，但是学生必须在毕业时要达到该类人才的技能要求。目前，我们很多学校只有目标，但没有学生质量的保证机制。我个人认为，在人才培养方面，首先要对学生的培养目标有明确的分类和定位，定位一定要清晰，然后根据定位，设计对应的培养环境条件，并提出严格到位的质量保证措施。我个人觉得目前不能很好保证学生培养质量的问题出在公办高校的办学对于毕业学生的质量没有产生市场影响和反馈激励。学校自身目前至少要做到对自己学生的培养质量进行跟踪，积极反馈和改革，积攒经验和学术声誉。

文明多样性是人类社会的客观事实，是世界的基本特征，也是人类进步的重要动力。人类取得进步的一个关键，就在于不同单元之间的可接近性和相互影响。多元文化的交流，

国际化教育的交流，是促进一流人才培育和出现的重要途径。国际化交流，最大的一个好处就是促进兼收并蓄、多元化思维的形成。巨大的信息来源和文明共享会破除狭隘的思维，积极促成原始性创新、学科交叉和整合创新，直接促进多元和一流人才的出现。

(3)积极学习国外大学建设、科研和实验室管理制度

国外大学的实验室和教学楼，管理制度清晰，无论哪个洲，都很整洁有体系，有的实验室很挤很小但管理仍然很规范，能充分利用电子屏等信息技术，进行信息公示和共享。即使有大型的试验场，一般都是远离主教学区，建立在郊区，功能分块十分清晰。

对比之下，国内一般高校的实验室有几个需要提高的地方，一是实验室专业技师(technician)配备过少；二是卫生和信息管理的基础设施条件需要加强建设；三是实验的可靠性、对比试验的必要台套数保障也需要加强；四是，实验室建设借鉴国际通行的规范和标准。我们参观了加拿大和美国的高校，以及欧洲高校的实验室，布置的模式基本相当，这些国内都可以参考引进。

我们国家在过去20年对场地建设和仪器设备投入方面进行了持续投入，但实际上科技要素的管理和组织模式也十分关键，最早美国的纳什提出了国家自然科学基金自由申请的模式就是一个很成功的案例，我国20世纪80年代及时的学习和引进，目前对国家基础研究起到了极大的促进作用。

不仅仅国家自然科学基金制度，国外还有很多值得学习的人事、科研组织方面的管理经验和模式，可以分析解读，并进行引进吸收和借鉴。例如国外大学通行的tenure制度、科技联合组织的模式等。特别是国外很多情况下的学科建设，往往是以"问题"为导向的，是以社会热点问题、迫切的问题为导向建设平台，进而广泛的实现学科交叉，实现引领和孕育重大突破。我国普通高校则往往以专业学科建设为导向，这种情况难以学科交叉，在及时应对新出现的问题方面存在限制，急需进行学习吸收。

国外有很多好的工作和教学形式也非常适合借鉴。从老师们的留学经历介绍可以看到，国外大学很重视大学文化建设，文化和体育生活都很丰富，历史悠久，也很注重仪式感，有很多值得借鉴学习的活动形式。例如校园日，poster展览，毕

业答辩仪式和家长的互动形式,办公楼里面校友业绩和照片的介绍,优秀论文奖等很多文化形式,值得学习。

(4)通过国际化交流,改善我国大学科研和教育历史积累不足

相比国外,我国高校在大学建设和科学研究的历史积累方面经历时间较短。杨振宁先生专门有一篇文章提到科研需要传统。不同学校、学院、课题组、学科方向的一个巨大差别就是在科研积累、沉淀和传统方面存在差别,这也正是学校之间、学科之间科研水平存在差别的一个重要原因。相关事件触发时间和历史的长短、相关工作传统建立的时间长短是我们思考的基础和基点,直接影响我们的判断力,影响我们对接下来发展什么,接下来研究什么的决策。杨振宁先生讲,"在原创基础研究上,中国不要着急,要想有最重要的原创基础研究,不是技术问题,而是你知道什么问题是当时最重要的"。杨振宁爱举例子,他想从科学史的故事中传达的是,颠覆性的科学成果有时就在一个细小的想法中萌生了,有偶然性。但杨振宁也提到:"尽管对于基础科学来说,往往没有预先准备好的方向,但不意味着无需准备,需要在各个学科有扎根于此的科学家,培育起科学的'传统'。"从杨振宁先生的看法中我们可以学到,在学科建设时积极填补"传统和积累"方面的短板十分必要和重要。

国外大学研究往往都有很好的研究历史,这给他们掌握和洞察好题目好方向奠定了好基础,也给国内高校改善科研历史较短的短板提供了资源。从近几十年我国的国际化交流经验来看,积极输送老师和学生到海外学习,积极与国外一流大学开展联合研究,以及引进世界顶级的讲席教授来华来校讲座,可以有效弥补这方面的短板。同时,我们在铸造科研传统方面,也要充分借助国内学者,积极支持目前国内所有走在研究前列和前沿的教师工作,他们不仅在做很出色的工作,同时也是在积极的积累铸造新的传统,也在示范和探索什么值得我们未来做,什么适合做,也在铸造我国研究新的优势和未来。

(5)多元文化形势下的大学研究、文化特色的构建与创新

一流的大学离不开一流的文化建设和人文环境。通过国内外的访问交流,一个值得思考学习的是多元文化形势下的大学特色和个性建设。大学文化、研究的个性和特色建设意

味着因地制宜地抓准自身的区域、历史和时代定位，找出自己的潜在特色、建设和呈现自身的个性和文化，对于学校的招生、人才培养、一流学科的建设均十分重要。

中外不同地区高校发展的模式和历史进程对比表明，大学作为一类组织形态，既有自身的功能共性，又有显著的地理区域环境相互作用的特性。大学的发展会受到不同时期社会经济、文化、科学、技术发展的影响，海外各地走访让我印象深刻的是各地大学各有特色，各有文化，各有其美。各地大学有共性的一面，但也受到当地文化、地理、历史的影响，存在各自特有的形态，而且形态存在演化现象。

事实证明，研究和科技文化的建设对于科技传承，科技组织，学科建设都是十分重要的，越是有特色文化积淀的大学和科技组织，越是人丁兴旺，人才济济。对比全球不同地区的高等学校办学，总体感觉是各美其美。

美国高校理工结合、人才济济、开放年轻、重视体育；欧洲历史悠久，美学深厚，在专业领域的钻研精深、细致和坚持；日本兼收国外科学的模式，同时突出自己的东方哲学文化和理念，独树一帜；香港则十分重视海外交流和国际化，同时也十分勤奋努力。

科学和大学来源于欧洲，一开始是神学、医学、哲学、理学，后来在工业革命之后才有了工学，最早的大学是意大利的博洛利亚大学，但后来大学发展的中心转移到了德国，然后又到了美国。即使在一个国家的大学，又逐渐分化为不同的属性，例如地方支持资助的州立大学，还有常春藤的名牌私立大学。美国的大学目前最有活力，分别按照自己的特点进行发展，例如孕育了硅谷的斯坦福大学，坚持做学问的普林斯顿大学，以天下为己任的哈佛大学，以工程见长的麻省理工学院，做的风生水起的州立大学加州大学。相比之下，欧洲的高校则研究精深，更富人文和历史气息。

亚洲地区的高校，师生均很勤奋努力，儒家读书的书院精神和现代的大学制度存在融合。在大学教育方面，中国很受普鲁士教学方式的影响，将学科知识拆分成知识点进行教授，快速成才，但相比国外，在人文方面的熏陶，在实践方面和产品开发能力方面的训练不足。

当前，社会正处于信息互联网、大数据、人工智能、生物科技、纳米材料等高新技术不断叠加发展的科技变革时代，不同的国家，不同的地区，不同属性的高校如何准确把握自身特点，如何将大学共性的功能特性与具体的实践进行结合，积极地进行大学研究和文化特色的构建与创新，开展新的科研模式的组织构建和创新，并实现引领和示范，对于新阶段新一轮全球大学的学术竞争十分关键。

土木工程学科历来就是最古老又最民生的学科，在新的形势和时代背景下，积极开展土木工程学科研究和教育的研讨和思考，积极将土木工程与新兴学科进行融合和学科交叉，对自身的学科视野进行进一步开拓和升级，都十分必要。本书也正是在这样一个背景下进行的探索性工作，在结束之际，编者再次衷心感谢支持本书出版的各位作者、领导、同仁、读者，也衷心期望本书能够成为大家美好记忆的载体，为我国土木工程学科建设的研讨奉献微薄之力。

2018 年 6 月 10 日

于福州大学旗山校区